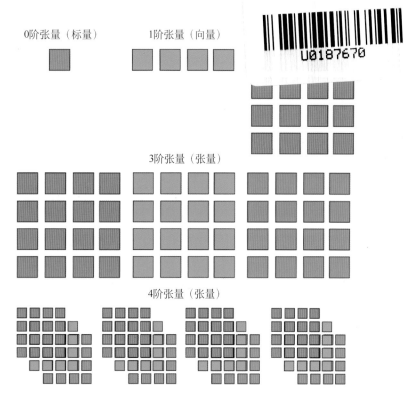

图 1-3 使用颜色方块对张量的定义进行分解说明

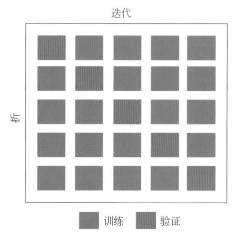

图 2-1 $k=5$ 的 k 折交叉验证图

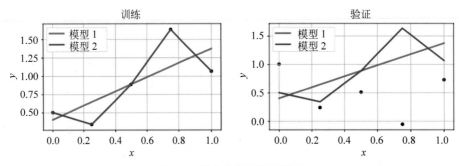

图 2-4　样本外预测误差测量

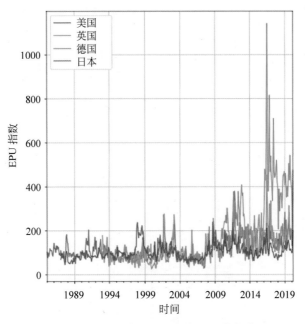

图 2-6　美国、英国、德国和日本的 EPU 指数曲线图

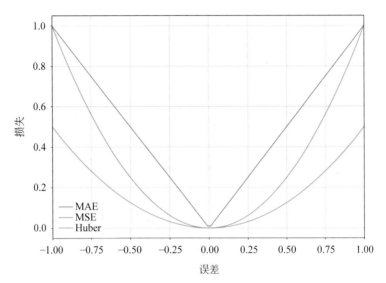

图 3-8   常用损失函数对比图

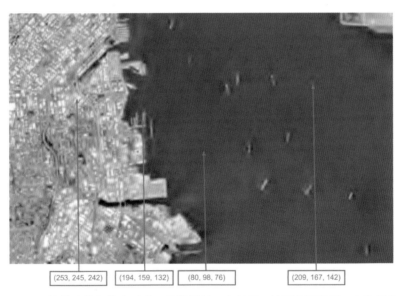

(253, 245, 242)   (194, 159, 132)   (80, 98, 76)   (209, 167, 142)

图 5-1   RGB 图像中的每像素对应 3 阶张量的一个元素。该图中列出了 4 个这样的元素

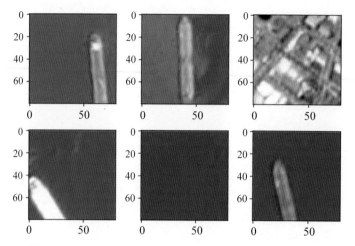

图 5-2 Ships in Satellite Imagery 数据集中的船舶图像示例

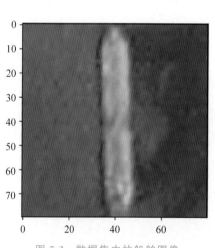

图 5-3 数据集中的船舶图像

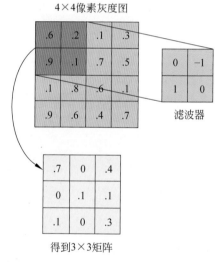

图 5-6 应用于 4×4 图像的 2×2 卷积滤波器

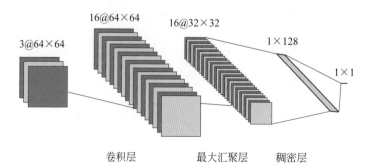

图 5-7 最简单的卷积神经网络示例

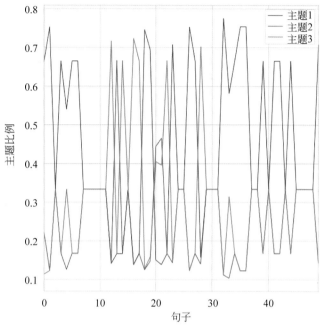

图 6-8　句子的主题比例

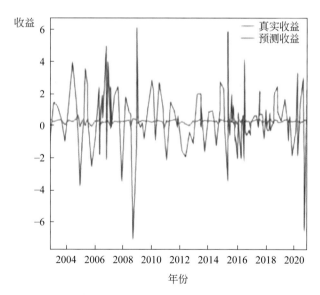

图 6-9　苹果公司股票的预测收益与真实收益对比

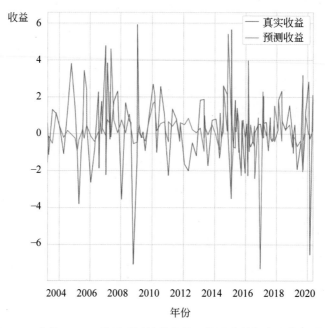

图 6-10　使用 LASSO 模型预测的苹果公司股票收益与真实收益对比

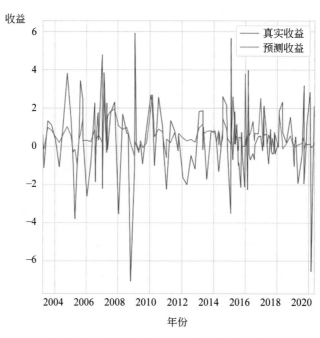

图 6-12　使用神经网络预测的苹果公司股票收益与真实收益对比

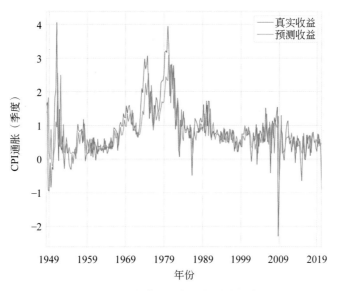

图 7-3　使用稠密神经网络进行季度通胀预测

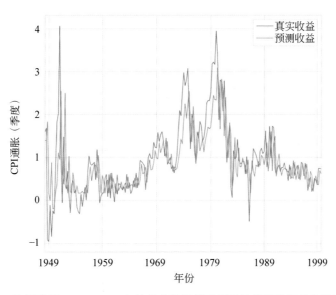

图 7-4　使用基于 1947—2000 年的样本数据训练得到的模型进行季度通胀预测

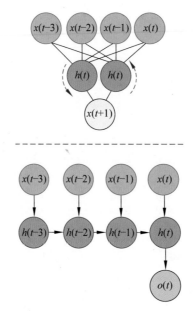

图 7-5　RNN 示例（上图）和 RNN 神经元的展开（下图）

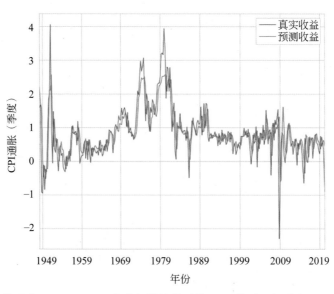

图 7-6　使用基于 1947—2000 年数据训练得到的 RNN 模型进行季度 CPI 通胀预测

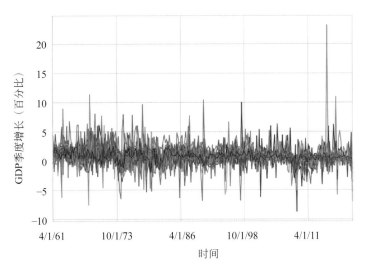

图 8-1　从 1961 年第二季度至 2020 年第一季度的 25 个国家 GDP 增长情况

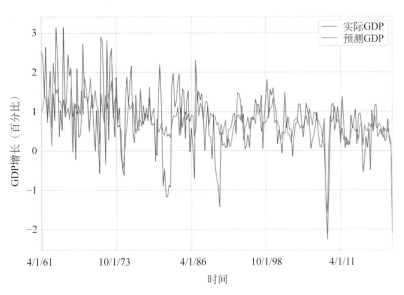

图 8-4　PCR 模型预测的和真实的加拿大 GDP 增长曲线对比

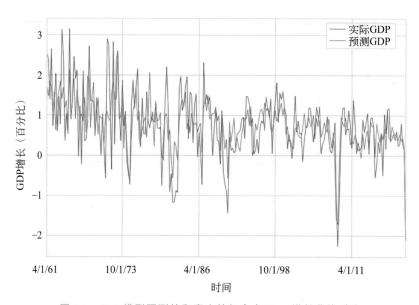

图 8-5　PLS 模型预测的和真实的加拿大 GDP 增长曲线对比

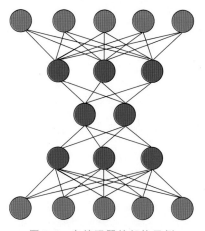

图 8-6　自编码器的架构示例

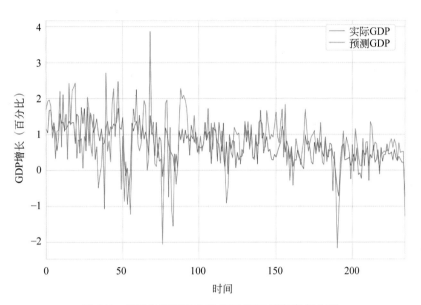

图 8-7　使用自编码器重建美国 GDP 增长数据序列

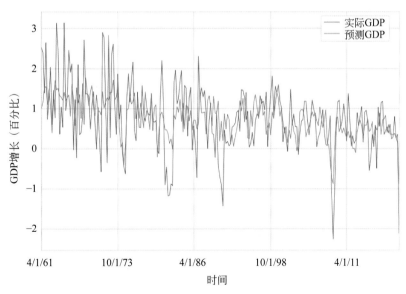

图 8-8　基于自编码器对特征集降维的 OLS 预测的加拿大 GDP 增长与实际 GDP 增长对比

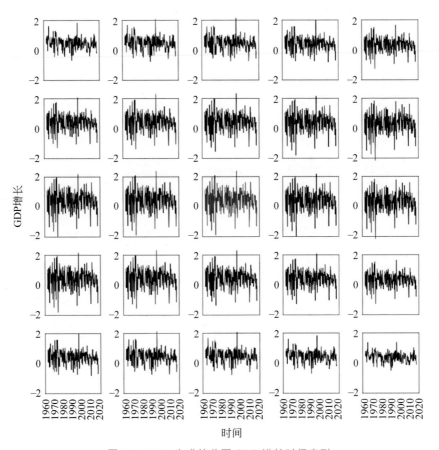

图 9-2　VAE 生成的美国 GDP 增长时间序列

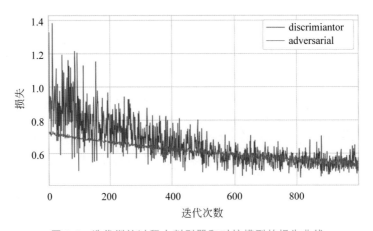

图 9-4　迭代训练过程中判别器和对抗模型的损失曲线

TensorFlow 2
机器学习实战

—— 聚焦经济金融科研与产业的深度学习模型

[瑞典] 以赛亚·赫尔（Isaiah Hull）　著

朱文强　　　　　　　　　　　　译

清華大學出版社
北京

北京市版权局著作权合同登记号　图字：01-2022-0472

First published in English under the title
Machine Learning for Economics and Finance in TensorFlow 2：Deep Learning Models for Research and Industry，1st edition
by Isaiah Hull，
Copyright © Isaiah Hull，2021

This edition has been translated and published under licence from APress Media，LLC，part of Springer Nature.

图书在版编目（CIP）数据

TensorFlow 2 机器学习实战：聚焦经济金融科研与产业的深度学习模型/（瑞典）以赛亚·赫尔（Isaiah Hull）著；朱文强译. —北京：清华大学出版社，2023.4
ISBN 978-7-302-63158-3

Ⅰ.①T… Ⅱ.①以… ②朱… Ⅲ.①人工智能－算法 Ⅳ.①TP18

中国国家版本馆 CIP 数据核字（2023）第 047789 号

责任编辑：薛　杨
封面设计：刘　键
责任校对：韩天竹
责任印制：刘海龙

出版发行：清华大学出版社
　　　网　　　址：http://www.tup.com.cn, http://www.wqbook.com
　　　地　　　址：北京清华大学学研大厦 A 座　　　　　邮　　编：100084
　　　社 总 机：010-83470000　　　　　　　　　　　邮　　购：010-62786544
　　　投稿与读者服务：010-62776969, c-service@tup.tsinghua.edu.cn
　　　质量反馈：010-62772015, zhiliang@tup.tsinghua.edu.cn
　　　课件下载：http://www.tup.com.cn, 010-83470236
印 装 者：三河市铭诚印务有限公司
经　　销：全国新华书店
开　　本：186mm×240mm　　印　张：16.5　　插　页：6　　字　数：370 千字
版　　次：2023 年 6 月第 1 版　　　　　　　　　　　印　次：2023 年 6 月第 1 次印刷
定　　价：88.00 元

产品编号：095108-01

谨以此书献给我的妻子 Jamie，我的儿子 Moses，我的父母 James 和 Gale。

关于本书

　　机器学习被广泛应用于经济学学术研究中至今,经历了一段不短的时间。这是因为,经济学中的实证研究专注于识别简约统计模型的因果关系;而机器学习是面向预测的,通常对因果关系和简约性不感兴趣。两者之间的差异使得经济金融相关专业的学生、学者和从业人员在入门机器学习时缺少合适的学习标准和参考资料。

　　本书聚焦实证维度的经济金融问题,并引入机器学习方法来为解决这些问题提供价值。本书介绍了 DNN、CNN、LSTM 和 DQN 等深度学习模型,GAN、VAE 等生成式机器学习模型,以及基于树的模型等。在此基础上,本书也介绍了经济金融中的实证研究方法与机器学习的交叉融合,包括回归分析、自然语言处理和降维。

　　TensorFlow 提供了一套可用于定义和构建任意基于图的模型的工具集,包括经济金融领域常用的图模型。本书通过一系列完整的案例对知识点进行讲授,每个案例围绕一个具体而有趣的经济问题进行组织。对案例的解读简化了原本复杂的概念,读者从而可以轻松通过 TensorFlow 构建经济金融领域的主要理论模型。

　　通过阅读本书,读者将学到以下知识和技能:

　　(1) 使用 TensorFlow 2 定义、训练和评价机器学习模型。

　　(2) 应用机器学习中的基本概念,如深度学习、自然语言处理等,解决经济金融领域的问题。

　　(3) 构建并求解经济金融领域的理论模型。

　　本书的读者对象为经济金融专业背景的学生、学者,企业和科研院所的数据科学家、经济学家,以及从事机器学习、数据分析相关学术研究的社会科学家。

关于作者

　　Isaiah Hull(以赛亚·赫尔)是瑞典中央银行研究部的资深经济学家,博士毕业于美国波士顿学院,从事计算经济学、机器学习、微观金融、金融科技等方面的研究。Isaiah Hull 博士也在 DataCamp 平台上讲授课程,包括"基于 Python 的 TensorFlow 导论"(Introduction to TensorFlow in Python)等,目前正从事将量子计算、量子货币引入经济学科中的交叉学科研究项目。

译者序

　　机器学习的浪潮正在席卷全球，诸如机器学习（machine learning）、深度学习（deep learning）、神经网络（neural network）等专业词汇，也逐渐进入了大众的视野。

　　互联网技术和计算机技术的不断发展使得人们在互联网上生成了海量的数据，而计算机运算力的提升和机器学习新算法（如深度学习等）的出现，则促进了机器学习的大爆发。

　　机器学习最基本的做法是使用算法来解析数据，从中学习规则和关系，然后对真实世界中的问题做出决策和预测。

　　目前机器学习方法在指纹识别、人脸识别和物体检测等领域都已达到了商业化的要求。而深度学习则更是将机器学习的应用领域扩大到无人驾驶汽车、语音识别、医疗技术等领域。

　　机器学习目前已经在经济与金融领域崭露头角，获得了一些非常成功的应用。例如，通过图像识别可以预测港口或交通枢纽的物流及人流信息，从而预测该区域的经济状况。

　　本书对机器学习模型和方法在经济与金融领域的典型应用，以及未来可能的应用做了较为深入的介绍。

　　在内容讲述方面，本书深入浅出，摒弃了许多复杂的数学公式，通过一个个具体的案例，对机器学习在经济与金融领域不同方向的应用做了生动的讲解，让读者能很快掌握相关机器学习模型的原理和机制。

　　读者学习完本书之后，结合一些机器学习、深度学习的理论基础，将可以独立地进行机器学习在经济与金融领域的应用开发。

　　为了与国内读者的阅读习惯保持一致，译者将程序的运行结果统一放在了"程序运行结果"一栏。

　　书中的程序代码基本无须修改就可以直接运行，因此读者在阅读本书之前，只需要具备简单的 Python 语言基础即可。

　　在翻译本书的过程中，译者参考了周志华老师的《机器学习》、李子奈老师的《计量经济学》、同济大学数学系的《高等数学》等图书，还参考了"机器之心"微信公众号的部分文章，以及 CSDN 技术社区的一些文章,在此对这些书籍与文章的作者、编者表示感谢。同时,感谢颜健健博士对部分专业术语翻译给出的意见,以及万伟国博士在数据集下载方面提供的帮助。

此外,本书的翻译工作受到了国家自然科学基金项目(72261016,71861013)、江西财经大学校级教改课题(JG2021049)、江西省教育厅科技项目(GJJ200515)的支持,也一并表示感谢!

由于翻译仓促,书中难免存在不足,恳请读者批评指正。

最后,衷心希望本书的内容能让读者受益,也能让读者获得良好的阅读体验!

朱文强

2023 年 5 月

目 录

第 1 章

TensorFlow 2 简介

TensorFlow 是由谷歌大脑团队（Google Brain Team）开发的用于机器学习的开源库，最初于 2015 年公开发布，并迅速成为最受欢迎的深度学习库之一。2019 年，谷歌发布了 TensorFlow 2，其对 TensorFlow 1 进行了重大改进。本章将对 TensorFlow 2 进行介绍，说明它为何可用于经济与金融领域，然后将概述性介绍学习后续章节需要用到的基础知识。如果读者没有使用过 TensorFlow 1，可以跳过 1.2 节，即"TensorFlow 2 和 TensorFlow 1 的区别"部分。

1.1 安装 TensorFlow

为了使用 TensorFlow 2，需要先安装 Python[①]。由于 Python 社区从 2020 年 1 月 1 日起便不再支持 Python 2，因此作者建议通过 Anaconda 来安装 Python 3，Anaconda 绑定了与 Python 数据分析相关的 7500 多个常用模块，网址为 www.anaconda.com。如果读者已经安装了 Anaconda，那么可通过操作系统的命令行来配置虚拟环境。下面的指令将会安装一个包含 Python 3.7.4 的 Anaconda 虚拟环境，这里将其命名为 tfecon，本书将使用该虚拟环境进行后续章节的讲解。

```
conda create -n tfecon python==3.7.4
```

安装好虚拟环境 tfecon 后，可使用下面的指令将其激活。

```
conda activate tfecon
```

激活该虚拟环境 tfecon 后，便可在 tfecon 中使用下列指令安装 TensorFlow[②]。

```
(tfecon) pip install tensorflow==2.3.0
```

---

① 译者注：Python 语言的介绍不在本书范围，有需要的读者请参阅其他 Python 书籍。
② 译者注：为了顺利安装和使用 TensorFlow，建议读者使用全英文名称账号登录操作系统。

需要关闭虚拟环境时,可使用下列指令进行虚拟环境关闭。

```
(tfecon) conda deactivate
```

本书将使用 TensorFlow 2.3 和 Python 3.7.4 进行讲解,为了确保可以正常运行本书中提供的程序代码,建议读者在计算机上也配置相应的虚拟环境。

1.2　TensorFlow 2 和 TensorFlow 1 的区别

TensorFlow 1 围绕静态图(static graph)进行构建。为了执行计算,需要首先定义一组张量和一系列算子(operations),这些内容构成了一张计算图(computational graph),计算图在运行期间保持不变。静态图为构建优化的代码提供了理想的环境,但对于实验过程却不够友好,同时也增加了调试代码的难度。

程序片段 1-1 展示了 TensorFlow 1 中构建和执行静态图的代码示例。代码实现了一个常见案例,即使用普通的最小二乘回归(ordinary least squares,OLS),基于一组回归元(特征)X,来预测因变量 Y 的值。该问题的解决方法为求具有最小化回归残差平方和的系数向量 $\boldsymbol{\beta}$。其解析式如公式 1-1 所示。

公式 1-1　最小二乘问题的求解。

$$\boldsymbol{\beta} = (\boldsymbol{X}'\boldsymbol{X})^{-1}\boldsymbol{X}'\boldsymbol{Y}$$

【程序片段 1-1】　OLS 在 TensorFlow 1 中的实现

```
1    import tensorflow as tf
2
3    print(tf.version)
4
5    #定义常量数据
6    X = tf.constant([[1, 0], [1, 2]], tf.float32)
7    Y = tf.constant([[2], [4]], tf.float32)
8
9    #将转置矩阵 X′与 X 矩阵相乘,并求其逆矩阵,得到矩阵 beta0
10   beta0 = tf.linalg.inv(tf.matmul(tf.transpose(X), X))
11
12   #将矩阵 beta0 与转置矩阵 X′相乘,得到矩阵 beta1
13   beta1 = tf.matmul(beta0, tf.transpose(X))
14
15   #将矩阵 beta1 与矩阵 Y 相乘,得到矩阵 beta
16   beta = tf.matmul(beta1, Y)
```

```
17
18   #打印系数向量的内容
19   print(beta.numpy())
```

程序运行结果：

```
1.15.2
[[2.]
 [1.]]
```

TensorFlow 1 的语法较为烦琐,为了保证代码的可读性,程序片段 1-1 将系数向量的计算分解成了多个步骤。另外,TensorFlow 1 中执行计算的过程要求首先必须在一个 tf.Session( )环境中构建和执行计算图。系数向量的元素打印也要在一个会话(session)中进行,否则,打印 beta 的指令将简单地返回该 beta 对象的名称、形状和数据类型等信息。

程序片段 1-2 在 Tensorflow 2 中执行了和程序片段 1-1 中相同的操作。

【程序片段 1-2】　OLS 在 TensorFlow 2 中的实现

```
1    import tensorflow as tf
2
3    print(tf.version)
4
5    #定义常量数据
6    X = tf.constant([[1, 0], [1, 2]], tf.float32)
7    Y = tf.constant([[2], [4]], tf.float32)
8
9    #将转置矩阵 X'与 X 矩阵相乘,并求其逆矩阵,得到矩阵 beta0
10   beta0 = tf.linalg.inv(tf.matmul(tf.transpose(X), X))
11
12   #将矩阵 beta0 与转置矩阵 X'相乘,得到矩阵 beta1
13   beta1 = tf.matmul(beta0, tf.transpose(X))
14
15   #将矩阵 beta1 与矩阵 Y 相乘,得到矩阵 beta
16   beta = tf.matmul(beta1, Y)
17
18   #在会话环境中执行计算
19   with tf.Session() as sess:
20       sess.run(beta)
21       print(beta.eval())
```

程序运行结果：

```
2.3.0
[[2.]
[1.]]
```

该示例代码并没有直接展示出 TensorFlow 2 使用了命令式编程（它和 Python 一样，通过对算子的调用即可执行相关操作）。以 beta_0 为例，beta_0 不是静态图中将要执行的一个算子，而是计算结果的输出。这点可通过在 TensorFlow 1 和 TensorFlow 2 代码中打印同样的对象看出，两者的语句和结果分别如程序片段 1-3 和程序片段 1-4 所示。

【程序片段 1-3】 在 TensorFlow 1 中打印张量

```
1    #打印特征矩阵
2    print(X)
3
4    #打印系数向量
5    print(beta)
```

程序运行结果：

```
tf.Tensor("Const_11:0", shape=(2, 2), dtype=float32)
tf.Tensor("MatMul_20:0", shape=(2, 1), dtype=float32)
```

【程序片段 1-4】 在 TensorFlow 2 中打印张量

```
1    #打印特征矩阵
2    print(X)
3
4    #打印系数向量
5    print(beta.numpy())
```

程序运行结果：

```
tf.Tensor(
[[1. 0.]
[1. 2.]], shape=(2, 2), dtype=float32)
[[2.]
[1.]]
```

在 TensorFlow 1(程序片段 1-3)中,X 为定义了一个常量张量的算子,beta 是一个执行矩阵相乘的算子。打印 X 和 beta 会返回对应算子的类型、形状和输出结果的数据类型。在 TensorFlow 2(程序片段 1-4)中,打印 X 和 beta 将返回一个由输出值组成的 tf.Tensor()对象,其包含了一个数组,数组的形状,以及数组元素的数据类型。为了提取出 TensorFlow 1 算子的输出值,需要在会话环境中使用 eval()方法。

TensorFlow 1 起初是围绕静态图构建和执行的,后来它通过使用 2017 年 10 月发布的 Eager Execution 引入了执行命令式计算的可能。TensorFlow 2 在该开发路线上走得更远,允许将 Eager Execution 设置为默认执行方式。这也是 TensorFlow 2 不需要在会话中执行计算的原因。

TensorFlow 2 切换到 Eager Execution 执行的一个结果是不再需要默认构建静态图。在 TensorFlow 1 中,静态图可从日志轻易获得,然后使用 TensorBoard 进行可视化,如程序片段 1-5 所示。图 1-1 展示了 OLS 问题的静态图,图中的节点代表算子,如矩阵相乘、矩阵转置和 tf.Tensor()对象的创建等。图中的边代表在节点间传递的张量形状。

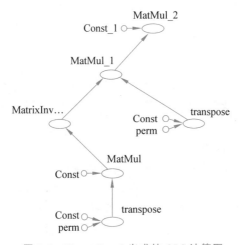

图 1-1　TensorBoard 生成的 OLS 计算图

【程序片段 1-5】　在 TensorFlow 1 中创建日志进行 TensorBoard 可视化

```
1   #输出静态图到日志文件中
2   with tf.Session() as sess:
3       tf.summary.FileWriter('/logs', sess.graph)
```

读者可以从程序片段 1-1 和程序片段 1-2 中看出,TensorFlow 2 的另一个改变是输出张量元素之前不必评测张量。TensorFlow 2 通过使用见名知意的 numpy()方法,提取 tf.Tensor()对象的元素,并以 numpy 数组的形式返回。

TensorFlow 2 不再默认使用静态图,但给用户提供了@tf.function 作为选择来构建它。该装饰器可用于将静态图包含在代码之中,但其使用方式和 TensorFlow 1 大相径庭。与 TensorFlow 1 使用 tf.Session()明确地构建和执行静态图不同,在 TensorFlow 2 中,可通过将@tf.function 装饰器置于函数之前,实现将函数转换为静态图的功能。

使用@tf.function 装饰器生成静态图的主要优势在于其装饰的函数将被编译,因此在 GPU 或 TPU 上可能运行更快。另外,在@tf.function 装饰器下定义的函数所调用的函数也会被编译。程序片段 1-6 给出了在 TensorFlow 2 中使用静态图的例子。这里仍然使用 OLS 为例,其基于特征矩阵 X 和估算的系数向量 beta,定义一个函数进行 OLS 预测。注意,该程序片段在定义 ols_predict()函数前使用了@tf.function 装饰器。

【程序片段 1-6】 在 TensorFlow 2 中使用静态图进行 OLS 预测

```
1    #将 OLS 预测函数定义为静态图形式
2    @tf.function
3    def ols_predict(X, beta):
4        y_hat = tf.matmul(X, beta)
5        return y_hat
6
7    #基于 X 和 beta 预测 Y
8    predictions = ols_predict(X, beta)
```

除了前面提到的改变之外,TensorFlow 2 还对命名空间做了大量的改动,试图对 TensorFlow 1 中的许多冗余端点进行清理。TensorFlow 2 也清除了命名空间 tf.contrib(),其用于存放 TensorFlow 1 尚不完全支持的多种算子。在 TensorFlow 2 中,这些内容被迁移到不同的相关命名空间中,使得它们更容易被找到。

最后,TensorFlow 2 经过调整,提供了一些高阶 API,其中的 Keras API 和 Estimators API 值得重点强调。Keras 简化了神经网络模型的构建和训练,而 Estimators 提供了一些只需要使用少量参数即可定义的模型,且这些模型可部署到任何环境中。尤其是 Estimators 的模型可在多服务器环境上进行训练,且无须修改代码即可在 TPU 和 GPU 上运行。

程序片段 1-7 展示了使用 Keras 定义和训练 OLS 模型的步骤,程序片段 1-8 则是使用 Estimators 库来完成同样的工作,请注意使用这两个 API 定义和训练 OLS 模型要求的代码行更少。相比之下,程序片段 1-2 给出的是低阶 TensorFlow 示例,其通过最小化平方误差数值来处理 OLS 模型,而不是使用它的解析解。

【程序片段 1-7】　使用 tf.keras() 处理 OLS 模型

```
1   #定义序贯模型
2   ols = tf.keras.Sequential()
3
4   #通过线性激励添加致密层
5   ols.add(tf.keras.layers.Dense(1, input_shape = (2,),
6       use_bias = False, activation = 'linear'))
7
8   #设置优化器和损失参数
9   ols.compile(optimizer = 'SGD', loss = 'mse')
10
11  #对模型进行 500 轮次训练
12  ols.fit(X, Y, epochs = 500)
13
14  #打印参数估计值
15  print(ols.weights[0].numpy())
```

程序运行结果：

```
[[1.971646 ]
 [1.0175239]]
```

程序片段 1-7 首先使用 tf.keras.Sequential() 方法定义了一个序贯神经网络模型。序贯模型可通过以下步骤构建和训练神经网络：

（1）依次在每一层顶部进行堆叠；

（2）通过设置具体参数，如优化器、损失函数和学习速率等来编译模型；

（3）应用 fit() 方法。

注意，由于该程序片段执行的是线性回归，因此模型仅由一个线性激励的致密层组成。另外，由于 X 的首列为由 1 组成的向量，因此参数 use_bias 被设置为 False，以用于评估常数（偏差）项。由于程序片段 1-7 使用了普通最小二乘法，要求最小化平方误差和，因此在编译模型时，使用了均方误差作为损失参数。最后，程序将 epochs 参数设置为 500，即在全样本上运行 500 轮次。一旦模型训练完成，就可以从 ols.weights 属性中获得参数估计值列表，并对其进行打印操作。在本例中，列表仅包含了一个对象，程序通过使用 numpy() 方法获得了其中的模型参数。

【程序片段 1-8】　使用 tf.estimator() 处理 OLS 模型

```
1   #定义特征列
2   features = [
```

```
3    tf.feature_column.numeric_column("constant"),
4    tf.feature_column.numeric_column("x1")
5    ]
6
7    #定义模型
8    ols = tf.estimator.LinearRegressor(features)
9
10   #定义函数给模型提供数据
11   def train_input_fn():
12       features = {"constant": [1, 1], "x1": [0, 2]}
13       target = [2, 4]
14       return features, target
15
16   #训练 OLS 模型
17   ols.train(train_input_fn, steps = 100)
```

程序片段 1-8 使用了 Estimators 方法，首先定义了特征列，同时定义了列名和类型。该例中有两个特征，其中一个是常数项（或称为机器学习中的"偏差"）。然后将该特征列通过 tf.estimator()传递给 LinearRegressor()，产生模型的定义。最后定义了为模型提供数据的 train_input_fn()函数，再应用 train()方法，将 train_input_fn 作为 train()方法的第 1 个参数，将轮次数量作为其第 2 个参数。

为了使用 tf.estimator 进行预测，可借助已定义 OLS 模型的 predict()方法。与模型训练的步骤类似，需要先定义一个函数用于生成输入数据集，在程序片段 1-9 中，将该函数命名为 train_input_fn()。在将 train_input_fn()函数传递给 predict()方法后，会产生一个生成器函数以进行模型预测。最后通过一个列表推导式，使用 next()方法对所有生成器的输出进行迭代，收集所有的预测结果。

【程序片段 1-9】 使用 tf.estimator()的 OLS 模型进行预测

```
1    #定义特征列
2    def test_input_fn():
3        features = {"constant": [1, 1], "x1": [3, 5]}
4        return features
5
6    #定义预测生成器
7    predict_gen = ols.predict(input_fn=test_input_fn)
8
9    #生成预测
10   predictions = [next(predict_gen) for j in range(2)]
```

```
11
12  #打印预测
13  print(predictions)
```

程序运行结果：

```
[{'predictions': array([5.0000067], dtype=float32)},
 {'predictions': array([7.000059], dtype=float32)}]
```

1.3　TensorFlow 与经济金融

如果读者不熟悉机器学习，也许会好奇为什么通过 TensorFlow 来学习机器学习较为明智。MATLAB 现在已经提供了机器学习工具箱，使用 MATLAB 来学习机器学习不是更容易吗？Stata 和 SAS 不是也可以执行一些监督学习方法吗？TensorFlow 不是经常遭到各种挑战，甚至来自其他机器学习框架的挑战吗？本节将对这些问题进行探索，阐述 TensorFlow 和机器学习能给经济学家带来了哪些便利。

为什么要学习 TensorFlow，而不是学习其他工具或机器学习框架？本节将从这一问题开始。TensorFlow 的优势之一是它本身是一个开源库，能在 Python 中使用，而且由谷歌公司进行维护。这意味着使用 TensorFlow 不需要许可费用，还可以从 Python 开发人员的大社区中获益。并且，由于 TensorFlow 是机器学习商业领袖公司谷歌所选择的工具，因此会得到很好的维护。TensorFlow 的另一个优势是自发布以来一直是机器学习领域最流行的框架之一。

图 1-2 展示了 GitHub 网站上最受欢迎的 9 个机器学习框架所获得的 GitHub 星数。从该图可以看出，TensorFlow 获得的 GitHub 星数大概是受欢迎程度排名第二的框架的4 倍。TensorFlow 受欢迎程度最高，这意味着其用户更容易找到其他用户所创建的库、代码范例和预训练模型。此外，相对于其他机器学习框架，TensorFlow 1 已很有优势，而 TensorFlow 2 又在 TensorFlow 1 的基础上变得更加简单易用。相比许多存在各种约束的框架而言，TensorFlow 具有很高的灵活性，也让其成为机器学习框架中的佼佼者。

在经济金融领域中，至少有两个方面可用到 TensorFlow。第一个方面与机器学习相关，由于 TensorFlow 本身就是一个机器学习框架，非常适用于这类应用。第二个方面是 TensorFlow 可用于处理经济金融领域的理论模型。相较其他的机器学习库，TensorFlow 具有允许使用高阶 API 和低阶 API 的优势。其低阶 API 可用于构建和处理任意的经济金融仲裁模型。本节接下来的部分将通过这两方面的示例对 TensorFlow 在经济金融中的应用进行简要概述。

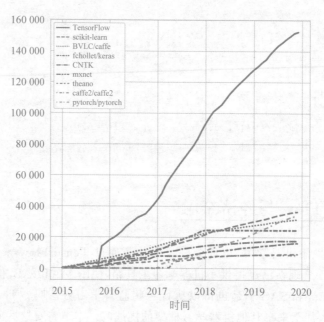

图 1-2　机器学习框架的 GitHub 星数（2015—2019）

（数据源自 GitHub 网站，Perrault 等，2019）

1.3.1　机器学习

　　部分经济学家对于机器学习方法的态度最初是抵制的，然而现在他们已对机器学习欣然接受。不情愿接受机器学习的部分原因源自计量经济学和机器学习的目标定位有所不同。经济学家习惯使用简约的线性模型进行因果推理，而机器学习则主要使用多参数的非线性模型进行预测。

　　然而，机器学习与经济学也有不同程度的交集。比如说，经济金融预测与机器学习的目标是一致的，即进行精确的样本外预测。另外，计量经济学中许多常用的线性模型也在机器学习中被广泛使用。因此，将机器学习应用于经济学中的场景并不少见，这点将在本书第 2 章进行详细讨论。

　　TensorFlow 至少具有 5 个优势，使其适用于经济金融领域的应用：①灵活性；②分布式训练；③产品级质量；④高质量文档；⑤扩展性。

1. 灵活性

　　机器学习在经济学中的许多应用并没有现有的程序可供使用（Athey，2019），这点将在本书第 2 章进行详细讨论。因此，开发一个具有灵活性的全面的机器学习框架将会对经济学研究十分有用，当然，这也会产生不少费用。对于一些现有的应用，我们有更为简单和更具约束性的框架可供使用，如 sklearn 和 Keras，使用它们可以更快、更准确地进行开发。然而,对于需要融合因果推理和机器学习的工作,以及要求使用非标准模型架构的工作,就只有选择开发一个灵活的机器学习框架了。TensorFlow 特别适合于这类工作,其允许使用高阶 API 和低阶 API 进行组合开发。例如,使用 TensorFlow 可为计量经济学评估程序构建一个嵌入深度神经网络(Deep Neural Network,DNN)的算法,其中,DNN 可通过 TensorFlow 的高阶 Keras API 进行操作,而外部算法则可通过低阶的 TensorFlow 算子进行构建。

2. 分布式训练

经济学中的许多机器学习应用并不需要使用分布式训练过程。例如,对于只有几百个回归元和几万个观察值的惩罚线性回归模型,使用 CPU 训练通常就已足够。然而,如果需要对 ResNet 模型进行调试,从而通过船舶交通的卫星图预测贸易流通,也许就需要使用分布式训练。TensorFlow 2 会自动检测图形处理器(Graphics Processing Units,GPUs)和张量处理器(Tensor Processing Units,TPUs),并将它们应用于训练过程中。程序片段 1-10 展示了如何列出系统中所有可用的处理器,并且从中选择一个处理器,如 GPU 或 CPU,进行模型训练。

【程序片段 1-10】　列出系统中所有可用的处理器,并选中 CPU,然后切换至 GPU[①]

```
1   import tensorflow as tf
2
3   #打印系统中可用的处理器列表
4   devices = tf.config.list_physical_devices()
5   print(devices)

    [PhysicalDevice(name='physical:device:CPU_0',
    Device_type='CPU'),
    PhysicalDevice(name='physical_device:XLA_CPU:0',
    Device_type='XLA_CPU'),
    PhysicalDevice(name='physical_device:XLA_GPU:0',
    Device_type='XLA_GPU'),
    PhysicalDevice(name='physical_device:GPU:0',
    Device_type='GPU')

6   #选中 CPU
7   tf.config.experimental.set_visible_devices(
8       devices[0], 'CPU')
9
10  #将处理器切换为 GPU
11  tf.config.experimental.set_visible_devices(
12      devices[3], 'GPU')
```

---

① 注意:不同系统中可用的处理器不一定相同,因此读者的程序输出结果不一定一致。

在某些情况下，读者可能要在一台处理器的两个内核，比如两个 GPU 或两个 CPU 上分配计算，并跨越多个处理器。举个例子，假如读者可使用一台具有两个 GPU 的工作站，如果不是使用 TensorFlow 或其他可支持分布式计算功能的框架，那么将无法有效利用这两个 GPU。或者，读者希望在云上跨越多个 GPU 分配计算，以克服内存瓶颈。又或者，读者在企业工作，有一个应用需要使用一个大的模型执行实时分类，并将信息反馈给用户。要完成这些工作，在多个 GPU 或 TPU 上执行分布式计算可能都是唯一的选择，且这种分布式计算具有低延迟特性。

TensorFlow 通过 tf.distribute.Strategy() 方法提供了执行多处理器分布式计算的接口。该方法的优势是使用简单，且无须修改就能很好地执行。读者只须简单指定将要使用的处理器和分布式计算策略，而不需要决定如何分配计算等细节问题。TensorFlow 支持在多台处理器上维持相同参数值的同步策略，也支持在个人设备上进行本地更新的异步策略。

3. 产品级质量

对于需要使用机器学习创作产品或提供服务的企业经济学家而言，项目代码最终需要从实验或开发阶段转化为产品级质量阶段，这点非常重要，因其将降低最终用户面对错误或问题的可能性，即让用户获得稳定的产品。TensorFlow 的另一个优势是它可以创作和提供产品级质量的代码。

为了创作产品级质量的代码，TensorFlow 提供了高阶 Estimators API。Estimators API 用于训练神经网络时，可执行最优实践，并去除开发过程中易于出错的部分。Estimators API 允许开发人员通过指定少量参数设定模型架构，使用预制模型，也允许开发人员自行开发他们自己的模型。

除了可用于开发模型的 Estimators API 外，TensorFlow Serving 也可以面向最终用户，开发和部署产品级质量的应用。例如，用户可使用 TensorFlow Serving 提交数据、文本、图像格式的查询，这些内容将被输入一个模型中，然后为用户生成一个分类或预测。

4. 高质量文档

TensorFlow 1 最初的文档较为晦涩且不太完备，这也是新用户对其望而生畏的部分原因，对于常使用 MATLAB、Stata、SAS 等具有完善文档的商业软件进行计量经济和计算的经济学家来说尤其如此。当谷歌公司开始研发 TensorFlow 2 时，这一情况已经改变。TensorFlow 2 具有高品质且详细的文档，这已成为其作为机器学习框架的主要优点之一。

TensorFlow 文档的优点之一，是它往往伴有相应的谷歌 Colaboratory（Colab）notebook 程序。谷歌 Colab 是一个可运行 Jupyter notebook 程序的免费服务，它也允许用户在谷歌服务器上使用 GPU 和 TPU 免费执行 notebook 程序。与 TensorFlow 文档对应的 Colab notebook 程序允许用户直接运行代码的小片段示例，可以根据需要进行修改，并在谷歌公司最先进的硬件环境上执行代码。

5. 扩展性

在将机器学习应用于经济金融方面时,TensorFlow 的另一个优势是具备良好的扩展性。本节将对其中的 4 个扩展内容进行讲述,但 TensorFlow 还有不少其他扩展内容,经济学家也许也会感兴趣。

1) TensorFlow Hub

TensorFlow Hub 的网址为 https://tfhub.dev/,其提供了能被加载(import)到 TensorFlow 中的预训练模型的可搜索库,这些预训练模型可用于分类和回归任务处理,也可在微调后用于其他相关任务。例如,可通过 TensorFlow Hub 加载 EfficientNet 模型,在 ImageNet 数据集上进行训练,剔除分类头后,再训练该模型在其他数据集上执行不同的分类任务。

2) TensorFlow Probability

TensorFlow Probability 专为统计学家和机器学习研究人员设计,它提供了一个扩展的概率分布集合和概率模型开发工具集,其中包括神经网络模型中的概率层。TensorFlow Probability 也为变分推断、马尔可夫链蒙特卡洛方法(Markov chain Monte Carlo,MCMC)提供支持,还包含了一个常用于计量经济学的优化器扩展集,比如 BFGS 优化器。对于希望使用机器学习执行因果推理的学院派经济学家而言,TensorFlow Probability 将成为一个不可或缺的工具。

3) TensorFlow Federated

在某些情况下,用于模型训练的数据是分散的,因此使用标准方法执行模型训练变得不再可行。对于高校、研究院所或公共部门的经济学家而言,当涉及法律或隐私,数据不能被共享时,这类问题就会经常出现。对于企业中的经济学家而言,当数据分布在用户的设备(如手机)中,无法被集中处理时,也会面临同样的问题。在前述的这些例子中,联邦学习(federated learning)提供了使用分散数据训练模型的机会。在 TensorFlow 中,可使用 TensorFlow Federated 扩展来实现这一功能。

4) TensorFlow Lite

企业中的经济学家经常使用多个 GPU 或多个 TPU 进行模型训练,以便将模型部署在具有严格计算资源约束的环境中。TensorFlow Lite 可用于这样的情况,以避免资源约束,并改善执行效果。TensorFlow Lite 通过将 TensorFlow 模型转换为一个替代格式,对模型体量进行压缩,然后生成一个可部署到移动环境中的 .tflite 文件。

1.3.2　理论模型

虽然 TensorFlow 主要用于构建和处理深度学习模型,但它也提供了众多计算工具,可用于处理任何仲裁模型。这与其他使用范围更加狭窄的机器学习框架不同,这些框架在定义好的模型和工具外,不能足够灵活地构建其他模型。

尤其是,TensorFlow 可通过以下两点处理经济金融领域的理论模型:①定义表达模型的计算图;②定义相关损失函数。然后,再使用 TensorFlow 的标准优化程序,如随机梯度下降(Stochastic Gradient Descent,SGD),来最小化损失函数。

TensorFlow 具有最先进的自动微分库,无论是执行并行计算还是分布式计算都十分便利,这些特性都让它成为现有的能够处理经济金融理论模型的强大工具。理论模型的部分将在本书第 10 章进行详细讨论。

1.4　张量简介

TensorFlow 主要的设计目的是利用神经网络进行深度学习。神经网络由多重张量(tensors)上执行的操作组成,TensorFlow 也因此而得名。

张量在特定的学科背景中具有明确的数学定义。本书采用与机器学习最相关的张量定义,来自 Goodfellow 等人所著的 *Deep Learning* 一书:通常情况下,张量是一组可变数量坐标轴上,基于规则空间的一组数。

在实践中,人们经常使用张量的阶和形状来描述张量。具有 k 个索引的矩形数组 $Y_{i_1 \cdots i_k}$ 称为具有 k 阶,也可以表述为数组的秩或维度为 k。张量的形状具体表示为其在每个维度上的深度。

以程序片段 1-2 的 OLS 问题为例进行讨论,该例中使用了 $\boldsymbol{X}, \boldsymbol{Y}$ 和 $\boldsymbol{\beta}$ 这 3 个张量,分别为特征矩阵、目标向量和系数向量。在一个具有 m 个特征,n 个观察值的回归问题中,$\boldsymbol{X}$ 为 2 阶张量,具有 (n, m) 的形状,$\boldsymbol{Y}$ 为 1 阶张量,形状为 n,$\boldsymbol{\beta}$ 为 1 阶张量,形状为 m。

一般来讲,0 阶张量即是标量,1 阶张量为 1 个向量,2 阶张量为 1 个矩阵。当 $k \geqslant 3$ 时,将 k 阶张量称为 k 张量。图 1-3 通过使用一系列 3 色方块阐明了这些定义的内涵。

图 1-3 的左上为一个蓝色方块图,代表一个整数,即一个标量或一个 0 阶张量。图 1-3 的上部中间为绿色方块构成的图像,其构成了 1 阶张量或向量。图 1-3 的右上为红色方块构成的图像,代表一个矩阵或一个 2 阶张量。进而,如果组合这 3 种颜色的方块构成一个图形,就是 3 阶张量,如图 1-3 中部图像所示;如果再对 3 阶张量进一步扩展,就构成了 4 阶张量,如图 1-3 下部图像所示。

值得强调的是,我们常假定张量的定义具有矩形性质。也就是说,使用类似图 1-3 所示的颜色方块表达张量时,图像方块的颜色数量及每个图像的深度和宽度都假定为相同。如果每个图像具有不同的形状,张量的形状就不太容易让人理解。并且,许多机器学习框架在处理非矩形张量时,无法完全利用 GPU 或 TPU 的并行计算能力。

对于本书讨论的大部分问题,其数据都自然具有矩形性质,或者在损失较小的情况下,可将数据转换为具有矩形性质的。当然,也有不能转换的情况存在。幸运的是,TensorFlow 提供了一种称为"不规则张量"的数据结构,可通过使用 tf.ragged 获得,能与 100 余个 TensorFlow 算子相容。另外,还有一种新的卷积神经网络 CNN(Convolutional Neural Networks),可使用遮盖技术,对图像的重要部分进行识别,允许输入变量设置图像的形状。

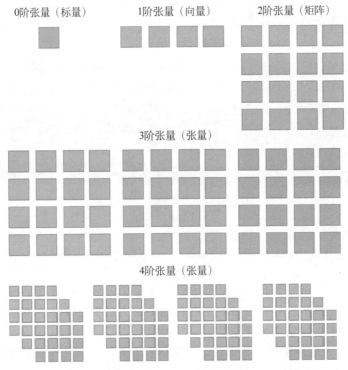

图 1-3　使用颜色方块对张量的定义进行分解说明*

1.5　TensorFlow 中的线性代数和微积分

与计量经济学类似,机器学习算法也大量地用到了线性代数和微积分知识。然而,在规范的机器学习框架中,很多数学内容对是用户不可见的。相反,TensorFlow 允许用户使用高阶和低阶 API 构建模型。例如,在使用低阶 API 时,TensorFlow 可使用线性代数或微积分层次的算子,构建非线性最小二乘估计程序或算法来训练神经网络。本节将对如何使用 TensorFlow 执行线性代数和微积分中的常见操作进行讨论。在讨论之前,先对 TensorFlow 中的常量及变量进行论述,这是描述线性代数和微积分操作的基础。

1.5.1　常量和变量

TensorFlow 将张量对象分为常量和变量,"常量"和"变量"这两个术语的含义与编程

＊　该图片的彩色版请见本书最前的插页。其他需要参见插页的图片在后文中也用"＊"标出。

中的规范用法一致。也就是说,常量的值固定,而变量的值可能会随时间变化。程序片段
1-11 中继续沿用 OLS 作为例子。程序片段 1-11 不是对问题进行处理分析,只是简单地
计算可用于构建损失函数的残差项。

【程序片段 1-11】 为 OLS 定义常量和变量

```
1    import tensorflow as tf
2
3    #将数据定义为常量
4    X = tf.constant([[1, 0], [1, 2]], tf.float32)
5    Y = tf.constant([[2], [4]], tf.float32)
6
7    #初始化 beta
8    beta = tf.Variable([[0.01],[0.01]], tf.float32)
9
10   #计算残差
11   residuals = Y - tf.matmul(X, beta)
```

在程序片段 1-11 中,特征矩阵 X 和目标 Y 被定义为常量张量,因为它们在模型训练
过程中不会改变。而参数向量 beta 则会随着优化算法最小化残差变换过程变化,因此使
用 tf.Variable()将 beta 定义为变量①。

一般而言,本书将使用常量张量来定义模型的输入数据和模型产生的中间数据,如残
差;也将使用常量张量来表达模型的超参数。例如,对于神经网络和惩罚回归模型,本书
将使用训练过程外的正则化参数,并使用 tf.constant()来定义这些参数。

本书通常使用 tf.Variable()来初始化可训练模型参数,包括神经网络的权重,线性回
归的系数向量,以及使用参数矩阵进行线性变换的模型中间过程等。

1.5.2　线性代数

TensorFlow 以深度学习模型为中心,输入张量,产生张量输出,并且应用线性变换,
这说明 TensorFlow 具有很强的执行线性代数计算的能力,且能将这些计算分布在 GPU
和 TPU 上。本节将讨论如何使用 TensorFlow 执行线性代数中的常见操作。

1. 标量加法和乘法

虽然标量可被看作 0 阶张量,在 TensorFlow 中被定义为张量对象,但它们的使用目
的与向量、矩阵和 k 阶张量不同。并且,一些可在向量、矩阵上执行的特定操作不能在标
量上执行。

---

① 如果读者在 Jupyter Notebook 中按顺序运行本章的程序片段,将其分别放在独立的 Python 会话中执行,那么
将不会产生运行时异常。尤其是在运行 tf.estimator()程序片段后,读者不妨启动一个新的会话。

　　程序片段 1-12 展示了如何在 TensorFlow 中执行标量加法和标量乘法，并使用 tf.constant() 定义了两个标量 s1 和 s2 进行演示。如果标量是模型中的可训练参数，则应该使用 tf.Variable() 定义它们。程序片段 1-12 首先使用 tf.add() 和 tf.multiply() 执行标量的加法和乘法，然后使用重载运算符"＋"和"＊"执行同样的标量加法和乘法运算，最后打印计算得到的 sum（和）和 product（积）。由于程序 1-12 将每个常量定义为 tf.float32 类型，因此 s1 和 s2 为数据类型为 float32 的 tf.Tensor() 对象。

【程序片段 1-12】　在 TensorFlow 中执行标量加法和标量乘法

```
1   import tensorflow as tf
2
3   #将两个标量定义为常量
4   s1 = tf.constant(5, tf.float32)
5   s2 = tf.constant(15, tf.float32)
6
7   #使用 tf.add() 和 tf.multiply() 方法执行标量的加法和乘法
8   s1s2_sum = tf.add(s1, s2)
9   s1s2_product = tf.multiply(s1, s2)
10
11  #使用重载运算符执行标量的加法和乘法
12  s1s2_sum = s1+s2
13  s1s2_product= s1 * s2
14
15  #打印 sum
16  print(s1s2_sum)
17
18  #打印 product
19  print(s1s2_product)
```

程序运行结果：

```
tf.Tensor(20.0, shape=(), dtype=float32)
tf.Tensor(75.0, shape=(), dtype=float32)
```

2. 张量加法

　　接下来讲述张量加法。张量加法只有一种形式，可以产生 k 阶张量。对于 0 阶张量（即标量），可使用 tf.add() 对该方法本身的两个标量参数进行求和。如果将 tf.add() 方法的两个参数扩展为 1 阶张量（即向量），加法操作如公式 1-2 所示，将对两个向量的对应项进行求和。

公式1-2 向量加法。

$$\begin{pmatrix} a_0 \\ a_1 \\ a_2 \end{pmatrix} + \begin{pmatrix} b_0 \\ b_1 \\ b_2 \end{pmatrix} = \begin{pmatrix} a_0 + b_0 \\ a_1 + b_1 \\ a_2 + b_2 \end{pmatrix}$$

进一步,还可将该公式扩展到 2 阶张量(即矩阵),如公式 1-3 所示,并继续扩展到 k 阶张量($k>2$)。不管张量的阶数是多少,其加法操作都按照同样方式进行,即将两个张量相同位置的元素相加。

公式1-3 矩阵加法。

$$\begin{pmatrix} a_{00} & \cdots & a_{0n} \\ \vdots & \ddots & \vdots \\ a_{m0} & \cdots & a_{mn} \end{pmatrix} + \begin{pmatrix} b_{00} & \cdots & b_{0n} \\ \vdots & \ddots & \vdots \\ b_{m0} & \cdots & b_{mn} \end{pmatrix} = \begin{pmatrix} a_{00} + b_{00} & \cdots & a_{0n} + b_{0n} \\ \vdots & \ddots & \vdots \\ a_{m0} + b_{m0} & \cdots & a_{mn} + b_{mn} \end{pmatrix}$$

注意,仅可在形状相同的张量之间执行张量加法操作[1]。具有不同形状的两个张量,在相同位置并不总拥有两个元素。另外,张量加法满足交换律和结合律[2]。

程序片段 1-13 展示了如何对 4 阶张量执行张量加法。程序使用了两个 4 阶张量,image 和 transform,都为 numpy 数组。其中,images 张量为一组 32 色的图像,而 transform 张量为一个加型转换。

程序首先打印了 image 和 transform 的形状,确定它们形状相同,可执行张量加法运算。结果显示这两个张量拥有相同的(32,64,64,3)形状。也就是说,它们都是一组 32 色图像,大小为 64×64,具有 3 色通道。接下来使用 tf.constant()将这两个 numpy 数组转换为 TensorFlow 常量对象。然后分别对这两个常量对象使用 tf.add()和重载运算符"+",执行加型转换。注意"+"运算符将在 TensorFlow 中执行计算,因为这两个张量已经转换为了 TensorFlow 常量对象。

【程序片段 1-13】 在 TensorFlow 中执行张量加法

```
1   import tensorflow as tf
2
3   images = tf.random.uniform((32, 64, 64, 3))
4   transform = tf.random.uniform((32, 64, 64, 3))
5   #打印两个张量的形状
6   print(images.shape)
7   print(transform.shape)
8
```

[1] 本章后面将会讨论,该规则也有两个例外:广播和标量-张量加法。
[2] 给定 A、B、C 为 k 阶张量。交换律表述为 $A+B=B+A$,结合律表述为 $(A+B)+C=A+(B+C)$。

```
9    #将 numpy 数组转换为 TensorFlow 常量
10   images = tf.constant(images, tf.float32)
11   transform = tf.constant(transform, tf.float32)
12
13   #使用 tf.add()方法执行张量加法
14   images = tf.add(images, transform)
15
16   #使用重载运算符执行张量加法
17   images = images+transform
```

程序运行结果：

```
(32, 64, 64, 3)
(32, 64, 64, 3)
```

3. 张量乘法

对比张量加法,本节只考虑相同形状的两个张量间元素层面的操作,主要讨论以下 3 种类型的张量乘法：元素直乘法、点积和矩阵乘法。

1）元素直乘法

与张量加法类似,张量的元素直乘法被定义为只能在具有相同维度的张量之间进行。例如,对于索引为 i,j,r 的两个 3 阶张量 $\boldsymbol{A}$ 和 $\boldsymbol{B}$,其中 $i\in\{1,\cdots,I\}$,$j\in\{1,\cdots,J\}$,$r\in\{1,\cdots,R\}$,那么 $\boldsymbol{A}$ 和 $\boldsymbol{B}$ 的元素直乘法结果为张量 $\boldsymbol{C}$,$\boldsymbol{C}$ 的每个元素 $\boldsymbol{C}_{ijr}$ 按公式 1-4 进行计算。

公式1-4　张量的元素直乘法。

$$\boldsymbol{C}_{ijr} = \boldsymbol{A}_{ijr} \odot \boldsymbol{B}_{ijr}$$

公式 1-5 提供了两个矩阵的张量元素直乘示例。注意,符号 $\odot$ 表示进行元素直乘。

公式1-5　矩阵的张量元素直乘。

$$\begin{pmatrix} a_{00} & a_{01} \\ a_{10} & a_{11} \end{pmatrix} \odot \begin{pmatrix} b_{00} & b_{01} \\ b_{10} & b_{11} \end{pmatrix} = \begin{pmatrix} a_{00}*b_{00} & a_{01}*b_{01} \\ a_{10}*b_{10} & a_{11}*b_{11} \end{pmatrix} = \begin{pmatrix} c_{00} & c_{01} \\ c_{10} & c_{11} \end{pmatrix}$$

【程序片段 1-14】　在 TensorFlow 中执行元素直乘

```
1    import tensorflow as tf
2
3    #使用正态分布生成两个 6 阶张量
4    A = tf.random.normal([5, 10, 7, 3, 2, 15])
5    B = tf.random.normal([5, 10, 7, 3, 2, 15])
```

```
6
7    #执行元素直乘
8    C = tf.multiply(A, B)
9    C = A * B
```

程序 1-14 给出了张量元素直乘的 TensorFlow 实现代码,即首先通过正态分布函数生成两个 6 阶张量,然后进行张量直乘。tf.random.normal()中的整数参数列表为 6 阶张量的形状。注意 A 和 B 都是 6 阶张量,具有相同的形状(5, 10, 7, 3, 2, 15)。为了执行张量元素直乘,参与相乘的两个张量必须形状相同。此外,由于张量 A 和 B 使用 TensorFlow 相关方法生成,因此可使用 TensorFlow 乘法方法 tf.multiply()或其重载乘法运算符"*"执行元素直乘。

2)点积

点积可在拥有相同数量元素的向量 A 和 B 之间执行,对 A 和 B 对应的元素相乘并最后求和。假设,$A = [a_0, \cdots, a_n]$,$B = [b_0, \cdots, b_n]$,那么 A 和 B 的点积 c 可表示为 $c = A \cdot B$,采用公式 1-6 进行计算。

公式1-6 向量的点积。

$$c = \sum_{i=0}^{n} a_i b_i$$

注意,两个向量的点积结果为一个标量。程序片段 1-15 展示了如何使用 TensorFlow 执行点积计算。其首先定义了两个拥有 200 个元素的向量 A 和 B,再使用 tf.tensordot()方法,将 A、B、axes 作为参数,进行向量 A 和 B 的点积计算,参数 axes 被设为 1。最后,程序提取了常量对象 c 的 numpy 数组属性,并进行打印,可以看出,向量 A 和 B 的点积结果为一个标量[①]。

【程序片段 1-15】 在 TensorFlow 中执行张量点积

```
1    import tensorflow as tf
2
3    #设置随机种子以产生可重复的结果
4    tf.random.set_seed(1)
5
6    #使用正态分布生成张量
7    A = tf.random.normal([200])
8    B = tf.random.normal([200])
```

---

① 在 tf.tensordot()方法中指定 axes 参数,是因为程序实际上在执行"张量缩并"操作,其比张量点积更加全面。对于维度索引为 i, j 的两个任意阶张量 A 和 B,其张量收缩是在 A、B 上执行元素直乘,最后对乘积求和。

```
9
10  #执行点积
11  c = tf.tensordot(A, B, axes = 1)
12
13  #打印 c 的 numpy()内容
14  print(c.numpy())
```

程序运行结果:

```
-15.284364
```

3) 矩阵乘法

接下来讨论矩阵乘法。由于本书只对矩阵使用该操作,因此这里只讨论 2 阶张量的矩阵相乘情况。对于 $k>2$ 的 k 阶张量执行矩阵乘法时,实际上是在做批量的矩阵乘法(后文称"批矩阵乘法")。例如,在使用卷积神经网络(Convolutional Neural Networks, CNNs)的训练和预测任务中,对具有相同权重集的一批图像执行乘法运算时,就是在使用批矩阵乘法。

仍旧以张量 A 和 B 作为例子进行讨论,但这次 A 和 B 只需要是矩阵即可,不需要具有同样的形状。如果让 A 矩阵乘以 B 矩阵,那么 A 的列数必须与 B 的行数相等。A 与 B 相乘得到的矩阵行列数量分别与 A 的行数,B 的列数相同。

现在假定 $A_{i:}$ 表示矩阵 A 的行 i,$B_{:j}$ 表示矩阵 B 的列 j,C 为 A 与 B 的乘积,那么矩阵 A、B 相乘得到 C 中所有的行,$j \in \{1, \cdots, J\}$,采用公式 1-7 进行计算。

公式1-7　矩阵乘法。

$$C_{ij} = A_{i:} \cdot B_{:j}$$

亦即,矩阵 C 的每个元素 C_{ij},由矩阵 A 的行 i 和矩阵 B 的列 j 的点积计算得到。公式 1-8 给出了一个 2×2 矩阵相乘的示例。另外,程序片段 1-16 展示了如何在 TensorFlow 中执行矩阵乘法。

公式1-8　矩阵乘法示例。

$$C = \begin{pmatrix} a_{00} & a_{01} \\ a_{10} & a_{11} \end{pmatrix} \begin{pmatrix} b_{00} & b_{01} \\ b_{10} & b_{11} \end{pmatrix} = \begin{pmatrix} a_{00}b_{00} + a_{01}b_{10} & a_{00}b_{01} + a_{01}b_{11} \\ a_{10}b_{00} + a_{11}b_{10} & a_{10}b_{01} + a_{11}b_{11} \end{pmatrix}$$

程序 1-16 首先从正态分布中随机生成两个矩阵 A 和 B,矩阵 A 的形状为(200, 50),矩阵 B 的形状为(50, 10)。然后使用 tf.matmul()对 A、B 执行矩阵乘法,将结果赋给 C,C 的形状为(200, 10)。

那么可不可以调换顺序,让矩阵 B 乘以矩阵 A 呢? 实际上从矩阵 A 和 B 的形状即可看出,它们无法按这个顺序相乘,因为 B 的列数为 50,而 A 的行数为 200,即矩阵乘法不满足交换律,但满足结合律。

【程序片段 1-16】　在 TensorFlow 中执行矩阵乘法

```
1   import tensorflow as tf
2
3   #使用正态分布生成张量
4   A = tf.random.normal([200, 50])
5   B = tf.random.normal([50, 10])
6
7   #执行矩阵乘法
8   C = tf.matmul(A, B)
9
10  #打印 C 的形状
11  print(C.shape)
```

程序运行结果：

```
(200, 10)
```

4. 广播

在某些情况下，当需要在两个形状不匹配的张量间执行线性代数运算时，就要用到广播（broadcasting）。最常见的情形有将一个标量与一个张量相加，将一个标量与一个张量相乘，及执行批矩阵乘法。下面对这些情况进行分别讨论。

1）标量-张量的加法和乘法

当处理图像数据时，经常需要将标量转换为矩阵、3 阶张量或 4 阶张量。这里先对标量-张量加法、标量-张量乘法进行定义。假定存在 1 个标量 γ，1 个 k 阶张量 A，那么使用公式 1-9 定义标量-张量加法，使用公式 1-10 定义标量-张量乘法。

公式1-9　标量-张量加法。

$$C_{i_1\cdots i_k} = \gamma + A_{i_1\cdots i_k}$$

公式1-10　标量-张量乘法。

$$C_{i_1\cdots i_k} = \gamma A_{i_1\cdots i_k}$$

标量-张量加法通过将标量项与张量的每个元素相加实现，类似地，标量-张量乘法通过将标量与张量的每个元素相乘实现，即对索引为 $i_1 \in \{1,\cdots,I_1\}$，$i_2 \in \{1,\cdots,I_2\}$，$\cdots$，$i_k \in \{1,\cdots,I_k\}$ 的所有张量元素重复执行公式 1-9 和公式 1-10 的操作。程序片段 1-17 通过对一个形状为 $(64,256,256,3)$ 的 4 阶图像张量进行操作，提供了标量-张量加法和标量-张量乘法的 TensorFlow 代码实现。

【程序片段 1-17】　执行标量-张量加法和标量-张量乘法

```
1   import tensorflow as tf
```

```
2
3    images = tf.random.uniform((64, 256, 256, 3))
4    #将标量项定义为常量
5    gamma = tf.constant(1/255.0)
6    mu = tf.constant(-0.50)
7
8    #执行标量乘法
9    images = gamma * images
10
11   #执行标量加法
12   images = mu+ images
```

程序首先定义了两个常量 gamma 和 mu,分别为用于标量-张量乘法和标量-张量加法计算的标量。由于这两个标量使用 tf.constant()方法定义,因此可使用重载运算符"＊"和"＋"执行对应的乘法和加法操作,而不需要使用 tf.multiply()和 tf.add()方法。通过这两个运算,我们将一组 64 幅图像的元素从整数区间[0,255]转换为实数区间[−1,1]。

2) 批矩阵乘法

最后,讨论广播的批矩阵乘法。假定有一组形状为(64,256,256)的 3 阶灰度图像张量 images,对这组图像的每幅图像执行形状同为(256,256)的线性变化 transform。为了便于演示,程序片段 1-18 随机生成了这两个张量 images 和 transformation。

【程序片段 1-18】　定义随机张量

```
1    import tensorflow as tf
2
3    #定义随机 3 阶图像张量
4    images = tf.random.uniform((64, 256, 256))
5
6    #定义随机 2 阶图像变换张量
7    transform = tf.random.normal((256, 256))
```

程序片段 1-19 展示了如何在 TensorFlow 中对已定义的 3 阶张量 image 和 2 阶张量 transform 执行批矩阵乘法。

【程序片段 1-19】　执行批矩阵乘法(接程序片段 1-18)

```
1    #执行批矩阵乘法
2    batch_matmul = tf.matmul(images, transform)
3
4    #执行批元素直乘
5    batch_elementwise = tf.multiply(images, transform)
```

程序片段 1-19 中使用了 tf.matmul()方法执行批矩阵乘法,也使用 tf.multiply()实现了可能的批元素直乘。

1.5.3 微分学

经济学和机器学习中都用到了大量的微分学知识。在经济学中,微分被用于处理分析模型、评估计量经济模型和处理计算模型,这些模型都是由微分方程构建的系统。在机器学习领域,微分通常被用于训练模型的程序中。随机梯度下降(Stochastic Gradient Descent,SGD)和它的许多变体依赖梯度计算,而这些梯度都是导数向量。

实际上,所有经济学和机器学习中的微分应用都是为了达成同一个目标,即寻找最优,找出一个最大值或一个最小值。本节将对微分基础、微分在机器学习中的应用以及微分在 TensorFlow 中的实现进行讨论。

1. 一阶导数和二阶导数

微分学以导数计算为中心。导数反映了变量 Y 对应于另一个变量 X 的变化,即当 X 发生变化时,Y 对应于 X 的变化率。如果 X 与 Y 线性相关,那么 Y 对应于 X 的导数就是直线的斜率,该计算较为简单。以公式 1-11 形式的确定性线性模型作为例子进行分析,该模型只有一个自变量,系数为 β。

公式1-11 具有一个回归元的线性模型。

$$Y = \alpha + X\beta$$

在该线性模型中,如何求 Y 对应于 X 的导数?它是 Y 的改变量 ΔY 对应于 X 的改变量 ΔX 的比值。在线性函数中,求导需要使用两个点(X_1, Y_1)和(X_2, Y_2)的值,如公式 1-12 所示。

公式1-12 当 X 产生一个改变量时,计算对应 Y 的改变量。

$$Y_2 - Y_1 = (\alpha + X_2\beta) - (\alpha + X_1\beta) = \Delta Y = \Delta X\beta$$

对公式 1-12 最后一个等号的两边除以 ΔX,便产生了 Y 的改变量对应于 X 改变量的比值。这即是 Y 的导数,如公式 1-13 所示。

公式1-13 Y 对应于 X 的导数。

$$\frac{\Delta Y}{\Delta X} = \beta$$

这当然也是线性函数的斜率,如图 1-4 所示。注意在对线性函数求导时,(X_1, Y_1) 和 (X_2, Y_2)点的选择并不会对结果产生影响,导数(或斜率)总是不变。这也是线性函数的特征属性之一。

对于非线性关系如何求导呢?图 1-5 给出了两个非线性函数的示例。可以看出,前面线性函数中对 X 求导的方法并不适用于函数 X^2 和 $X^2 - X$。

为什么线性函数的求导方法不适用于 X^2 和 $X^2 - X$ 呢?这是因为这两个函数的斜

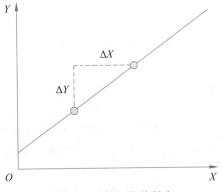

图 1-4　线性函数的斜率

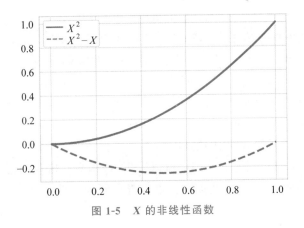

图 1-5　X 的非线性函数

率并不是一个常量。X^2 的斜率随着 X 的增加而增加;而 $X^2 - X$ 的斜率最初是递减的,随着该函数的 X^2 项比重增大,其斜率开始递增。不管 (X_1,Y_1) 和 (X_2,Y_2) 这两点如何选择,在 $[X_1,X_2]$ 区间上,Y 对应于 X 的导数计算结果总是在变化。实际上,当定位于某一个点,而不是一个区间时,导数的计算结果将是一个常量,这也是微分计算的方法。

公式 1-14 给出了只包含一个变量 X 的任意普通函数的导数定义,这里的普通函数也包括了非线性函数。由于导数的计算取决于其计算所在的位置,为了区别,教材将使用函数 $f'(X)$ 来表示导数。

公式1-14　函数 $f(X)$ 对应于 X 的导数定义。

$$f'(X) = \lim_{h \to 0} \frac{f(X+h) - f(X)}{(X+h) - X} = \lim_{h \to 0} \frac{f(X+h) - f(X)}{h}$$

对比公式 1-14 的导数定义与公式 1-13 线性函数的导数(斜率)定义,可以看出在这两个公式中,$\Delta X = h$,$\Delta Y = f(X+h) - f(X)$。唯一的区别是公式 1-14 使用了尚未定义的极限项。

通俗地讲,极限展示的是给函数的一个参数进行赋值时,其函数的表现结果。公式 1-14 对 X 的取值区间 h 进行了收缩,然后计算导数。换言之,尽可能使 X_1 和 X_2 的值接近。

图 1-5 绘制了函数 $Y=X^2$ 的曲线,以该函数为例,公式 1-15 给出了普通函数的导数定义。

公式1-15 函数 $Y=X^2$ 的求导示例。

$$
\begin{aligned}
f'(X) &= \lim_{h \to 0} \frac{(X+h)^2 - X^2}{h} \\
&= \lim_{h \to 0} \frac{X^2 + 2Xh + h^2 - X^2}{h} \\
&= \lim_{h \to 0} 2X + h \\
&= 2X
\end{aligned}
$$

当 h 趋向于 0 时,如何计算 $2X+h$ 的极限? 在起初的表达式 $f'(X)$ 中,h 为分母,且趋向于 0,因此这里可将 h 值视为 0,$2X+h$ 表达式值即为 $2X$。

从公式 1-15 可知,函数 $Y=X^2$ 的导数(即斜率)为 $2X$,它也是 X 的函数,会随着 X 的增加而递增。通过计算导数,可精确得到函数 $Y=X^2$ 斜率增加多少,即当 X 增加 1 个单位时,该函数的斜率则会增加 2 个单位。另外,还可通过函数导数计算任意一点的函数斜率值。例如,当 $X=10$ 时,函数 $Y=X^2$ 的斜率值为 20。

有了导数,就可以计算函数任意点的斜率,但这有什么用途呢? 回到图 1-5,我们对函数 $f(X)=X^2-X$ 进行讨论。从图中可以看出,该函数在区间内呈"碗形"曲线状。在数学优化中,这类函数被称为"凹"函数[①],意味着在图像中连接任意两点所绘制的线段,总是处于图像在这两点间部分的曲线上方。

公式1-16 函数 $Y=X^2-X$ 的求导示例。

$$
\begin{aligned}
f'(X) &= \lim_{h \to 0} \frac{[(X+h)^2 - (X+h)] - (X^2 - X)}{h} \\
&= \lim_{h \to 0} 2X + h - 1 \\
&= 2X - 1
\end{aligned}
$$

通过分析公式 1-16 的求导示例和图 1-5 的函数曲线可以看出,变量 X 在区间 $[0,1]$ 内,当 X 从 0 移动到 1 时,函数 $f(X)=X^2-X$ 的斜率最初为负,而后变为正。导数从负变为正的点也是函数 $f(X)=X^2-X$ 在该区间上的最小值点。图 1-5 则显示,在该点上,函数的斜率为 0。

这给出了导数的另一个重要特性:通过导数可以找到函数的最小值。特别地,前述函数 $f'(X)=0$ 时,函数处于它的最小值点。利用这个特性,可以找出函数的可能最小值

---

① 译者注:这里的凹函数和凸函数定义采用了与同济大学《高等数学(第 7 版)》一致的表述。

点,即"候选"最小值点。公式 1-17 给出了示例。

公式1-17　找出函数 $Y = X^2 - X$ 的候选最小值点。

$$0 = 2X - 1$$
$$\rightarrow X = 0.5$$

通过计算函数 $Y = X^2 - X$ 的导数,将得到的导数 $f'(X) = 2X - 1$ 设置为 0,然后对 X 求解得 $X = 0.5$,在该点产生了函数的候选最小值。这里为什么是候选最小值,而不是最小值呢?有两个原因。首先,导数为 0 的点也可能是函数的最大值点。其次,也许函数存在多个局部最大值和多个局部最小值。因此,在区间[0, 1]内,$X = 0.5$ 是函数 $Y = X^2 - X$ 的最小值点,但在实数范围内,不能确定其是否为最小值。如果是,那么该候选最小值可称为全局最小值。

基于这些原因,将导数为 0 称为函数局部最优的一阶条件(FOC)。在函数的最小值处,导数总是为 0,但函数的最大值及局部最优值处的导数也为 0,因此,导数为 0 是函数取最小值的必要条件,而不是充分条件。

对于该不完备问题的处理需要用到二阶条件(SOC),这涉及二阶导数的计算。至此,本节已经计算了两个导数,它们都为一阶导数。这些一阶导数都是某些函数的导数,如果再对这些一阶导数求导,就得到了二阶导数,表示为 $f''(X)$。一个正二阶导数表示函数的导数在对应的评估点上递增。公式 1-18 展示了函数 $Y = X^2 - X$ 的二阶导数计算。

公式1-18　函数 $Y = X^2 - X$ 的二阶导数计算。

$$f''(X) = \lim_{h \to 0} \frac{[2(X+h)-1] - [2X-1]}{h} = 2$$

公式 1-18 中,函数 $Y = X^2 - X$ 的二阶导数为一个常量,也就是说,在函数曲线的任意点上,其二阶导数总是为 2。这也意味着该函数的导数在 $X = 0.5$ 上也递增,该点是函数的候选局部最小值,其导数在该点的值为 0。如果函数的导数在该点的值为 0,且递增,那么函数在该点的值必然为局部最小值,例如函数 $Y = X^2 - X$ 在点 $X = 0.5$ 附近区域值最小,而当 $X > 0.5$ 时,函数 $f(X)$ 处于递增状态,不会产生比 $f(0.5)$ 更小的值。

下面,我们为函数取局部最小值的充分必要条件给出一个正式的表述,即函数如果在 X^* 处取候选局部最小值,那么函数在该点取局部最小值的充分必要条件是其满足公式 1-19 的要求。

公式1-19　函数 $f(X^*)$ 为局部最小值的充分必要条件。

$$f'(X^*) = 0$$
$$f''(X^*) > 0$$

类似地,函数 $f(X^*)$ 为局部最大值的充分必要条件如公式 1-20 所示。

公式1-20　函数 $f(X^*)$ 为局部最大值的充分必要条件。

$$f'(X^*) = 0$$
$$f''(X^*) < 0$$

通常来讲,对函数取反为$-f(X)$,即可将函数的最大化问题转换为函数的最小化问题。因此,只须对函数的最小化问题进行讨论即可。

本节现已讲授了一阶导数、二阶导数及它们在最优化问题中的使用,这些概念都是在经济学和机器学习中的基本内容。下面将讨论只包含一个变量的常用函数的导数计算。

2. 多项式的常用导数

前文介绍了一阶导数和二阶导数的概念,并给出了它们的计算示例,但使用的计算方式却不甚简便。在这两个计算示例中,都假定 X 的改变量 ΔX 极限为 0,然后计算对应函数 $f(X)$ 的改变量。对于两个计算示例而言,这种做法较为直截了当,但表达式也更加复杂化,因此显得较为烦琐。另外,我们尚未正式介绍极限的概念,当无法对表达式的极限值进行简单评估的时候,便可能会遇到问题。

幸运的是,导数具有可推理的形式,这为使用简单规则计算导数提供了可能,而不需要通过极限来进行计算。之前的两个导数示例实际上已经给出了一些这样的简单规则。下面我们通过公式 1-21 重新回顾前文介绍的 4 个导数(包括一阶导数和二阶导数)。

公式1-21 导数示例回顾。

$$f(X)=X^2 \rightarrow f'(X)=2X$$
$$f(X)=2X \rightarrow f'(X)=2$$
$$f(X)=X^2-X \rightarrow f'(X)=2X-1$$
$$f(X)=2X-1 \rightarrow f'(X)=2$$

公式 1-21 的函数和导数之间具有什么普遍关联法则呢?第 1 条被称为幂法则:$f(X)=X^n \rightarrow f'(X)=nX^{n-1}$。可从 $f(X)=X^2 \rightarrow f'(X)=2X$ 的求导变换中理解这条法则。第 2 条是乘法法则,即假设一个变量的幂与一个常量相乘,那么它们的导数为变量幂的导数乘以该常量:$f(X)=2X \rightarrow f'(X)=2$。第 3 条则可从多项式每一项的独立微分中理解该法则:$f(X)=X^2-X \rightarrow f'(X)=2X-1$。这是微分的线性结果,被称为微分和,或被称为差异法则,取决于多项式的每项是加还是减。

为了简便起见,表 1-1 列出了只具有一个变量的多项式导数计算规则。注意,微分具有几种不同的符号表达方式。目前为止,教材使用 $f'(X)$ 来表示函数 $f(X)$ 对应于 X 的导数。实际上,还可以使用 $\mathrm{d}f/\mathrm{d}x$ 来表示函数 $f(X)$ 的微分。假设存在表达式 X^2-X,那么可使用 $\mathrm{d}/\mathrm{d}x(X^2-X)$ 来表示该表达式的导数。表 1-1 中分别使用 $f(X)$ 和 $g(X)$ 来表示两个变量都为 X 的不同函数,使用 c 来表示一个常量项。

表 1-1 只具有一个变量的多项式导数计算规则

常量法则	$\dfrac{\mathrm{d}}{\mathrm{d}x}c=0$
乘法法则	$\dfrac{\mathrm{d}}{\mathrm{d}x}cX=c$

幂法则	$\dfrac{\mathrm{d}}{\mathrm{d}x}X^n = nX^{n-1}$
求和法则	$\dfrac{\mathrm{d}}{\mathrm{d}x}(f(X)+g(X)) = f'(X)+g'(X)$
乘积法则	$\dfrac{\mathrm{d}}{\mathrm{d}x}f(X)g(X) = f'(X)g(X)+f(X)g'(X)$
链式法则	$\dfrac{\mathrm{d}}{\mathrm{d}x}f(g(X)) = f'(g(X))g'(X)$
倒数法则	$\dfrac{\mathrm{d}}{\mathrm{d}x}\dfrac{1}{f(X)} = \dfrac{f'(X)}{(f(X))^2}$
商法则	$\dfrac{\mathrm{d}}{\mathrm{d}x}\dfrac{f(X)}{g(X)} = \dfrac{f'(X)g(X)-g'(X)f(X)}{(g(X))^2}$

　　记住这些法则,基本就能对只包含一个变量的任意函数的导数进行计算解析。然而,在一些例子中,有些函数是超越函数,不能使用简单的代数表示。下面讨论这些函数。

3. 超越函数

　　多项式的导数计算过程相对较为烦琐,且不太容易掌握,但可以将它们归纳为 8 个简单的法则来熟记。对于超越函数也是如此,例如 $\sin X$,该函数就不太方便使用代数进行表达。表 1-2 列出了 4 个常用超越函数的微分法则。

表 1-2　超越函数的微分法则

指数法则	$\dfrac{\mathrm{d}}{\mathrm{d}x}\mathrm{e}^{cX} = c\,\mathrm{e}^{cX}$
自然对数法则	$\dfrac{\mathrm{d}}{\mathrm{d}x}\ln X = \dfrac{1}{X}$
sin 法则	$\dfrac{\mathrm{d}}{\mathrm{d}x}\sin X = \cos X$
cos 法则	$\dfrac{\mathrm{d}}{\mathrm{d}x}\cos X = -\sin X$

　　注意,截至本节所讲的微分,都是只有一个变量的函数的微分。只有一个变量的函数,有时也被称为一元函数。为了方便,后文将具有两个变量、三个变量及多个变量的函数分别称为二元函数、三元函数和多元函数。实际上,在机器学习和经济学中,很少会遇到只有一元变量的问题。下面讨论一元函数微分法则在多元函数上的微分扩展。

4. 多维导数

　　读者也许会感到疑惑,在经济学和机器学习中,什么样的内容才能被精确地称为一个合格的“变量”?答案取决于所分析的问题本身。当使用 OLS 处理回归问题时,需要最小化误差平方和,这时回归系数将会被作为变量,而输入的数据将会被作为常量处理。相似地,当训练神经网络时,神经网络的权重将会被作为变量,而数据将被处理为常量。

不难理解,经济学和机器学习这两者面对的所有问题实际上都是内在的多元函数问题。处理一个模型,评估一个回归方程,训练一个神经网络,都需要找出最小化或最大化目标函数的一系列变量值。下面对处理这些问题时经常碰到的一些多元变量对象进行讨论。

1) 梯度

梯度(gradient)是导数概念在多元变量上的扩展。由于经济学和机器学习领域面对的大多是多元变量问题,因此需要进行导数的多元变量扩展。例如,当要评价一个计量经济学模型时,需要对一些损失函数进行最小化处理,这通常是对变量(模型的参数)和常量(模型的数据)的转换。设 $L(X_1, \cdots, X_n)$ 表示损失函数,$X_1, \cdots, X_n$ 表示 n 个参数值。在该例中,梯度使用 $\nabla L(X_1, \cdots, X_n)$ 表示,定义为一个向量值函数,其使用 $X_1, \cdots, X_n$ 作为函数输入,而函数输出一个包含 n 个导数的向量,如公式 1-22 所示。

公式1-22 n 元损失函数的梯度。

$$\nabla L(X_1, \cdots, X_n) = \left[\frac{\partial L}{\partial X_1}, \cdots, \frac{\partial L}{\partial X_n} \right]$$

注意,这里使用 $\partial L / \partial X_i$ 表示 L 相对于 X_i 的"偏"导数。也就是说,取 L 相对于 X_i 的导数,而把所有其他变量视为常量。计算梯度就是计算损失函数的所有偏导数,然后将这些偏导数放进变量中。

人们为经济学和机器学习中的梯度赋予特殊意义,主要是因为梯度在许多相关的优化程序中都会用到。例如随机梯度下降(Stochastic Gradient Descent,SGD)算法,就包含以下两个梯度相关的步骤:

(1) 计算损失函数的梯度,$\nabla L(X_1, \cdots, X_n)$;

(2) 更新变量值,$X_j = X_{j-1} - \alpha \nabla L(X_1, \cdots, X_n)$。

在这两个步骤中,j 为迭代次数,而 α 为步长。程序将重复执行直到收敛,即程序将重复运行直到第 j 次为止,此时 $|X_j - X_{j-1}|$ 小于某些容差参数。如果希望迭代缓慢进行,以避免跳过最优项,可将步长 α 设置为一个比较小的数。

为什么这样的算法会有效呢?让我们重新回顾一下已有直观理解的一元函数例子。一元函数若取候选最小值,其导数必须为 0。因此,可先随机选择一个 X 值作为起点,然后计算在该点上函数的导数值。如果导数为负,那么可以将 X 往前移,即增加 X 的值,这样将导致损失函数逐渐变小。如果导数为正,那么可以减小 X 的值,这样也将导致损失函数逐渐变小。当 X 到达某些点时,函数趋近于最小值,梯度幅值开始下降,趋近于 0。如果算法迭代步长足够缓慢,那么近零梯度将导致 X_j 的更新值非常小,直到容差不再被超过为止,然后便终止算法的运行。

通常来讲,使用基于梯度的优化方法,可将方法的这些直观步骤扩展为几百步、几千步,甚至几百万个变量(每步即为一个变量)。

2) Jacobian 矩阵

Jacobian(雅可比)矩阵将梯度的概念扩展至拥有 n 元变量和 m 个函数的方程组。Jacobian 矩阵的定义如公式 1-23 所示。

公式1-23　拥有 n 元变量 m 个函数的 Jacobian 矩阵。

$$J = \begin{pmatrix} \dfrac{\partial f_1}{\partial X_1} & \cdots & \dfrac{\partial f_1}{\partial X_n} \\ \vdots & \ddots & \vdots \\ \dfrac{\partial f_m}{\partial X_1} & \cdots & \dfrac{\partial f_m}{\partial X_n} \end{pmatrix}$$

下面通过一个具体的例子演示 Jacobian 矩阵的计算,假设存在公式 1-24 所示的具有两个函数和二元变量的方程组。

公式1-24　拥有二元变量和两个函数的方程组。

$$f_1(X_1, X_2) = 2X_1 X_2$$
$$f_1(X_1, X_2) = X_1^2 - X_2^2$$

回顾前面学习的偏导数计算:当对某个变量进行函数的微分计算时,所有其他变量将被视为常量。例如计算 $\partial f / \partial X_1$,那么 X_2 将被视为常量。因此该方程组的 Jacobian 矩阵如公式 1-25 所示。

公式1-25　一个 2×2 方程组的 Jacobian 矩阵。

$$J = \begin{pmatrix} 2X_2 & 2X_1 \\ 2X_1 & -2X_2 \end{pmatrix}$$

Jacobian 矩阵在处理方程组或优化向量值函数时十分有效。在机器学习中,拥有分类目标变量的神经网络即可被视为一个向量值函数,因为神经网络输出对应每个类的预测值。对这类网络训练时,可使用 Jacobian 矩阵作为优化算法的一部分。

3) Hessian 矩阵

前面讨论了一阶导数和二阶导数及它们在优化问题中的作用,并将一阶导数的概念扩展至梯度及 Jacobian 矩阵,还将二阶导数的概念扩展到了多元变量的标量值函数。Hessian(海塞)矩阵则是通过对多元函数进行二阶求导而生成的一个如公式 1-26 所示的矩阵。

公式1-26　n 元变量函数的 Hessian 矩阵。

$$H(f) = \begin{pmatrix} \dfrac{\partial^2 f}{\partial X_1^2} & \cdots & \dfrac{\partial^2 f}{\partial X_1 X_n} \\ \vdots & \ddots & \vdots \\ \dfrac{\partial^2 f}{\partial X_n X_1} & \cdots & \dfrac{\partial^2 f}{\partial X_n^2} \end{pmatrix}$$

关于 Hessian 矩阵,有两点需要注意。首先,Hessian 矩阵基于标量值函数计算,这与梯度计算类似。其次,它由二阶偏导数组成。在 Hessian 矩阵的公式符号中,$\partial^2 f/\partial X_i^2$ 表示对应于 X_i 的二阶偏导数,而不是对应于 X_i^2 的偏导数。

最后,对一个二元函数的 Hessian 矩阵进行分析讨论。二元函数如公式 1-27 所示,该函数对应的 Hessian 矩阵如公式 1-28 所示。

公式1-27 用于 Hessian 矩阵计算的二元函数例子。

$$f(X_1, X_2) = X_1^2 X_2 - 2X_2^2$$

公式1-28 二元函数的 Hessian 矩阵。

$$\boldsymbol{H}(f) = \begin{pmatrix} 2X_2 & 2X_1 \\ 2X_1 & -4 \end{pmatrix}$$

在机器学习实践中,有两个地方会用到 Hessian 矩阵。首先是检测最优化条件,这需要用到矩阵特征的额外知识,因此这里暂不讨论。其次是模型训练的优化算法中,在某些情况下,这类优化算法需要使用一阶导数和二阶导数来生成一个近似函数,而 Hessian 矩阵可对二阶导数进行有效的组织构建。

5. TensorFlow 中的微分计算

TensorFlow 使用所谓的"自动微分"来计算导数(Abadi 等,2015)。这是一种既非纯粹符号又非纯粹数值的微分形式,在训练深度学习模型的环境中特别有效。下面对自动微分的概念进行讨论,解释它与符号微分、数值微分的区别,然后演示如何在 TensorFlow 中进行导数计算。虽然 TensorFlow 具有计算导数的功能,但大多数非研究应用并不要求用户显式地编写导数计算程序。

1)自动微分

假设要对函数 $f(g(x))$ 进行导数计算,其中 $f(y) = 5y^2$,而 $g(x) = x^3$。该函数导数可通过链式法则进行计算,如公式 1-29 所示。

公式1-29 使用链式法则进行导数计算。

$$\frac{\mathrm{d}}{\mathrm{d}x} f(g(x)) = f'(g(x))g'(x) = 30x^5$$

公式 1-29 所示的即为符号微分。该符号微分要么通过手工计算,要么通过编程计算,最终为该导数产生一个准确的代数表达式。

清晰准确的导数表达式可确保有效和精确的计算,但符号导数的计算却面临着几个挑战。首先,如果使用手工计算,过程可能会耗费很长的时间,且易于出错,尤其在面对有几百万个参数的神经网络时更是如此。其次,如果通过编程计算,那么更高阶导数的复杂性,以及没有解析解的导数计算,也是人们可能会面对的问题。

在经济学中,人们常用数值微分来替代符号微分,其依赖最初基于极限的导数定义,如公式 1-30 所示[①]。数值微分与符号微分的唯一区别,是其在数值计算过程中会使用一个很小的数值来赋给 h,而不是将 h 设为趋近于 0 的极限,再对微分表达式进行计算。

公式1-30　使用前向差分法进行数值导数定义。

$$f'(x) \approx \frac{f(x+h) - f(x)}{h}$$

实际上,数值导数具有多种计算方式。其一是使用公式 1-30 所示的"前向差分"方法,它通过计算函数在 x 处的值与函数在 $x+h$ 处值之间的差,获得函数的数值导数。将符号微分转换为数值微分具有两个直接含义。首先,不再需要为导数计算一个准确的代数表达式,实际上,也不需要试图这样做,仅需要计算函数在不同点的值。其次,h 值的大小决定了 $f'(x)$ 的近似函数的质量。

公式 1-31 展示了如何对公式 1-29 所示的符号微分进行数值导数计算。

公式1-31　使用前向差分法进行数值导数计算。

$$\frac{\mathrm{d}}{\mathrm{d}x} f(g(x)) \approx \frac{5(x+h)^6 - 5x^6}{h}$$

不同的是,自动微分既不是纯粹的符号微分,也不是纯粹的数值微分。相对于数值微分,自动微分具有更高的精确度。并且,在具有几千甚至上百万个参数的深度学习环境模型中,自动微分具有比数值微分更好的稳定性,而且,自动微分并不强制要求具有符号微分所具备的唯一导数表达式。这两个优势再次证明了自动微分在深度学习环境中特别有用,而在深度学习环境中,必须要计算深嵌入一系列函数参数所对应的损失函数的导数。

为什么自动微分具有这些优势?首先,自动微分将导数的符号计算细化到对应的元素层面;其次,它通过对偏导数链前向计算或后向计算,来获得某一点的导数值。

再次对嵌套函数 $f(y)=5y^2, g(x)=x^3$ 进行分析,计算 $\mathrm{d}/\mathrm{d}x f(g(x))$。对于此例,可以使用数值微分计算有限差分内容,也可使用符号微分对导数进行唯一的表达式计算,但这里将使用自动微分计算。

首先,将函数的导数计算分解至元素层级。在本例中,函数导数具有 4 个元素,分别为 $x, y, \partial f/\partial y, \partial y/\partial x$。然后,计算符号形式的偏导数表达式,即 $\partial f/\partial y=10y$ 和 $\partial y/\partial x=3x^2$。接下来构建生成偏导数链 $\partial f/\partial y \times \partial y/\partial x$,根据链式法则,偏导数链结果为 $\partial f/\partial x$。这里将对该偏导数链依次赋予数值来进行计算,而不是执行符号乘法。

由于自动微分必须放在具体点上执行,因此这里先设置 $x=2$,计算得到 $\partial y/\partial x=12$ 和 $y=8$。现在对偏导数链进一步计算,插入 $y=8$,得到 $\partial f/\partial y=80$。进而可将偏导数链相乘,得到 $\partial f/\partial x$ 的计算结果为 960。

在该示例中,对偏导数链执行了从前(输入值)往后(输出值)的计算。对于神经网络,

---

① 参见参考文献中 Judd(1998)关于数值微分的综述。

计算则刚好相反：在神经网络的反向传播步骤中，计算的移动方向与该例相反。

读者实际上并不需要自己执行自动微分算法，但理解自动微分会有助于读者理解 TensorFlow 的工作原理。对于自动微分的综述，可参见本章参考文献中 Baydin 等人 2018 年发表的论文。

2）在 TensorFlow 中执行导数计算

前面展示了如何使用自动微分进行嵌套函数计算的例子。这里将使用 TensorFlow 来完成同样的任务，并验证该计算的正确性。程序片段 1-20 给出了代码的实现细节。

【程序片段 1-20】 在 TensorFlow 中进行导数计算

```
1    import tensorflow as tf
2
3    #将 x 定义为常量
4    x = tf.constant(2.0)
5
6    #将嵌套函数 f(g(x)) 定义在 GradientTape() 实例语句块之内
7    with tf.GradientTape() as t:
8        t.watch(x)
9        y = x**3
10       f = 5 * y**2
11
12   #计算函数 f 对应 x 的梯度
13   df_dx = t.gradient(f, x)
14   print(df_dx.numpy())
```

程序运行结果：

```
960.0
```

同以前的程序片段一样，程序片段 1-20 首先加载了 tensorflow，并将其赋予别名 tf，接下来将 x 定义为 tf.constant() 对象，并赋值为 2。然后，在一个梯度流实例语句内定义了嵌套函数 f(g(x))，其中 GradientTape() 的 watch(x) 方法用于记录发生在 x 上的变化。默认情况下，由于 x 是常量，一般不会发生值的变化。但需要注意，在以往的程序片段中，为了简便起见，也曾将 x 定义成了 tf.Variable()。本例将 x 当成一个输入数据，因此它被定义为一个常量使用。

最后，程序使用 GradientTape() 的 gradient() 方法计算函数 f 对应 x 的微分，再使用 numpy() 方法提取出对应的结果值，并进行打印。输出的结果与手动计算自动微分的结果一致，为 960。

TensorFlow 的自动微分方法与经济学中标准库的微分计算完全不同，后者要么使用数值导数计算,要么使用符号导数计算,而不是自动微分。因此,TensorFlow 的自动微分方法是其处理理论经济模型时的一个优势。

1.6　在 TensorFlow 中加载应用数据

本章对 TensorFlow 进行了介绍,讨论了 TensorFlow 2 和 TensorFlow 1 的区别,并对学习本书所要用到的基础知识进行了较为详细的概述。本节将实践如何在 TensorFlow 中加载需要用到的数据。如果读者熟悉 TensorFlow 1,应该知道在 TensorFlow 1 中,静态图要求所有固定输入数据被加载为 tf.constant()或被转换为 tf.constant(),否则便无法在计算图中包含这些数据。

由于 TensorFlow 2 默认使用 Eager Execution 模式,因此运行时不再受静态计算图的约束。这意味着用户可在程序中直接使用 numpy 数组,而不需要先将它们转换为 tf.constant()对象。这也意味着用户可以在 numpy、pandas 中使用标准的数据加载和预处理管道。

【程序片段 1-21】　使用 numpy 加载图像数据

```
1    import numpy as np
2
3    #使用 numpy 加载图像数据
4    images = np.load('images.npy')
5
6    #将像素值归一化到[0, 1]区间
7    images = images / 255.0
8
9    #打印张量形状
10   print(images.shape)
```

程序运行结果:

```
(32, 64, 64, 3)
```

程序片段 1-21 为神经网络提供了一个 4 阶图像张量输入数据,实现了该数据的加载和预处理管道功能。程序假定该张量已存储在.npy 格式文件中(.npy 文件格式可存储任意 numpy 数组数据)。

注意,程序片段 1-21 对 images 张量的每个元素除以 255,实现了该张量的转换,这是对 RGB 格式图像数据常见的预处理步骤。对于红-绿-蓝(RGB)格式的图像,其 3 阶张量的元素为 0~255 之间的整数。最后,程序打印了张量的形状,输出了(32,64,64,3)的

结果,这意味着该张量拥有 32 幅形状为(64,64,3)的图像。

程序片段 1-21 使用了 numpy 进行数据的预处理,那么是否可使用 TensorFlow 实现同样的操作呢?程序片段 1-22 和程序片段 1-23 提供了这样的实现方法。其中,程序片段 1-22 先将 images 转换为了 tf.constant()对象,再执行除法运算。由于除法中的对象 images 已为 TensorFlow 对象,因此将使用 TensorFlow 的除法进行运算。

【程序片段 1-22】 在 TensorFlow 中执行常量张量除法运算

```
1   import tensorflow as tf
2   import numpy as np
3
4   #使用 numpy 加载图像数据
5   images = np.load('images.npy')
6
7   #将 numpy 数组转换为 TensorFlow 常量
8   images = tf.constant(images)
9
10  #将像素值归一化到[0, 1]区间
11  images = images / 255.0
```

作为对比,程序片段 1-23 显式调用了 TensorFlow 的 tf.division()算子,而不是使用重载运算符"/"。这是因为参与运算的 images 和浮点数 255.0 都不是 TensorFlow 对象,因此必须使用 tf.division()算子。由于程序不是对静态图进行处理,因此这样做不是必需的。但如果编写代码不够细致,我们可能最终会使用 numpy 来进行该除法操作,而不是效率更高的 TensorFlow。

【程序片段 1-23】 在 TensorFlow 中使用 tf.division()算子执行除法运算

```
1   import tensorflow as tf
2   import numpy as np
3
4   #使用 numpy 加载图像数据
5   images = np.load('images.npy')
6
7   #将像素值归一化到[0, 1]区间
8   images = tf.division(images, 255.0)
```

许多情况下人们需要加载简单格式的数据,例如存储在.CSV 文件中的特征表等,这时便可使用 pandas 库的 read_csv()函数来读取.CSV 文件的数据,如程序片段 1-24 所示。但是,在使用 TensorFlow 算子对数据处理前,需要先将数据转换为 numpy 数组或 tf.constant()对象形式。

【程序片段 1-24】　使用 pandas 加载 TensorFlow 中要使用的数据

```
 1    import tensorflow as tf
 2    import numpy as np
 3    import pandas as pd
 4
 5    #使用 pandas 加载数据
 6    data = pd.read_csv('data.csv')
 7
 8    #将数据转换为 TensorFlow 常量
 9    data_tensorflow = tf.constant(data)
10
11    #将数据转换为 numpy 数组形式
12    data_numpy = np.array(data)
```

在加载 TensorFlow 中要使用的数据时，有两点需要重申。首先，用户可根据自己的偏好选择相关模块加载数据，如 numpy 或 pandas 等，TensorFlow 也提供了加载数据的相关函数。其次，一旦数据被加载，在对其使用 TensorFlow 算子操作前，需要将其转换为 numpy 数组或 TensorFlow 对象，例如 TensorFlow 常量或变量对象。并且，如果用户偏好使用重载运算符对数据进行运算（如除法符号"/"，而不是 tf.division()算子），那么参与运算的对象必须至少要有一个为 TensorFlow 张量对象。

1.7　本章小结

本章对 TensorFlow 2 进行了一个大致的介绍，包括但不仅限于以下内容：TensorFlow 基础，包括如何加载和准备数据；常用于机器学习算法的线性代数操作和微积分的数学描述。本章还说明了 TensorFlow 作为一个有用的工具，可将机器学习程序应用于经济学问题中，也可用于处理理论经济模型，这些都使得 TensorFlow 成为经济学家的理想选择。另外，本章还对 TensorFlow 所提供的高度灵活性、分布式训练选项、深度学习库的有效扩展等内容进行了讨论。

参考文献

第 2 章

机器学习与经济学

机器学习主要面向预测，经济学则较多关注因果关系和均衡关系。两个学科在结果预测方面有共同的需求，尽管它们在实现预测时的偏好和目标常常不同。经济学科偏向可解释的、精简的、稳定的预测模型，而机器学习则通过实证过程来决定模型应该包含什么内容，优化模型的特征选取，对模型进行正则化，并基于直觉对模型进行测试。

这些看起来难以弥合的差别，导致经济学最初接受机器学习方法较为缓慢。直到人们发现，经济学可以从机器学习的模型整合、方法整合及规范中获益，这一局面才变得明朗起来。本章将对现有主张将机器学习元素引入经济学与金融领域的研究工作进行分析讨论。这些研究工作不仅证明了机器学习可以有效地处理经济学中的问题，且对这两个学科所存在的不太可能被调和的真实矛盾进行了分析。

本章将对经济学与金融领域中的一些标志性论文进行讨论，这些论文分析研究了机器学习和它们在本学科中的作用。通过分析这些工作，读者将建立对经济学和机器学习之间关系的深刻理解。

2.1 大数据：计量经济学的新绝技（Varian，2014）

Varian 在 2014 年发表论文 *Big Data：New Tricks for Econometrics*（大数据：计量经济学的新绝技），该论文是最早尝试将机器学习方法（以下简称 ML 方法）介绍给经济学家的论文之一。Varian 认为，如果经济学家能更好地理解 ML 方法，使用相关方法对不确定性和验证性进行建模，那么一定可以从中受益良多。

Varian 指出经济学家通常使用他们所认为最合适的单一模型来解决问题，而机器学习科学家则常使用许多小模型来解决，并对结果进行均衡分析。Varian 也说明了机器学习中的交叉验证方法为何可以拿来使用。以图 2-1 所描述的 k-折交叉验证为例，它将一个数据集分为了 k 折，即 k 个大小相等的子数据集，然后在每次进行 k 迭代训练时，选择一个不同的折作为验证集。Varian 认为 k-折交叉验证和其他 ML 交叉验证技术提供了拟合优度检验外的另一个选择，例如常用于计量经济学中的拟合优度检验方法 R^2。

迭代

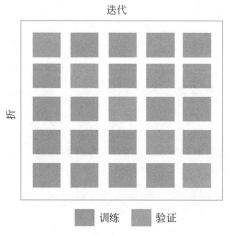

折

训练 验证

图 2-1 $k=5$ 的 k 折交叉验证图*

除此之外,Varian 还进一步讨论了可用于计量经济学中的常用机器学习方法,包括分类树和回归树;随机森林;可变选择技术,如 LASSO 回归(Least Absolute Shrinkage and Selection Operator Regression,LASSO Regression)和 spike-and-slab 回归;模型聚合方法,如套袋法、提升法和自举法。

Varian 的论文(Varian,2014)还提供了一系列如何将机器学习方法应用于经济学的具体示例。他在住房抵押公开法(Home Mortgage Disclosure Act,HMDA)申请人数据集上使用了基于树的估计,用于评测抵押租赁决策中的种族歧视影响。Varian 认为这类估计为经济学中的 Logit 模型和 Probit 模型等二元分类方法提供了一个替代选择。

Varian 也使用了模型进行综合特征选取,包括 LASSO 回归和 spike-and-slab 回归,以检测不同的经济增长影响因素的重要性。在该案例中,他使用了最早由 Sala-i-Martín (1997)论文引入的,包含 72 个国家和 42 个潜在经济增长影响因素的数据集。

2.2 策略预测问题(Kleinberg 等,2015)

Kleinberg 等人于 2015 年发表了一篇讨论"策略预测问题"(Prediction Policy Problems)相关概念的论文(Kleinberg 等,2015)。在该领域中,精确预测的结果比因果推断评估更为重要。研究者认为,机器学习本身就是基于生成精确预测结果构建的,在这类应用中比传统的计量经济学方法更有优势。

该论文给出了两种策略问题的举例比较。在第一个问题中,政策制定者面临干旱,需要判断是否采用人工降雨技术增加降雨量。第二个问题则是和个人生活相关的,即一个人需要判断是否需要在上班路上带伞,以避免下雨淋湿衣服。在第一个问题中,政策制定者关注的是因果关系,因为政策的效果好坏取决于人工降雨能否促进降雨量。在第二个问题中,个人仅关注降雨概率的预报,对其中的因果关系不感兴趣。在这两个案例中,降雨强度都将影响政策的考察目标。

Kleinberg 等人使用了公式 2-1 对该策略预测问题进行了概括。

公式2-1 策略预测问题公式。

$$\frac{\mathrm{d}\pi(X_0,Y)}{\mathrm{d}X_0} = \frac{\partial\pi}{\partial X_0}Y + \frac{\partial\pi}{\partial Y}\frac{\partial Y}{\partial X_0}$$

其中,π 为收益函数,X_0 为策略采纳,而 Y 为结果变量。在个人是否携带雨伞上班的案例中,π 为这个人上下班通勤路上淋湿的概率,Y 为降雨强度,而 X_0 为这个人是否采纳了带雨伞的策略。而在政策制定者面临干旱的案例中,π 为干旱所带来的影响,Y 为降雨强度,而 X_0 为政策制定者是否采纳了人工降雨的策略。

如果个人选择了上下班带雨伞的策略,那么$\partial Y/\partial X_0 = 0$,因为带雨伞并不能阻止下雨。这样,问题就简化为对表达式$(\partial\pi/\partial X_0)Y$ 的计算,也就是说,问题简化为雨伞对于收益函数 π 和降雨强度 Y 的影响,因为雨伞可以保护用户不被淋湿,因此该表达式只需要对 Y 进行预测即可,从而将策略问题简化为一个预测问题。

注意,在政策制定者面临干旱的案例中,情况就不太一样。当政策制定者试图使用人工降雨增加降雨量时,必须评估该政策本身对于降雨的影响,即$\partial Y/\partial X_0$。图 2-2 为这两个案例的因果关系图。

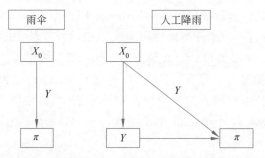

图 2-2　Kleinberg 等(Kleinberg 等,2017)论文中对策略预测问题的图解说明

Kleinberg 认为,有些重要的策略问题可转换为对 Y 的预测问题进行解决,而不是使用因果推理。这一思想开启了经济学的一个子领域,即使用 ML 方法来解决一些经济学问题。这对经济领域的从业者,包括公共部门经济学家和私营部门经济学家,也是有益的启示。他们只需要对策略问题进行识别,判断其是否可转换为单纯的预测问题,然后即可使用现有的 ML 技术进行解决[①]。

---

① 参见 Kleinberg(Kleinberg 等,2017)论文中关于保释判决的策略预测问题例子。

2.3 "机器学习：一个应用计量经济学技巧"(Mullainathan 和 Spiess,2017)

Mullainathan 和 Spiess 在他们的论文(Mullainathan 和 Spiess，2017)中，验证了如何将监督机器学习方法应用于经济学中。他们认为,经济学中的问题通常以找出模型参数 $\hat{\beta}$ 的估计为中心,而机器学习中的问题则围绕找出模型预测或拟合值 $\hat{y}$ 开展。

它们的区别看似微不足道,但实质上非常重要,原因有二。首先,两者的区别导致了模型的构建和评估的定位不同,从而导致机器学习模型与经济学模型产生不一致的模型参数估计。也就是说,随着样本规模的增长,模型参数估计 $\hat{\beta}$ 不一定会覆盖机器学习中真实参数值 β 的概率。其次,机器学习模型中经常难以或无法构建任意单个参数的标准误差。

尽管存在这些重要的区别,Mullainathan 和 Spiess 依旧认为,只要经济学家能利用机器学习的优势,机器学习就仍然对经济学有用。他们认为,可以考虑将机器学习用于重要的预测任务中,而不是将它们用于参数估计或假设检验中。Mullainathan 和 Spiess 还给出了以下 3 个可应用机器学习的情形。

(1)测量经济活动。测量经济活动可通过使用图像数据集或文本数据集实现。在这类测量中,模型参数不要求有一致的估计,只要模型能够返回对经济活动精确的预测即可。

(2)具有预测步骤的推理任务。一些特定的推理任务,如工具变量(Instrumental Variables，IV)回归,具有会产生拟合值的中间步骤。由于这些中间拟合步骤会产生参数估计偏差,因此使用机器学习技术,例如正则化方法,就可以减少工具变量估计的偏差。图 2-3 展示了一个工具变量回归示例,其中,X 为收益回归量,C 为混杂因子,Y 为因变量,Z 为一系列工具变量,该例使用了 ML 方法将工具变量 Z 转换为 X 的拟合值。

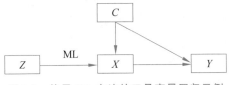

图 2-3　使用 ML 方法的工具变量回归示例

(3)策略应用。经济学中策略工作的最终目标是为决策者提供建议。例如,学校要决定是否雇佣兼职教师,刑事司法系统也要判断什么时候给犯人提供保释机会。为决策者提供建议最终涉及预测工作。对于这类任务,机器学习模型比简单的线性模型更加适合。

Mullainathan 和 Spiess 在他们的论文中完成了一个实证应用,评估了机器学习在改善拟合度方面的实用性。该实证应用涉及房价的自然对数预测,数据集来源于 American Housing Survey 的 10000 个随机样本。该应用使用了 150 个特征,通过 R^2 方法对结果进行评估。对比 OLS 回归树、LASSO 随机回归森林和一个聚合模型,ML 方法通常能达到使用 R^2 带来的改善,比 OLS 效果更好。并且,方法带来的改善参差不齐,如果将房价划分为五等分,对于模型五等分中的某一特定等分来讲,如果其收益较大,那么其他的某些等分收益就会减小,甚至为负。

最后,Mullainathan 和 Spiess 认为,机器学习为经济学带来了两个附加维度的价值。首先,机器学习为评估和训练模型提供了一个替代处理手段,围绕正则化,防止数据集与处理结果过拟合,并基于实证反馈进行调优。其次,机器学习可用于对理论的可预测性进行检验。例如,有效市场检验理论(The Efficient Markets Hypothesis,EMH)认为,风险调整超额收益可能无法预测。因此,使用 ML 模型证明风险调整超额收益的可预测性,对于 EMH 具有重要的意义,即使所有应用于预测的参数都被不一致地评估。

2.4 "机器学习对经济学的影响"(Athey,2019)

与 Mullainathan 和 Spiess 的论文类似,Athey 在其 2019 年发表的论文(Athey,2019)中就机器学习对经济学的影响进行了综述,并对机器学习在经济学中的未来发展进行了预测。论文聚焦机器学习和传统计量经济学方法的对比,对现有的机器学习程序在经济学中的应用进行了评估,并对 Kleinberg 论文中大幅讨论的策略预测问题进行了综述。

2.4.1 机器学习和传统计量经济学方法

因果推理是大部分计量经济学实践的目标,Athey 认为,机器学习工具并不适合执行因果推理,但它们对改善半参数方法有用,允许研究人员使用大量的协变量。考虑到计量经济学模型的简约性,和持续增长可用的"大数据",似乎采纳机器学习方法和模型会有巨大的价值,因为它们通常更加适合对大体量数据进行处理和建模。

Athey 认为,机器学习的另一个优势是其弹性函数形式的使用。计量经济学文献广泛研究只针对单一狭隘任务的模型工具,例如在线性回归模型中执行因果推理。然而在许多情况下有充分理由相信,这些模型并不能处理重要的非线性问题。对于特征之间、特征与目标之间的非线性问题处理,计量经济学模型往往无能为力,而机器学习则提供了丰富多样的模型用于处理。

除了因果推理,Athey 还对比了实证分析、模型选择、计算参数值置信区间这些处理过程。下面介绍在其之外的机器学习的相关心得结论。

1. 实证分析

Athey 的论文聚焦经济学和机器学习处理实证分析时的重要差异,因为它们的方法手段不同,其表现也具有明显的差异。经济学家通常基于某些原则进行模型的选取,并根据理论的运用,来决定该函数的形式,然后再对选取的模型进行一次性评估。

机器学习在实证分析方面采取了不同的手段,即使用了迭代的方式进行处理。相比于经济学根据某些原理和理论来选择模型,机器学习则最早从一个具有(或不具有)一系列超参数的标准模型架构开始,然后对模型进行训练,并使用交叉验证形式对模型的效果进行评估,再对模型架构及超参数进行调优,以改善模型的执行效果,并重复这一训练过程。

Athey 认为,调优和交叉验证是机器学习为计量经济学家提供的最有用的工具。机器学习通过迭代对经济学的实证分析进行重新定位,其实证过程将对数据的可解释性变化产生实质性的改善。

2. 模型选择

Athey 认为,机器学习的实证调优过程会使某些特定的经济学应用受益,同时她也指出,机器学习对因果推理可能没什么帮助。这是因为机器学习通常对执行效果评估简单且可测量的应用案例有效。例如,使用机器学习获得验证样本的高精确率,或获得验证样本的低均方误差。实际上,当对经济学中的回归模型进行估计时,也需要最小化部分损失函数,如平方误差和。我们也可以对绩效指标进行查看,例如图 2-4 所示的样本外预测误差测量。

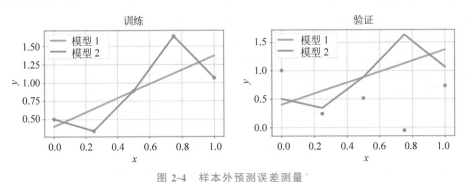

图 2-4　样本外预测误差测量

机器学习做不到判断因果关系,以及通过训练模型最大化因果推理。这是一个严峻的挑战,无论是使用计量经济学工具还是使用 ML 工具的用户,都需要明白在因果推理方面,ML 工具可能解决不了什么问题。

3. 置信区间

在经济学中使用机器学习方法的缺点之一,是它们的模型通常并不产生有效的置信区间。实际上,置信区间通常也不是机器学习模型所关注的目标,因为机器学习模型常常包含成千上万个参数。Athey 认为,这是经济学研究的一个挑战,因为经济学中常涉及的假设检验是围绕个体参数的统计显著性展开的。然而,在特定的环境中也可以克服这些限制,但要用到经济学和统计学中最新开发的高级方法,而这些方法通常并无现有的机器学习程序可供使用。

2.4.2　现有的机器学习程序

Athey 对现有的大量机器学习程序进行了评估,并分析如果将这些程序应用于经济学与金融领域任务中,会产生什么样的效果。她认为聚类算法、主题建模等无监督机器学习方法可在经济学中发挥重要作用。无监督机器学习方法具有不会生成伪关系的优势,由于它们没有因变量,因此这些方法自身可用于生成因变量。

Athey 还对监督机器学习方法进行了评估,根据它们在社会科学中的广泛应用进行分类。例如,神经网络过去在社会科学中有着各种各样的应用,但最近才在经济学领域中被接受和广泛应用。据此,Athey 将这类模型分类为"机器学习模型"。但对于那些已被长期应用于经济学和金融领域的方法却不能这样分类,例如 OLS 模型和 Logit 模型。

Athey 认为属于以下体系的模型都可归为机器学习模型:正则化回归,包括 LASSO,岭回归(Ridge Regression)和弹性网络回归(Elastic Net Regression);随机森林和回归树;支持向量机(Support Vector Machine,SVM)模型;神经网络和矩阵平均。

Mullainathan 和 Spiess 最早提出,在使用这类机器学习模型时,都内在地具有规范权衡问题,即在准确表达和过拟合之间做出一个权衡。使用更多的特征,允许更多的弹性函数形式和降低正则化惩罚都会带来更高概率的过拟合风险。

Athey 认为,机器学习方法在具有大量协变量的环境中具有很多优势,但必须要使用非标准程序来计算置信区间,并且对计算结果是否可靠进行评估也很重要。

2.4.3　政策分析

除了因果推理之外,经济学本身也关注预测问题。一个精确的经济学预测模型会有益于经济政策的规划安排,即这种精确性来自变量间的非因果关系。如 2.2 节所讨论的,该理念也应用于政策、策略问题处理。政府和组织经常在两种不同的环境背景下尝试决定是否采取某一具体行动。在第一种环境背景下,不确定性来自政策采纳后的效果。在第二种环境背景下,不确定性来自一些外部事件。

举个例子,假设有一家小银行决定是否要构建较大的资金储备以应对一场金融危机。该银行可根据当前世界的形势来构建模型,推演出资金储备的规模大小。这就涉及策略预测模型的构建和评估。值得注意的是,因果关系在该模型中并不重要,因为该小银行的行为并不会对金融部门的状态产生任何可感知程度的影响。因此,它只需要简单地提前预测出金融危机,那么它就可以采取正确的对应政策。

Athey 在论文中对使用机器学习研究政策预测问题相关的文献进行了综述。她认为在这些文献中,有几个利害主题对经济学家来讲仍然非常重要,需要他们在研究中进行评判。

(1) 模型的可解释性。经济学模型一般都很简单且容易解释,这使得相应的策略容易理解。但对于许多 ML 模型来讲,情况却并非如此。

(2) 公平性和无歧视性。ML 模型的复杂性使得人们很难追究由其生成的不公平性或歧视性政策建议的成因。因此,当从经济学模型转换至 ML 模型时,必须要对如何保证公平性和无歧视性进行评估。

(3) 稳定性。给定 ML 模型的复杂性,其在一个数据集上计算得到的关系并不一定也会在其他数据集上计算得到。因此,还需要对模型计算结果的通用性进行评估。

(4) 可操作性。ML 模型的大小、复杂性,以及模型的难以解释性,为模型的可操作性提供了可能。可操作性在经济学模型中本就是个问题,但对于许多复杂的且具有“黑盒子”性质的 ML 模型来讲,问题变得更加复杂。

这 4 个研究相关的利害主题同时也是相关从业人员的重要考虑因素。公共部门和私营部门的经济学家在使用 ML 模型进行经济学预测时,都需要对模型预测结果的可解释性、公平性、稳定性和可操作性进行评估。

2.4.4　研究热点和预测

Athey 对当前经济学中的 ML 研究热点进行了详细的综述总结,并对未来的研究热点进行了预测,感兴趣的读者可参考原文进行更细致的阅读。这里只针对部分现今及未来的研究热点进行概括。

当前的热点研究内容包括:①使用 ML 评估平均处理效应[1];②基于异构处理效应对最优策略进行评估[2];③使用 ML 对因果推理的混杂性问题程度进行辅助性评估分析[3];④在面板中使用 ML 及双重差分方法[4]。

Athey 给出了一个丰富的机器学习方法列表,并预测列表中的这些机器学习方法将被采纳或广泛使用于经济学中。这些 ML 方法最初被设计应用于机器学习,并逐渐得到广泛的使用。从该列表出发,机器学习可能会被经济学家和社会科学家定位于执行满足特定需求的任务。Athey 预测,机器学习对于经济学中的因果推理可能影响较小,但对经济学的总体影响会很大,因此必须增加跨学科研究工作,协同私营企业,让当下聚焦经济计量方法的、没有新意的研究工作重新焕发生机。

---

[1]　参见 Chernozhukov 等(Chernozhukov 等,2015)的论文。

[2]　参见 Athey 和 Imbens(Athey 和 Imbens,2017),Wager 和 Athey(Wager 和 Athey,2018),以及 Athey(Athey,2019)的论文。

[3]　参见 Athey 和 Imbens(Athey 和 Imbens,2017)的合作论文。

[4]　参见 Doudchenko 和 Imbens(Doudchenko 和 Imbens,2016)的合作论文。

2.5 "经济学家应该了解的机器学习方法"(Athey 和 Imbens,2019)

Athey 和 Imbens 通过多个研究工作,各自为促进机器学习方法在经济学中的应用做出了重要贡献。Athey 和 Imbens 2019 年发表的论文中(Athey 和 Imbens,2019)对有助于经济学家的机器学习方法进行了综述。

论文开头对机器学习与经济学在融合过程中所遭遇的阻力,及遭遇阻力的潜在原因进行了分析讨论。起初,ML 模型遭遇到的最严重的反对是因为这些现有的 ML 模型不能产生有效的置信区间。并不是说 ML 本身不重要,只是在将 ML 用于经济学传统问题时遭遇到了大量的阻碍。

Athey 和 Imbens 解释,他们的研究是在对机器学习模型修改时才触及了这些问题。特别地,他们认为有必要经常对 ML 模型进行修改,以适应特定经济学问题的结构。这些特定问题可能包括因果关系、内生性、单调性需求相关的问题,或一些理论上的激励约束。

论文本身试图对这些机器学习方法做一个简单的介绍。特别地,作者还对他们认为重要的,可用于处理经济学传统问题的 ML 模型及方法,进行了以下的分类:

(1) 局部线性森林;

(2) 神经网络;

(3) 提升方法;

(4) 分类树与森林;

(5) k-均值聚类的无监督学习与生成式对抗网络(GANs);

(6) 基于混杂假定的平均处理效应;

(7) 正交化和交叉拟合;

(8) 异构处理效应;

(9) 实验设计与强化学习;

(10) 矩阵补全和推荐系统;

(11) 合成控制法;

(12) 文本分析。

感兴趣的读者可参见 Athey 和 Imbens 的论文(Athey 和 Imbens,2019),以对这些方法如何融合于经济分析中进行更详细的了解。本书后续将会对其中的部分方法进行讨论,并在相关章节中进行更细致的分析。

2.6 "将文本作为数据"(Gentzkow 等,2019)

对比前文所述综述,Gentzkow 等人的综述论文(Gentzkow 等,2019)仅聚焦一个主题:文本分析。该论文对应用于经济学的文本分析方法进行了综述,并对当前尚未应用于经济学文本分析,但作者认为有用的文本分析方法做了介绍。

　　论文分为 3 部分:将文本表示为数据、统计方法和应用。由于本书第 6 章将讨论文本分析,并对该论文的文本分析内容扩展,因此这里只做简要的概括。

2.6.1　将文本表示为数据

　　Gentzkow 论文开头对文本数据集的标准预处理程序进行了详细的讨论。对于大部分经济学家来讲,这类程序都是陌生的,但学习如何使用它们对于文本分析处理来说必不可少。这些程序涉及文本文档转换,即将文本文档转换为可用于模型处理的数值形式。这类转换通常会先有一个数据清洗过程,然后经历特征选择过程。常见的特征包含单词和词组,本书第 6 章将对这些过程进行详细讨论。

2.6.2　统计方法

　　论文指出,在经济学文本分析中使用最多的是基于词典的方法。基于词典的方法属于无监督学习方法一类。在使用该方法时,需要先指定词典,然后将它应用于文本文档,产生文本的特征度量,而不是通过训练模型来学习特征与目标之间的关系。

　　基于词典方法的一个常见形式是测量文档的情感特征。情感特征表达出文档中的文本情绪,即其正面或负面的程度。这些基于词典的方法中的词典,其最初的创建目的与经济学无关。然而,经济学中创建词典的早期工作,被设计为专门针对经济学的特征进行提取。图 2-5 展示了一个普通情感词典在一份联邦公开市场委员会(Federal Open Market Committee,FOMC)声明[①]第 1 段中的应用。其中,正面情绪词使用绿色标注,而负面情绪词使用红色标注。结合这些单词所使用的上下文环境可以看出,某些单词的情绪并没有被正确地识别出来。

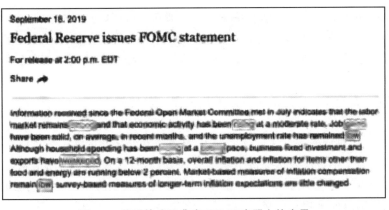

图 2-5　普通情感词典在 FOMC 声明上的应用

---

①　该 FOMC 声明全文参见链接:www.federalreserve.gov/newsevents/pressreleases/monetary20190918a.htm。

Gentzkow 等人认为,Baker 的论文(Baker 等,2016)中提出了一种基于词典方法在经济学中的理想应用。首先,Baker 等人希望抽取经济政策中的不确定性特征,因此,不可能使用应用于新闻报纸文章的主题模型进行融合。其次,Baker 等人用于抽取特征的词典已经在人类读者上进行测试,获得了相似的结果。在这种情况下,基于词典的方法可能是一个理想的选择。图 2-6 为 EPU 在所选国家的指数曲线图[①]。

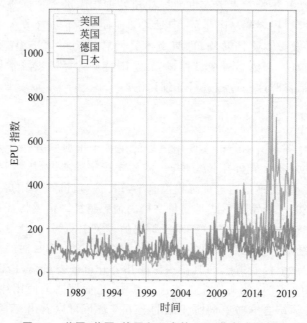

图 2-6　美国、英国、德国和日本的 EPU 指数曲线图

Gentzkow 等人还指出,当前经济学严重依赖基于词典的方法,因此,将文本分析的其他方法引入经济学中可能会更好。论文对不同文本分析方法的融合进行了讲述,包含了一些经济学家们不熟悉的方法,也有一些经济学家们熟悉,但应用场景略有不同的方法。

Gentzkow 在论文中讲述的文本分析相关方法包括基于文本的回归;惩罚线性回归;降维和回归树、深度学习、贝叶斯回归方法、支持向量机等非线性文本回归。

最后,论文还对词嵌入方法进行了讲述,该方法在经济学的文本分析应用中未被充分利用。词嵌入为文本特征表达提供了一个替代方案,持续保留单词的信息内容。这与经济学中的通用方法形成了对比——经济学中的通用方法是将单词处理为独热编码向量,所有单词独热编码向量相互正交。

---

① 以下链接提供了 EPU 在 20 多个国家上的指数更新情况: www.policyuncertainty.com/。

2.6.3　应用

　　Gentzkow 在论文结尾对经济学中的文本分析方法应用进行了一个延展性的综述,例如论文作者关系识别、股票价格预测、银行沟通策略、即时预报、政策不确定性测量和媒体观点量化等等。本书在第 6 章将重新对该论文进行回顾,并讨论这些应用的细节。

2.7　"如何让机器学习对宏观经济预测有用"(Coulombe 等,2019)

　　不管是经济学中的机器学习研究综述,还是经济学中的 ML 方法研究综述,都倾向忽略宏观经济学领域。这也许是因为宏观经济学通常使用不固定的时间序列数据集,其观测相对较少。因此,人们常认为宏观经济学难以通过使用 ML 方法获益,即使预测(或预报)也是私营和公共部门宏观经济学家的常见工作。

　　Coulombe 等人 2019 年发表论文(Coulombe 等,2019),通过将 ML 方法与宏观经济学的标准工具进行对比,对"机器学习难以使宏观经济学研究受益"这一说法进行了检验。Coulombe 等人认为,在以下 4 方面,使用 ML 方法可以有效改善宏观经济学的预测效果。

　　(1)非线性。宏观经济学本质上是非线性的。当经济扩张时,失业率倾向于逐渐下降;而当经济衰退时,失业率则会急剧下降。进一步,如果经济低迷对金融部门产生影响,导致信用紧缩,那么经济衰退则可能会变得更加严峻和旷日持久。这些因素的捕获对于生成精确的宏观经济学预测非常重要。至少在规则上,机器学习提供了一个可使用弹性函数形式(包括非线性)的工具集,可用于这类预测问题的处理。

　　(2)正则化。当下的大数据时代,有许多时间序列可供宏观经济预测模型使用。圣路易斯联邦储备银行(St. Louis Federal Reserve Bank)的 FRED 系统目前包含了 700 000 条时间序列。考虑到宏观经济普通预报序列的低频次性,如 GDP 预测和通货膨胀预测,传统的宏观经济学模型由于拥有过少的观测,从而在利用大量的协变量时无法避免过拟合问题。机器学习相关研究认为这类问题可通过使用正则化技术解决,正则化技术会对引入的附加变量进行惩罚。

　　(3)交叉验证。和机器学习一样,一个宏观经济预报模型是否优良,要通过它在样本外的表现进行检验。但和机器学习不一样的是,这通常又不是宏观经济预报模型是否优良的唯一检验。因此,虽然机器学习中较好地应用了交叉验证技术,但宏观经济模型中却不太重视交叉验证。这也许是经济与金融领域可从采纳技术和最佳实践两个方面都受益,所以导致其不太重视交叉验证的原因。

　　(4)替代损失函数。经济学所使用方法的一致性导致其在所有问题处理中都广泛使用同样的损失函数。然而,对于经济学中的所有预测误差,也许不应该使用同样的方案进行评估,因此,参考机器学习研究文献中的方法或许会有所收益,在机器学习研究中,常常使用附加的损失函数进行模型训练。

Coulombe 等人在一个固定效应的回归环境中进行了相应的对比实践。对于 ML 方法,他们使用了惩罚回归和随机森林,还使用了超参数调优及损失函数选择,并对 ML 在宏观经济预报中的使用得出了以下 4 个广泛结论。

(1) ML 方法拥有更多的数据,利用非线性,可改善实际变量在较长时间跨度中的预报准确度。

(2) 已经广泛用于宏观经济学的因子模型是正则化的合适资源。

(3) 在评估过拟合方面,k-折交叉验证和贝叶斯信息准则(Bayesian Information Criterion,BIC)一样有用。

(4) L_2 损失函数已被广泛应用于宏观经济学,其在宏观经济预报实践中已被证明是充分有效的。

综上所述,Coulombe 等人的研究认为 ML 方法可以有效改善宏观经济学的预报效果。然而,相对于经济学中其他类别的问题,ML 方法在宏观经济学领域的收益也许并不如人们期望的那么大。对于金融序列的时间序列预报,因为常常可以更高频次地收集数据,也许可获得比宏观经济预报高很多的收益。

2.8　本章小结

本章对 ML 方法及它们在经济学中的使用进行了一个概要性的综述,讲述了 ML 方法在经济学中的应用历史,以及部分经济学家对 ML 方法所做的研究。这几篇论文中反复提及了几个主题,总结如下。

(1) 如果将现有的机器学习方法应用于策略预测问题或经济预报,可以改善使用传统计量经济方法得到的预测效果。

(2) 现有的 ML 方法不太可能用于经济学中的因果推理。但修改 ML 算法,找到它们在经济学中的合适应用领域,则是人们必须要做的事。

(3) 与经济学模型不同,对于个体参数值,ML 模型通常并不产生有效的置信区间。

(4) 经济学使用理论驱动的方法进行建模,并只对模型进行一次评估,机器学习则扎根实证,通过调优迭代不断改进模型。

(5) 将大数据与 ML 方法结合,如正则化和交叉验证方法,可能会对可解决的经济学问题及其解决方案产生重要的影响。

(6) 机器学习可能会对经济活动预测有用,通过使用具有预测步骤的模型进行推理,可以处理策略预测问题。

接下来的章节将聚焦 TensorFlow 的应用。通过 TensorFlow 的实例展示,读者将学习如何将本章所分析讨论的方法和策略应用于经济和金融领域的问题处理。

参考文献

第 3 章

回　归

术语"回归"在计量经济学和机器学习中通常用法中所表达的含义有所不同。在计量经济学中,回归涉及因变量对应自变量的相关参数值估计。计量经济学中最常用的回归形式为多元线性回归,是对一个连续因变量在多个自变量上的线性相关估计。在计量经济学中,术语"回归"也包含非线性模型和离散因变量的模型。不同的是,在机器学习中,回归指一个具有连续因变量(目标变量)的线性或非线性监督学习模型。本章将使用更广义的计量经济学中回归的相关定义,但也会介绍常用于机器学习的回归方法。

3.1　线性回归

本节将对线性回归的概念进行介绍,线性回归是计量经济学中最常用的实证方法。当因变量连续,因变量与自变量之间的关系被认为是线性关系时,可以使用线性回归。

3.1.1　概述

线性回归是假设一个因变量 Y 和一系列自变量 $\{X_0, \cdots, X_k\}$ 的相关系数为线性关系的情况下,对因变量 Y 和自变量 $\{X_0, \cdots, X_k\}$ 的关系进行建模。线性关系要求每个 X_j 和 Y 的关系都可以被建模为一个固定斜率,使用标量系数 β_j 表示。公式 3-1 给出了具有 k 个自变量的线性模型的常用表达形式。

公式3-1　线性模型的常用表达形式。

$$Y = \alpha + \beta_0 X_0 + \cdots + \beta_{k-1} X_{k-1}$$

许多情况下,线性模型采用的是公式 3-2 的表达式,其清晰地表达出每个观测的索引。例如,变量 Y_i 表示个体 i 观测值。

公式3-2　具有个体索引的线性模型。

$$Y_i = \alpha + \beta_0 X_{i0} + \cdots + \beta_{k-1} X_{ik-1}$$

对于经济学中的问题,线性模型的个体索引还经常加上时间索引内容。在这种情况下,通常会使用下标 t 来表示变量观测的时期,其线性模型如公式 3-3 所示。

公式3-3　具有个体索引和时间索引的线性模型。

$$Y_{it} = \alpha + \beta_0 X_{it0} + \cdots + \beta_{k-1} X_{itk-1}$$

在一个线性模型中,模型的参数$\{\alpha, \beta_1, \cdots, \beta_k\}$并不随时间或个体变化,因此无须加上时间和个体索引。另外,不允许进行参数的非线性转换。例如一个稠密神经网络层就具有线性模型相似的函数形式,但它对系数变量乘积和进行了非线性转换,如公式 3-4 所示,其中 σ 表示相关 Sigmoid 函数。

公式3-4　具有 Sigmoid 激活函数的神经网络稠密层表达式。

$$Y_{it} = \sigma(\alpha + \beta_0 X_{it0} + \cdots + \beta_{k-1} X_{itk-1})$$

虽然线性关系具有严格的函数形式约束,但仍然可对其自变量执行变换,包括非线性变换。例如,可将 X_0 重定义为它的自然对数形式,并将其作为自变量。线性回归也允许两个变量之间进行交互,如 $X_0 \times X_1$,也允许生成两个变量之间的指示变量,如 $1_{\{X_0 > X_1\}}$。另外,在时间序列和面板设置中,可以包含滞后变量,如 X_{t-1j} 和 X_{t-2j}。

变量的变换和重定义使得线性回归成为一个灵活的,可用于在任意精度上模拟一个非线性函数的灵活方法。以公式 3-5 所示的指数函数为例,X 和 Y 的真实关系如下。

公式3-5　一个指数函数模型。

$$Y_i = e^{\alpha + \beta X_i}$$

如果对 Y_i 取自然对数,那么公式 3-5 便可转换为参数为 $\{\alpha, \beta\}$ 的,如公式 3-6 所示的线性回归模型。

公式3-6　一个转换后的指数函数模型。

$$\ln(Y_i) = \alpha + \beta X_i$$

在大多数情况下,我们对模型的底层数据生成过程(Data Generating Process,DGP)并不清楚。此外,模型因变量和自变量之间可能也并不存在确定性关系。并且,在每个观测上还可能存在一些噪声 ε_i,即未观测到的实体间的随机偏差结果,或是测量误差。

举个例子,假设存在抽取自一个非线性过程的数据,但具体函数形式并不清楚。图 3-1 展示了数据的散点图,并同时绘制了两个线性回归模型图。第一个线性模型回归图假定 X, Y 在 $[0, 10]$ 区间内,通过公式 3-7 生成了一条线,很好地近似模拟了 X 和 Y 的关系。第二个线性模型假定需要通过 5 条线段进行模型训练,模型如公式 3-8 所示。

公式3-7　一个非线性模型的线性近似处理。

$$Y_i = \alpha + \beta X_i + \varepsilon_i$$

公式3-8　一个非线性关系的线性近似处理。

$$Y_i = [\alpha_0 + \beta_0 X_i] 1_{\{0 \leqslant X_i < 2\}} + \cdots + [\alpha_0 + \beta_0 (X_i - 8)] 1_{\{8 \leqslant X_i < 10\}} + \varepsilon_i$$

图 3-1 显示使用一个固定斜率和固定截距的线性回归模型,对该非线性模型的近似模拟并不充分,但使用多线段,以分段多项式曲线的形式,来表达非线性函数的近似模拟却是比较充分的,虽然其整体仍然使用的是线性回归结构。

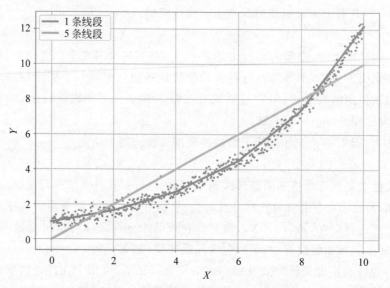

图 3-1　一个非线性函数的两个线性近似处理

3.1.2　普通最小二乘法

线性回归就像前文所展示的那样,具有多用途,可用于对单个因变量和一系列自变量之间的关系建模。即使面对一个非线性关系,线性回归也可能通过在线性模型中使用指示函数、变量交互或变量转换等方式近似处理。在某些情况下,我们甚至可通过变量转换来精确地表达这种非线性关系。

本节将讨论如何在 TensorFlow 中实现线性回归,其实现方式基于程序对损失函数的选择。在经济学中,最常用的损失函数为平方误差和及平方误差均值,因此本节程序首选它们作为损失函数。根据本示例目的,程序将所有自变量存放在一个 $n \times k$ 矩阵 $\boldsymbol{X}$ 中,其中 n 为观测数量,k 为自变量数量,k 还包含了常数(偏置)项。

为了与真实参数值 β 进行区分,损失函数将使用 $\hat{\boldsymbol{\beta}}$ 表示自变量的估计系数向量。用于构建损失函数的"误差"项常使用误差、残差、干扰等不同的术语名称表示,其计算如公式 3-9 所示。

公式3-9　线性回归的干扰项计算。

$$\boldsymbol{\varepsilon} = \boldsymbol{Y} - \hat{\boldsymbol{\beta}}\boldsymbol{X}$$

注意 $\boldsymbol{\varepsilon}$ 为一个 n 元列向量。这表示可通过 $\boldsymbol{\varepsilon}$ 的转置预乘,实现 $\boldsymbol{\varepsilon}$ 中每个元素的求平方或求和,如公式 3-10 所示,其实现的是平方误差和计算。

公式3-10　平方误差和的计算。

$$\boldsymbol{\varepsilon}'\boldsymbol{\varepsilon} = (\boldsymbol{Y} - \hat{\boldsymbol{\beta}}\boldsymbol{X})^{\mathrm{T}}(\boldsymbol{Y} - \hat{\boldsymbol{\beta}}\boldsymbol{X})$$

将平方误差和用于损失函数也被称为执行"普通最小二乘法"（Ordinary Least Squares，OLS），其作为损失函数的优点之一是它可获得公式 3-11 所推导出的解析解，这意味着不需要使用其他耗费时间和易于出错的优化算法。公式 3-11 解的获得是通过 $\hat{\boldsymbol{\beta}}$ 的选择，从而实现平方误差和的最小化。

公式3-11　最小化平方误差和。

$$\frac{\partial \boldsymbol{\varepsilon}^{\mathrm{T}}\boldsymbol{\varepsilon}}{\partial \hat{\boldsymbol{\beta}}} = \frac{\partial}{\partial \hat{\boldsymbol{\beta}}}(\boldsymbol{Y} - \hat{\boldsymbol{\beta}}\boldsymbol{X})^{\mathrm{T}}(\boldsymbol{Y} - \hat{\boldsymbol{\beta}}\boldsymbol{X}) = 0$$

$$-2\boldsymbol{X}^{\mathrm{T}}\boldsymbol{Y} + 2\boldsymbol{X}^{\mathrm{T}}\boldsymbol{X}\hat{\boldsymbol{\beta}} = 0$$

$$\boldsymbol{X}^{\mathrm{T}}\boldsymbol{X}\hat{\boldsymbol{\beta}} = \boldsymbol{X}^{\mathrm{T}}\boldsymbol{Y}$$

$$\hat{\boldsymbol{\beta}} = (\boldsymbol{X}^{\mathrm{T}}\boldsymbol{X})^{-1}\boldsymbol{X}^{\mathrm{T}}\boldsymbol{Y}$$

现在剩下的唯一工作就是确认 $\hat{\boldsymbol{\beta}}$ 是否为最小化或最大化值。任意情况下，当 $\boldsymbol{X}$ 为满秩矩阵时，$\hat{\boldsymbol{\beta}}$ 都为最小化值，这意味着 $\boldsymbol{X}$ 的任何一列都不是 $\boldsymbol{X}$ 的其他任意列或多列的线性组合。程序片段 3-1 给出了在 TensorFlow 中利用最小二乘法进行玩偶问题处理的代码示例。

【程序片段 3-1】　在 TensorFlow 中执行最小二乘法

```
1   import tensorflow as tf
2
3   #将数据定义为常量
4   X = tf.constant([[1, 0], [1, 2]], tf.float32)
5   Y = tf.constant([[2], [4]], tf.float32)
6
7   #计算参数向量
8   XT = tf.transpose(X)
9   XTX = tf.matmul(XT,X)
10  beta = tf.matmul(tf.matmul(tf.linalg.inv(XTX),XT),Y)
```

为了方便，程序片段将矩阵 $\boldsymbol{X}$ 的转置定义为 XT，并将 XTX 定义为 $\boldsymbol{X}^{\mathrm{T}}$ 右乘 $\boldsymbol{X}$。因此，$\hat{\boldsymbol{\beta}}$ 值的计算，可通过对矩阵 $\boldsymbol{X}^{\mathrm{T}}\boldsymbol{X}$ 求逆，然后再右乘 $\boldsymbol{X}^{\mathrm{T}}$，再右乘 $\boldsymbol{Y}$ 得到。

通过计算参数向量 $\hat{\boldsymbol{\beta}}$，实现了平方误差和的最小化。既然 $\hat{\boldsymbol{\beta}}$ 的计算程序简单，读者也许会疑惑，为什么是使用 TensorFlow 而不是其他工具来完成该任务呢？如果使用 MATLAB，其编写线性代数算子的语法简洁且可读性好。如果使用 Stata 或任意其他

Python 统计库,抑或 R 语言,也能够进行参数向量标准误差和置信区间的自动化计算,还可进行回归的拟合度测量。

如果任务要求使用并行或分布式计算,TensorFlow 当然具有天然优势,然而在本例执行的 OLS 解析中,对并行或分布式计算的需求可能较小。但如果我们需要最小化一个没有解析解的损失函数,或不能将所有数据加载到内存中,TensorFlow 的价值就很明显了。

3.1.3 最小绝对偏差

虽然 OLS 是经济学中线性回归最常用的使用形式,具有许多优秀的特性,但有时候仍然需要一个替代的损失函数方案。例如,要对误差的绝对值总和而不是对平方误差和进行最小化时,就需要一个替代损失函数方案。这种形式的线性回归被称为最小绝对偏差(Least Absolute Deviations,LAD)或最小绝对误差(Least Absolute Errors,LAE)。

所有模型对于异常点的参数敏感性估计都是受损失函数驱动的,这里的模型当然也包括 OLS 和 LAD 模型。由于 OLS 模型最小化误差平方,因此它更强调设置参数值以说明异常点问题。也就是说,OLS 更强调清除大的误差,而不是相对较小的误差。LAD 模型则刚好相反,LAD 将大误差和小误差同等对待。

LAD 模型和 OLS 模型的另一个区别是不能解析表达一个 LAD 回归模型的解,这是因为绝对值的使用使得 LAD 模型无法得到一个解析代数表达式。这意味着必须通过"训练"或"评估"模型来搜索最小值。

虽然 TensorFlow 在处理 OLS 模型方面并不特别有用,但对于执行 LAD 回归模型和训练没有解析解的其他类型模型,它却具有明显的优势。TensorFlow 可在执行这些模型的同时很精确地识别出真实的参数值。为了更具体地说明,本节将执行一个蒙特卡洛实验,随机生成一些基于假设参数值的数据,然后使用这些数据对模型进行评估,从而进行真实参数值和估计参数值的比较。

【程序片段 3-2】 为线性模型生成输入数据

```
1    import tensorflow as tf
2
3    #设置样本数量和观测数量
4    S = 100
5    N = 10000
6
7    #设置真实参数值
8    alpha = tf.constant([1.], tf.float32)
9    beta = tf.constant([3.], tf.float32)
10
11   #获得自变量和误差
```

```
12  X = tf.random.normal([N, S])
13  epsilon = tf.random.normal([N, S], stddev=0.25)
14
15  #计算因变量
16  Y = alpha + beta * X + epsilon
```

程序片段 3-2 展示了如何生成这些数据。首先它定义了观测数量和样本数量。为了对 TensorFlow 的性能进行评估,程序将在 100 份独立样本中进行模型参数训练,并使用了 10 000 个观测值以确保具有足够的数据来训练模型。

接下来,程序定义了模型参数的真实值 alpha 和 beta,分别对应模型的常量项(偏置项)和斜率,并将其设置为 1.0 和 3.0。因为 alpha 和 beta 是模型真实的参数值,不需要进行训练,因此使用 tf.constant() 对它们进行定义。

接下来,程序通过正态分布来计算获取 X 和 epsilon 的值。对于 X,使用了均值为 0,标准差为 1 的标准正态分布计算,这两项是 tf.random.normal() 方法的默认参数值,因此除了样本数量和观测数量外,并不需要特别指定均值和标准差的值。对于 epsilon,使用了 0.25 的标准差,通过对方法的参数 stddev 进行指定。最后,程序对因变量 Y 进行了计算。

现在就可基于这些生成的数据,利用 LAD 进行模型训练。模型的训练只需要几步即可完成,TensorFlow 中所有模型的构建和训练过程都是如此。本节将先随机选取一份样本数据进行模型训练的实例演示,然后在 100 份样本中重复这一过程。

【程序片段 3-3】 初始化变量并定义损失函数(接程序片段 3-2)

```
1   #随机取出初始值
2   alphaHat0 = tf.random.normal([1], stddev=5.0)
3   betaHat0 = tf.random.normal([1], stddev=5.0)
4
5   #定义变量
6   alphaHat = tf.Variable(alphaHat0, tf.float32)
7   betaHat = tf.Variable(betaHat0, tf.float32)
8
9   #定义函数计算 MAE 损失
10  def maeLoss(alphaHat, betaHat, xSample, ySample):
11      prediction = alphaHat + betaHat * xSample
12      error = ySample - prediction
13      absError = tf.abs(error)
14      return tf.reduce_mean(absError)
```

程序片段 3-3 给出了在 TensorFlow 中进行模型训练的第一步工作。首先,程序从均值为 0,标准差为 5.0 的正态分布中取值,并使用它们对 alphaHat 和 betaHat 变量进行初始化。其中,5.0 是对于标准差值的随意选择,以模拟真实参数值的有限先验知识情况。程序对变量名称使用了后缀 Hat,以标识这些变量并不是真实的参数值,只是估计值。由于需要参数训练以最小化损失函数,因此程序将它们定义为了 tf.Variable(),而不是 tf.constant()。

接下来程序定义了一个函数以进行损失计算。LAD 回归模型用于对绝对误差和进行最小化处理,与最小化平均绝对误差等效,因此程序的函数对平均绝对误差进行了最小化处理,这是因为 MAE 具有更好的数值特性[①]。

为了计算平均绝对误差,程序定义了一个 maeLoss() 函数,使用参数和样本数据作为函数参数输入,并输出损失函数的关联值结果。函数首先计算每个观测的误差,然后使用 tf.abs() 方法生成这些误差的绝对值,再使用 tf.reduce_mean() 返回所有观测误差绝对值的均值。

【程序片段 3-4】 定义优化器并最小化损失函数(接程序片段 3-3)

```
1    #定义优化器
2    opt = tf.optimizers.SGD()
3
4    #定义空列表以存储参数值
5    alphaHist, betaHist = [], []
6
7    #执行最小化并保持参数更新
8    for j in range(1000):
9
10       #执行最小化处理
11       opt.minimize(lambda: maeLoss(alphaHat, betaHat,
12       X[:,0], Y[:,0]), var_list = [alphaHat, betaHat])
13
14       #更新参数列表
15       alphaHist.append(alphaHat.numpy()[0])
16       betaHist.append(betaHat.numpy()[0])
```

最后一步是进行如程序片段 3-4 所示的优化。程序首先创建了一个随机梯度下降优化器实例,并使用 tf.optimizers.SGD() 将其命名为 opt,再使用该 opt 实例的 minimize() 方法执行优化。为了在一个步骤内实现基于所有样本的优化处理,程序使用了一个

---

① 这里的均值等于绝对误差和除以观测数量(即表现为一个固定常量),因此最小化均值和最小化绝对误差是等效的。实际上,程序中通常对均值进行最小化处理,因为如果计算大数求和结果,当一个数值超过了它的数据类型表达范围时,可能会产生内存溢出。

lambda 函数将 maeLoss()计算返回的损失结果作为 minimize()方法的参数。另外,程序还将 alphaHat 和 betaHat,首份样本输入数据 X[:,0]和 Y[:,0]传递给了函数 maeLoss()。最后,程序将可训练变量列表 var_list 传递给了函数 minimize()。程序每执行一次循环,都是执行一次最小化步骤,对参数值和优化器状态进行更新。在程序片段 3-4 中,最小化重复循环步骤为 1000 次。

　　在对剩余的 99 份样本进行重复这一过程前,程序的第一次执行结果显示程序多大程度识别出了真实的参数值。图 3-2 通过线性曲线展示了 alphaHat 和 betaHat 在最小化过程中每一步的值。生成图 3-2 的代码为程序片段 3-5。注意程序并没有将样本划分为多个小样本集,因此循环的每一步被标记为一轮,而每一轮都是对样本的一次完全处理。最初的参数值,由一个具有高方差的正态分布随机生成。然而,在大约经历 600 轮迭代之后,参数 alphaHat 和 betaHat 开始收敛于它们的真实参数值。

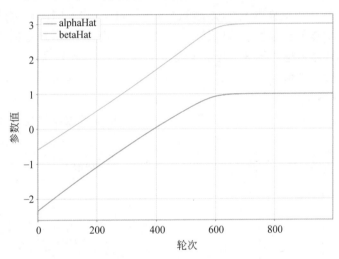

图 3-2　1000 轮参数值训练曲线图

【**程序片段 3-5**】　通过曲线图绘制参数训练历史(接程序片段 3-4)

```
1    import pandas as pd
2    import numpy as np
3    import matplotlib.pyplot as plt
4
5    #将参数历史值序列定义为 DataFrame 数据类型
6    params = pd.DataFrame(np.hstack([alphaHist,
7            betaHist]), columns = ['alphaHat', 'betaHat'])
8
9    #绘制曲线图
```

```
10  params.plot(figsize=(10,7))
11
12  #设置 x 轴标签
13  plt.xlabel('Epoch')
14
15  #设置 y 轴标签
16  plt.ylabel('Parameter Value')
```

并且,当 alphaHat 和 betaHat 收敛于它们真实的参数值后,便不再进行调整。这意味着该训练过程稳定,随机梯度下降算法能够识别出一个明确的局部最小化值,在该示例中,该局部最小化值也是全局最小化值[①]。随机梯度下降算法将在本章后续部分进行详细讨论。

我们现在已经在一份样本上测试了解决方法,后面将在不同的初始参数值和不同的样本上重复 100 次该处理过程,以对该解决方法的性能进行测试,判断它是否对初始参数值的选择和数据样本敏感。图 3-3 展示了在每个样本上 1000 轮迭代的参数估计值直方图。绝大部分参数估计值与参数真实值紧紧聚集在一起。但是由于初始值或样本抽取的原因,也有部分参数值出现了偏离。如果读者打算将 LAD 模型应用于类似蒙特卡洛实验所生成的数据集上,那么最好使用更高的迭代轮数,以增加参数模拟收敛至真实参数值的概率。

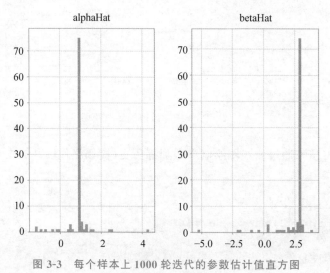

图 3-3　每个样本上 1000 轮迭代的参数估计值直方图

----

① 局部最小值是在函数给定区域内的最小值,而全局最小值则是整个函数中的最小值。实际上,损失函数经常拥有众多局部最小值,因此如何识别出它的全局最小值是一个挑战。

除了改变方法的迭代轮数外,也可对优化算法的超参数进行调整,而不是使用默认的超参数值。另外,也可将不同的优化算法放在一起使用,这在 TensorFlow 中的实现较为简单,本章后续部分将会进行讨论。

3.1.4　其他的损失函数

前面已经讨论过,OLS 具有解析解,但 LAD 没有。因为大部分机器学习模型并不支持产生一个解析解,因此上述 LAD 模型的处理过程是一个具有启发意义的例子。构建模型、定义损失函数、执行 LAD 模型的最小化处理,这些相同的处理过程将在本章及本书的后续内容中重复出现。实际上,用于执行 LAD 模型的步骤也可用于任何形式的线性回归模型,只需要对损失函数进行简单修改即可。

当然,除了具有解析解之外,OLS 还有很多优点吸引人们使用。例如,在高斯-马尔可夫定理条件满足的情况下,在所有的线性和无偏估计中,OLS 估计具有最小的方差[1]。也有大量的计量经济学文献基于 OLS 或它的变体进行研究,使得 OLS 成为了相关研究工作的自然选择。

然而,在许多经济与金融的机器学习应用中,其目标常常是执行预测,而不是假设检验。在这些应用例子中,使用不同形式的线性回归就变得很有意义,而使用 TensorFlow 将使得这一工作变得更加简单。

3.2　部分线性模型

许多机器学习应用需要对非线性进行建模,因此无法使用线性回归模型或前面提到的其他策略来很好地完成,要用到不同的建模技术。本节将对线性模型进行扩展,使其包含一个非线性函数。

与构建纯粹的非线性模型不同,本节将从一个所谓的"部分线性模型"(partially linear model)开始。这样的模型允许其一部分自变量是线性的,同时也通过一个非线性函数,输入其他的非线性自变量。

在标准计量经济学应用环境中,其目标通常是统计推理。一个部分线性模型通常由一个线性兴趣变量和一系列允许为非线性的控制变量组成。这类部分线性模型的实践目标通常是基于线性参数执行推理计算。

然而,计量经济学在使用部分线性模型进行有效的统计推理时却遭遇了挑战。首先,当兴趣变量和控制变量共线时,模型会存在参数一致性问题[2]。Robinson 在他 1988 年的

---

[1]　高斯-马尔可夫定理具有 5 个假设条件:①真实模型的参数是线性的;②数据抽样随机;③没有自变量完全与其他自变量相关(即不存在完全共线性);④误差项源自外部(即与自变量不相关);⑤误差项的方差为常量且有限。

[2]　如果两个回归元 X 和 Z 统计不独立,那么 X 和 Z 被称为"共线"。

论文(Robinson，1988)中强调了这点，该论文为此类情况构建了一个一致估计[①]。另外，当对非线性控制函数进行正则化时也会遇到问题。根据 Robinson 的论文，当简单地应用一致估计时，兴趣参数将会产生偏置。Chernozhukov 等人在他们的论文(Chernozhukov 等，2017)中，展示了如何通过正交化和样本分割方法来消除偏差。

本节将只关注用于预测目的，而不是统计推理的部分线性模型的构建和训练。这样做时，我们将不讨论一致性和偏差相关的问题，而将内容聚焦于 TensorFlow 中训练程序的实现。

首先定义将要训练的公式 3-12 所示的模型。其中，β 为线性的相关系数向量，$g(Z)$ 为非线性控制函数。

公式3-12 一个部分线性模型。

$$Y = \alpha + \beta X + g(Z) + \varepsilon$$

与前面的 LAD 示例类似，这里使用蒙特卡洛实验来评估是否在 TensorFlow 中正确地构建和训练了模型，也使用蒙特卡洛实验来判断模型在给定样本大小和模型规范的情况下，是否会遭遇数值问题。

为了执行蒙特卡洛实验，需要对线性参数值和 $g(Z)$ 的函数形式进行具体假定。简单起见，这里假定只有一个兴趣变量 X，和一个使用 $\exp(\theta Z)$ 函数形式的控制变量 Z。另外，真实的参数值被假定为 $\alpha = 1, \beta = 3$ 和 $\theta = 0.05$。

【程序片段3-6】 生成部分线性回归的实验数据

```
1    import tensorflow as tf
2
3    #设置样本数量和观测数量
4    S = 100
5    N = 10000
6
7    #设置真实参数值
8    alpha = tf.constant([1.], tf.float32)
9    beta = tf.constant([3.], tf.float32)
10   theta = tf.constant([0.05], tf.float32)
11
12   #获取自变量和误差
13   X = tf.random.normal([N, S])
14   Z = tf.random.normal([N, S])
15   epsilon = tf.random.normal([N, S], stddev=0.25)
16
```

[①] 当观测数量趋近于无穷时，一致估计在概率上收敛于真实参数值。

```
17   #计算因变量
18   Y = alpha + beta * X + tf.exp(theta * Z) + epsilon
```

首先通过程序片段 3-6 生成该蒙特卡洛实验的数据。和前面的程序示例一样，这里使用了 100 份样本和 10 000 个观测值，并使用 tf.constant() 定义了真实的参数值。接下来，对回归元 X,Z 和误差项进行计算实现。最后，使用了随机生成的数据构建因变量 Y。

接下来，使用程序片段 3-7 定义和初始化模型参数 alphaHat0,betaHat0 和 thetaHat0。与先前程序示例稍有不同的是：这里先定义了部分线性模型的一个函数，将参数和样本数据作为函数输入，然后输出每个观测的预测值，而不是直接计算损失函数。

【程序片段 3-7】　初始化变量和计算预测值(接程序片段 3-6)

```
1    #随机获取初始值
2    alphaHat0 = tf.random.normal([1], stddev=5.0)
3    betaHat0 = tf.random.normal([1], stddev=5.0)
4    thetaHat0 = tf.random.normal([1], mean=0.05,stddev=0.10)
5
6    #定义变量
7    alphaHat = tf.Variable(alphaHat0, tf.float32)
8    betaHat = tf.Variable(betaHat0, tf.float32)
9    thetaHat = tf.Variable(thetaHat0, tf.float32)
10
11   #计算预测
12   def plm(alphaHat, betaHat, thetaHat, xS, zS):
13       prediction = alphaHat + betaHat * xS + tf.exp(thetaHat * zS)
14       return prediction
```

现在已经生成了实验数据，对参数进行了初始化，完成了部分线性模型的定义。下一步是定义损失函数，如程序片段 3-8 所示。与前面的程序示例一样，损失函数的选择只要最适合该问题处理就可以。本例中使用了平均绝对误差(MAE)作为损失函数。另外，和前面的程序示例一样，这里使用了一个 TensorFlow 算子计算 MAE 值。其中 tf.losses.mae() 算子的第一个参数是真实参数值数组，而算子的两个参数是预测参数值数组。

【程序片段 3-8】　为部分线性回归模型定义损失函数(接程序片段 3-7)

```
1    #定义函数计算 MAE 损失
2    def maeLoss(alphaHat, betaHat, thetaHat, xS, zS, yS):
3        yHat = plm(alphaHat, betaHat, thetaHat, xS, zS)
4        return tf.losses.mae(yS, yHat)
```

最后一步是执行程序片段 3-9 所示的最小化处理。和 LAD 程序示例一样,这里先实例化一个优化器,然后将它应用于最小化方法。每一次执行最小化方法,都是一次完全的训练轮次。

【程序片段 3-9】 对部分线性回归模型进行训练(接程序片段 3-8)

```
1    # 初始化优化器
2    opt = tf.optimizers.SGD()
3
4    # 执行优化
5    for i in range(1000):
6        opt.minimize(lambda: maeLoss(alphaHat, betaHat,
7                         thetaHat, X[:,0], Z[:,0], Y[:,0]),
8                         var_list = [alphaHat, betaHat, thetaHat])
```

在优化过程结束后,需要和前述 LAD 程序示例一样,对程序结果进行评估。图 3-4 展示了参数估计值在这 1000 轮训练过程中的历史变化。程序结果显示,变量 alphaHat,betaHat 和 thetaHat 的值在大约 800 轮训练后,都收敛于它们的真实参数值。另外,在训练过程持续进行时,这些参数估计值都没有出现与它们真实值背离的情况。

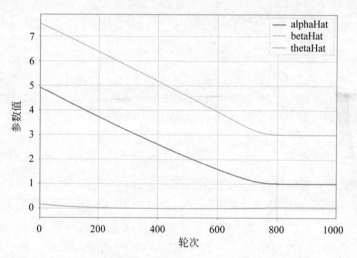

图 3-4　1000 轮训练过程中参数估计值的历史曲线

此外,还要对所有 100 个样本的估计值结果进行检验,判断其对初始化值和样本数据的敏感度。图 3-5 以直方图的形式展示了每个样本训练最后轮的参数估计值。从图中明显可以看出,alphaHat 和 betaHat 的估计值都紧紧聚集在它们各自的真实值周围。而thetaHat 却显示出有偏差,参数估计值与真实值产生了较大的差异。这表明程序需要对训练过程进行调整,可能要增加更多的训练轮次。

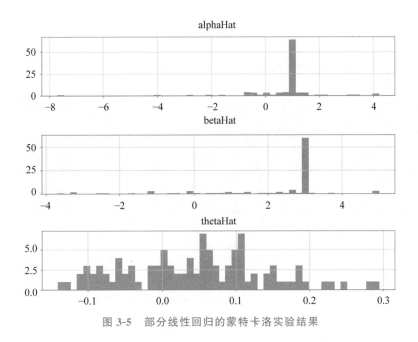

图 3-5　部分线性回归的蒙特卡洛实验结果

通过 LAD 回归模型和部分线性模型的执行，上文展示了 TensorFlow 能够对一个包含非线性内容的仲裁模型进行构建和训练。接下来的内容将展示 TensorFlow 对离散因变量的处理，最后本章还会讨论调整模型训练过程的不同方法，以改善模型的执行效果。

3.3　非线性回归

3.2 节对同时具有线性元素和非线性元素的部分线性模型进行了分析讨论。对于一个纯粹非线性模型的处理，其工作流程和部分线性模型一致。首先是生成数据或加载数据，然后是定义模型和损失函数，最后是优化器的实例化和执行损失函数的最小化处理。

前面的程序示例都是由程序本身生成数据，本节将使用图 3-6 所示的自然对数数据，其内容为 1970 至 2020 年间，美元（USD）和英镑（GBP）的每日汇率[1]。

由于汇率较难预测，因此在实际预报中常使用随机游走算法作为基准模型。汇率预报使用的随机游走算法如公式 3-13 所示，其使用当前汇率加上一些随机噪音来为下一周期的汇率进行建模。

公式3-13　计算名义汇率的随机游走模型。

$$e_t = \alpha + e_{t-1} + \varepsilon_t$$

---

① 原始数据可从以下网址下载：https://fred.stlouisfed.org/series/DEXUSUK。

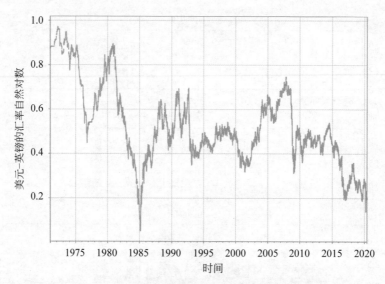

图 3-6　1970 至 2020 年间，美元-英镑的汇率自然对数走势图（时间单位：天）

数据来源：美国联邦储备委员会

　　20 世纪 90 年代出现的一系列研究文献认为，门限自回归模型（Threshold Autoregressive Model，TAR）可产生比随机游走模型更好的计算结果，并提出了该模型的几个变体，包括平滑过渡自回归模型（Smooth Transition Autoregressive Models，STAR）和指数平滑自回归模型（Exponential Smoothed Autoregressive Models，ESTAR）[①]。

　　本节将聚焦 TAR 模型在 TensorFlow 中的程序实现。与这些研究文献不同的是，程序将使用名义汇率，而不是实际汇率进行计算，其他都与这些研究文献保持一致。另外，程序将只聚焦结果预测，不考虑与统计推理相关的问题。

　　自回归模型假设序列中的活动可通过序列中过去的活动值加上一些噪声进行解释。例如，随机游走模型就是一个有序的自回归模型，因为它仅包含了一个位移，且只具有一个自回归位移参数，其自回归参数为因变量的位移值相关系数。

　　TAR 模型对自回归进行了修改，允许自回归参数值在预定义门限的基础上有所改变。也就是说，模型的自回归参数在具体某一门限区间是固定的，但在多个不同的门限区间内可以有所不同。具体门限区间由公式 3-14 进行计算。如果存在超过 2% 的大幅折损，那么模型处于一个门限区间内，关联一个特定的自回归参数值，否则，模型处于另一个门限区间，具有另外的自回归参数值。

---

　　① 参见 Taylor 等人 2001 年对 STAR 模型和 ESTAR 模型的综述文章（Taylor 等，2001）。

公式3-14　具有两个门限区间的门限自回归模型。

$$e_t = \begin{cases} \rho_0 e_{t-1} + \varepsilon_t, & \varepsilon_{t-1} - \varepsilon_{t-2} < -0.02 \\ \rho_1 e_{t-1} + \varepsilon_t, & \varepsilon_{t-1} - \varepsilon_{t-2} \geqslant -0.02 \end{cases}$$

为了在 TensorFlow 程序中实现该模型,首先需要准备数据。为此,需要先加载名义汇率日志,计算位移,并计算一阶位移差分。加载数据后,需要将数据转换为 pandas 和 numpy 数据类型,然后再将其转换为 tf.constant() 对象。对于门限变量,也需要将它的布尔类型转换为 32 位浮点数类型。所有步骤如程序片段 3-10 所示。

【程序片段 3-10】　为美元-英镑汇率的 TAR 模型准备数据

```
1    import pandas as pd
2    import numpy as np
3    import tensorflow as tf
4
5    #定义数据路径,读者可根据具体情况设定路径
6    data_path = '../data/chapter3/'
7
8    #加载数据,读者可根据具体情况指定文件名称
9    data = pd.read_csv(data_path+'exchange_rate.csv')
10
11   #将数据汇率日志数据转换为 numpy 数组
12   e = np.array(data["log_USD_GBP"])
13
14   #对交易汇率降低超过 2%的数据进行识别转换
15   de = tf.cast(np.diff(e[:-1]) < -0.02, tf.float32)
16
17   #将位移交换汇率定义为常量
18   le = tf.constant(e[1:-1], tf.float32)
19
20   #将交换汇率定义为常量
21   e = tf.constant(e[2:], tf.float32)
```

数据准备好后,再使用程序片段 3-11 定义可训练模型参数 rho0Hat 和 rho1Hat。

【程序片段 3-11】　为美元-英镑汇率的 TAR 模型定义参数(接程序片段 3-10)

```
1    #定义变量
2    rho0Hat = tf.Variable(0.80, tf.float32)
3    rho1Hat = tf.Variable(0.80, tf.float32)
```

接下来通过程序片段 3-12 定义模型和相关损失函数。然后将自回归系数乘以门限

de 的哑变量,再将其结果与位移汇率 le 相乘。为简单起见,程序使用了平均绝对损失函数,并通过 TensorFlow 算子来实现它。

【程序片段 3-12】 为美元-英镑汇率定义 TAR 模型和损失函数(接程序片段 3-11)

```
1   #定义模型
2   def tar(rho0Hat, rho1Hat, le, de):
3   #计算实际门限区间
4   regime0 = rho0Hat * le
5   regime1 = rho1Hat * le
6   #计算门限预测
7   prediction = regime0 * de + regime1 * (1-de)
8   return prediction
9
10  #定义损失函数
11  def maeLoss(rho0Hat, rho1Hat, e, le, de):
12      ehat = Lar(rho0Hat, rho1Hat, le, de)
13      return tf.losses.mae(e, ehat)
```

程序的最后是定义优化器和执行优化。如程序片段 3-13 所示。

【程序片段 3-13】 训练美元-英镑汇率的 TAR 模型(接程序片段 3-12)

```
1   #定义优化器
2   opt = tf.optimizers.SGD()
3
4   #执行最小化处理
5   for i in range(20000):
6       opt.minimize(lambda: maeLoss(
7           rho0Hat, rho1Hat, e, le, de),
8           var_list = [rho0Hat, rho1Hat]
9       )
```

图 3-7 显示了模型训练的历史过程。处于"正常"门限区域的自回归参数,即前一天不存在超过 2% 的大幅折损,很快就收敛于数值 1.0。这意味着使用随机游走最好地建模了正常汇率期间的交易汇率。然而,对于前一天存在大幅折损的情况,其自回归系数为 0.993,意味着汇率具有较高的持续性,但会回落于均值,而不会永久性地保持更低。

到目前为止,我们已通过程序演示了如何在 TensorFlow 中执行具有不同损失函数的线性回归,部分线性回归和非线性回归。下一节将分析讨论具有离散因变量的另一种回归模型。

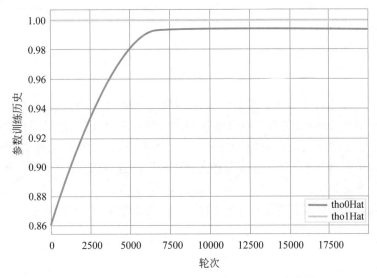

图 3-7　美元-英镑汇率的 TAR 模型训练历史曲线

3.4　逻辑回归

机器学习中,通常依据监督学习模型是具有离散因变量,还是具有连续因变量,将这些监督学习模型分为"回归"和"分类"两个类别。在前述章节中,使用了计量经济学的回归定义,在本章及后续内容中,也将继续应用计量经济学的分类模型定义,比如逻辑回归模型。

逻辑回归模型或 Logit 模型用于预测因变量的类别。在宏观计量经济环境中,Logit模型可用于两个期权交互的选择建模,在金融环境中,Logit 模型可用于金融危机预测建模。

由于逻辑回归的模型构建和训练步骤与线性、部分线性和非线性回归模型的构建训练步骤大多一致,因此这里将只聚焦逻辑回归模型不同的内容部分。

首先,模型使用了较为独特的函数形式,即公式 3-15 所示的 Logistic 曲线。

公式3-15　Logistic 曲线公式。

$$p(X) = \frac{1}{1 + e^{-(\alpha + \beta_0 X_0 + \cdots + \beta_k X_k)}}$$

这里模型输出的结果为一个连续概率,而不是一个离散结果。由于概率值范围在 0到 1 之间,因此 $p(X)$ 值大于 0.5 时就常被认为预测结果为 1。虽然该函数形式与前面章节所讲述的函数都有所不同,但仍可以使用 TensorFlow 中同样的处理工具和算子进行处理。

Logistic 模型与本章前面所定义模型的另一个区别是，Logistic 模型使用了不同的损失函数。特别地，这里将使用公式 3-16 所示的二分类交叉熵损失函数。

公式3-16 二分类交叉熵损失函数。

$$\sum_i -(Y_i \times \log(p(X_i)) + (1-Y_i) \times \log(1-p(X_i)))$$

使用这种特殊的函数形式是因为结果是离散的，而模型预测却是连续的。注意这里的二分类交叉熵损失求和，是基于结果变量与每个观测预测概率的自然对数乘积产生的。例如，Y_i 的真实类别为 1，而模型预测分类为 1 的概率为 0.98，那么观测 Y_i 将为损失函数加 0.02。而如果预测结果为 0.10，这与真实分类相距甚远，那么将为损失函数加 2.3。

虽然二分类交叉熵损失函数计算相对较为简单，但 TensorFlow 通过 tf.losses.binary_crossentropy()算子对其实现了进一步的简化，该算子将真实分类作为算子的第一个参数，而预测概率作为它的第二个参数。

3.5　损失函数

任何时候使用 TensorFlow 进行模型处理时，都需要定义一个损失函数。最小化算子将依据该损失函数判断如何对模型参数值进行调整。幸运的是，并不总是需要自定义一个损失函数，而且，还经常可以使用 TensorFlow 预先定义好的损失函数。

当前 TensorFlow 有两个包含了损失函数的子模块：tf.losses 和 tf.keras.losses。其中，tf.losses 子模块包含了损失函数的原始 TensorFlow 实现。tf.keras.losses 子模块则包含了损失函数的 Keras 实现。Keras 是一个执行深度学习的库，可在 Python 中作为独立库使用，也可作为 TensorFlow 的高阶版 API 使用。

TensorFlow 2.3 的子模块 tf.losses 提供了 15 个标准损失函数，每个标准损失函数都采用了 tf.loss_function(y_true, y_pred)的形式。也就是说，用户需要给损失函数的第一个自变量参数 y_true 赋值，而使用模型的预测值给损失函数的第二个参数 y_pred 赋值，最后计算返回损失函数的值。

在后续章节使用 TensorFlow 高阶版本 API 时，将直接使用损失函数。本章聚焦使用低阶 TensorFlow 算子进行优化，它需要将损失函数包裹进训练参数和数据的模型函数中，优化器需要使用外在的函数执行最小化处理。

3.5.1　离散因变量

子模块 tf.losses 为回归环境中的离散因变量情形提供了 3 个损失函数：tf.binary_crossentropy()、tf.categorical_crossentropy() 和 tf.sparse_categorical_crossentropy()。前面已对用于 Logistic 回归的二分类交叉熵函数 tf.binary_crossentropy()进行了讲述。当因变量只能二选一取值时，例如判断经济是否衰退，或对经济处于衰退中的持续概率预测,就可以使用二分类交叉熵函数进行损失的度量。为了方便,这里使用公式 3-17 对二分类交叉熵进行再一次表述。

公式3-17　二分类交叉熵损失函数。

$$L(Y, p(X)) = \sum_i - (Y_i \times \log_2(p(X_i))) + (1 - Y_i) \times \log_2(1 - p(X_i))$$

多分类交叉熵损失是对二分类交叉熵损失的扩展,用于因变量超过两个分类的情况。这类模型通常用于离散的选择问题中,如选择使用地铁、自行车、骑车或徒步上下班的通勤决策模型。在机器学习中,多分类交叉熵是超过两个类的分类问题的标准损失函数,常用于执行图像分类和文本分类的神经网络中。多分类交叉熵方程式如公式 3-18 所示。其中,$(Y_i == k)$ 是一个二值变量,当 Y_i 分类为 k 时取值为 1,其他状态取值为 0。另外,$p_k(X_i)$ 为模型在 X_i 上分类为 k 的概率。

公式3-18　多分类交叉熵损失函数。

$$L(Y, p(X)) = - \sum_i \sum_k (Y_i == k) \times \log_2(p_k(X_i))$$

最后,对于因变量具有多重分类的问题,即"多重标签"问题,可使用稀疏多分类交叉熵损失函数,而不是多分类交叉熵损失函数。注意,常规交叉熵损失函数假定因变量只能归属于某一类别。

3.5.2　连续因变量

对于连续因变量,最常用的损失函数是平均绝对误差(Mean Absolute Error,MAE)函数和均方误差(Mean Squared Error,MSE)函数。其中,MAE 函数用于 LAD 模型中,MSE 函数用于 OLS 模型中。公式 3-19 定义了 MAE 损失函数,公式 3-20 定义了 MSE 损失函数。其中,$\hat{Y_i}$ 为模型在观测 i 上的预测值。

公式3-19　平均绝对误差损失函数。

$$L(Y, \hat{Y}) = \frac{1}{n} \sum_i |Y_i - \hat{Y_i}|$$

公式3-20　均方误差损失函数。

$$L(Y, \hat{Y}) = \frac{1}{n} \sum_i (Y_i - \hat{Y_i})^2$$

公式 3-19 和公式 3-20 所示的损失函数可通过算子 tf.losses.mae() 和 tf.losses.mse() 计算。

线性回归的其他常用损失函数包括平均绝对百分比误差(Mean Absolute Percentage Error,MAPE)、均方对数误差(Mean Squared Logarithmic Error,MSLE)和 Huber 误差(Huber Error),分别如公式 3-21、公式 3-22 和公式 3-23 所示。在 TensorFlow 中,这些损失函数的对应方法为 tf.losses.MAPE()、tf.losses.MSLE() 和 tf.losses.Huber()。

公式3-21 平均绝对百分比误差。

$$L(Y,\hat{Y}) = 100 \times \frac{1}{n} \sum_i |(Y_i - \hat{Y}_i)/\hat{Y}_i|$$

公式3-22 均方对数误差。

$$L(Y,\hat{Y}) = 100 \times \frac{1}{n} \sum_i (\log_2(Y_i + 1) - \log_2(\hat{Y}_i + 1))^2$$

公式3-23 Huber 误差。

$$L(Y,\hat{Y}) = \begin{cases} \dfrac{1}{2}(Y_i - \hat{Y}_i)^2 & \text{若 } |Y_i - \hat{Y}_i| \leqslant \delta \\ \delta\left(|Y_i - \hat{Y}_i| - \dfrac{1}{2}\delta\right)^2 & \text{其他} \end{cases}$$

图 3-8 给出了损失函数 MAE、MSE 和 Huber 的对比图。该图基于每个损失函数的误差值,对它们的损失值进行了绘制。其中,MAE 损失与误差值成线性比例增大或减小。对于 MSE 损失,在误差值接近 0 时,其增长缓慢,误差值与 0 越远,MSE 损失则增长越快,从而实现对异常值的严格惩罚。最后,Huber 损失函数在误差接近 0 时,与 MSE 损失函数类似,但随着误差的不断增长,其与 MAE 误差函数变得更加相似。

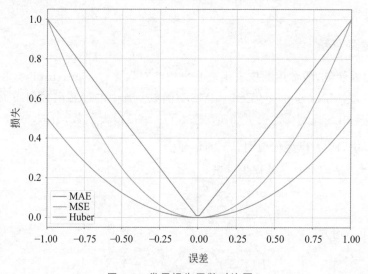

图 3-8　常用损失函数对比图

3.6　优化器

本节将讨论 TensorFlow 中优化器的使用。前面已通过示例展示了优化器的使用。这些示例使用了随机梯度下降(Stochastic Gradient Descent,SGD)优化器,SGD 优化器具有简单且可解释的特性,但在当前的机器学习任务中却较少使用。本节将对优化器进一步探讨。

3.6.1　随机梯度下降(Stochastic Gradient Descent,SGD)

随机梯度下降(Stochastic Gradient Descent,SGD)是使用梯度进行参数更新的最小化算法。在本例中,梯度是损失函数在每个参数上的偏导数张量。

公式3-24　TensorFlow 中的随机梯度下降参数更新。

$$\theta_t = \theta_{t-1} - \text{lr} \times g_t$$

使用随机梯度下降的参数更新过程如公式 3-24 所示。为了确保与 TensorFlow 中对应的算子匹配一致,这里使用了 TensorFlow 文档中的随机梯度下降定义。其中,θ_t 为第 t 次迭代时的参数向量,lr 为学习率,g_t 为第 t 次迭代时的梯度计算值。

读者也许会对 SGD 的"随机"含义感到疑惑。实际上,SGD 的随机性来源于它更新参数的随机抽样过程。这一过程与梯度下降算法不同,梯度下降是在每次迭代时都使用全体样本参与处理。具有随机性的随机梯度下降算法优势在于,它可以加快迭代的速度,也可减轻算法对内存的需求。

以线性回归中只具有一个截距和一个变量的 SGD 算法的一次迭代为例,其中,$\theta_t = [\alpha_t, \beta_t]$。在第 0 次迭代时,根据数据样本计算得到 g_0 为 $[-0.25, 0.33]$。另外,将学习率 lr 设置为 0.01。这时该如何计算得到 θ_1 呢?通过使用公式 3-24,可以得到 $\theta_1 = [\alpha_0 + 0.0025, \beta - 0.0033]$。也就是说,$\alpha_0$ 增加了 0.0025,而 β_0 减少了 0.0033。

为什么当偏导数结果为负时,要增加参数值,而偏导数结果为正时,却要减少参数值呢?这是因为偏导数反映了当给定参数发生改变时,对应的损失函数发生了怎样的改变。如果损失函数增加,意味着当前参数计算结果在远离最小化,因此需要调整当前方向;如果损失函数减少,则表示参数计算结果在趋向最小化,因此可以保持当前计算方向。进一步,如果损失函数既不增加也不减少,这意味着当前参数处于最小化状态,算法将自然终止。

图 3-9 展示了损失函数在对应截距上的偏导数曲线,其绘制了真实截距部分取值区间上的损失函数和偏导数曲线。从图 3-9 可以看出,偏导数最初为负,递增至真实截距值为 0 值时,偏导数值变为正数,此后继续递增。

回到公式 3-24,可以看出学习率的选择也非常重要。如果选择了一个高的学习率,那么每次迭代的步长较大,损失函数将更快趋向于最小化。但是,步长较大也可能会导致跳过最小化,使得完全错过它。因此,学习率的选择需要综合平衡考虑。

最后,仍然需要提一下"最小值"这个概念,最小值具有局部特性,因此,可能会比全局最小值大。也即是说,SGD 并不对局部最小值和损失函数的最小值进行区分。因此,有必要让算法在几个不同的初始参数值集上重复运行,以确定算法是否总是可以收敛于同样的最小值。

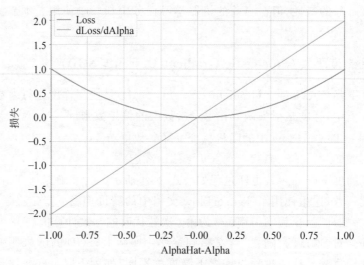

图 3-9　对应截距的损失函数及其导数

3.6.2　一些改进的优化器

虽然 SGD 易于理解,但它很少不加修改地用于机器学习应用中。它的一些新改进版本通常可提供更好的灵活性和稳健性,在基准测试任务中表现更加良好。最常用的 SGD 改进版本有均方根传播算法(Root Mean Square Propagation,RMSProp),自适应矩估计算法(Adaptive Moment Estimation,Adam)和自适应梯度算法(Adaptive Gradient Methods,AdaGrad 和 AdaDelta)。

SGD 的改进版具有如下几个优势。

RMSProp 算法允许为每个参数应用独立的学习率。在许多优化问题中,这与梯度中的偏导数具有数量级的差别。例如,使用 0.001 的学习率,在一个参数上有用,但在其他参数上可能没有用。RMSProp 则克服了这个问题。同时在出现梯度聚集的小批量数据上,RMSProp 允许使用"动量法",使得算法可突破局部最小值的陷阱。

AdaGrad、AdaDelta 和 Adam 算法都提供了使用动量的变量,能对每个独立的参数进行自适应更新。Adam 算法在许多优化问题上往往表现良好,即使使用算法的默认参数。AdaGrad 以梯度累加和自适应独立参数的学习率为中心。AdaDelta 通过引入窗口对 AdaGrad 算法进行了改进,但在窗口内保留了梯度累加[①]。

所有这些优化器的使用都有两个同样的步骤。首先,在 tf.optimizer 子模块中初始化优化器,并在初始化过程中设置优化器的参数值。其次,迭代应用最小化函数,并将损失函数以 lambda 函数参数形式传递给最小化函数。

---

① 对于优化器理论性质的详细讨论,读者可参见 Goodfellow 等人(Goodfellow 等,2017)的论文。

【程序片段 3-14】　初始化优化器

```
1    import tensorflow as tf
2
3    #初始化优化器
4    sgd = tf.optimizers.SGD(learning_rate=0.001,
5                                momentum=0.5)
6    rms = tf.optimizers.RMSprop(learning_rate = 0.001,
7                                   rho = 0.8, momentum = 0.9)
8    agrad = tf.optimizers.Adagrad(learning_rate = 0.001,
9                                    initial_accumulator_value = 0.1)
10   adelt = tf.optimizers.Adadelta(learning_rate = 0.001,
11                                     rho = 0.95)
12   adam = tf.optimizers.Adam(learning_rate = 0.001,
13                                  beta_1 = 0.9, beta_2 = 0.999)
```

前面的一些程序示例已经多次执行过优化器使用的第二步,因此程序片段 3-14 只对优化器的初始化,即第一步进行代码演示。程序片段 3-14 实现了 SGD、RMSProp、AdaGrad、AdaDelta 和 Adam 优化器的初始化,并对它们各自的初始化参数进行了设置。

对于 SGD 优化器,程序片段 3-14 设置了其学习率和 momentum 参数,如果模型具有多个局部最小值,那么需要将 momentum 参数设置得较大一些,以便找出全局最小值。对于 RMSProp 优化器,程序不仅设置了它的 momentum 参数,还设置了 rho 参数值,rho 参数用于指定信息的梯度衰减率。AdaDelta 优化器需要在一段时期内维持梯度值,因此也同样设置了 rho 梯度衰减参数。AdaGrad 优化器则设置了初始的梯度累加值,该值与时间跨度内的梯度累加强度相关。最后是 Adam 优化器,程序设置了关于梯度均值和梯度方差的信息聚集衰减率。在这个优化器中,程序使用了 Adam 优化器的默认参数值,其在大型优化问题中也通常表现良好。

本节介绍了本书将使用的主要优化器,在后面使用它们进行模型训练时还会进行详细的介绍。需要强调的是,SGD 优化器的改进版在训练具有成千上万参数的大型模型中特别有用。

3.7　本章小结

经济学中最常用的实证方法是回归方法。在机器学习中,术语"回归"表示具有连续目标因变量的监督学习模型。而在经济学中,术语"回归"具有更为广泛的定义,它还可以表达二分类因变量及多分类因变量的情况,如 Logistic 回归。本书介绍的是机器学习在经济与金融领域中的应用,因此本书采用的是"回归"在经济学领域的术语定义。

　　本章介绍了回归的概念，包括线性回归、部分线性回归和非线性回归的变体。此外，本章介绍了如何在 TensorFlow 中定义和训练此类模型，这些内容基本构成了后续章节中使用 TensorFlow 处理任意仲裁模型的基础。

　　最后，本章讨论了模型训练过程中更为具体的细节，包括如何构建损失函数，在 TensorFlow 中有哪些可获得的预先定义好的损失函数，以及如何使用各种各样的优化程序进行最小化处理。

参考文献

第 4 章

树

基于树的模型在机器学习的预测工作中非常有用,近年来在经济与金融领域的问题处理方面广泛使用,并得到了优化。任何基于树的模型,其基础部分都是一棵决策树,该决策树通过一系列数据片段对处理结果进行解释。该类模型通常可以自然地展示为一个流程图。

TensorFlow 是为了解决深度学习问题而开发的,近期,新版本的 TensorFlow 的高阶 Estimator API 中还添加了支持树形模型的库。本章将对这些库进行检验,并在美国阿拉斯加州的住房抵押公开法(Home Mortgage Disclosure Act,HMDA)申请人数据集上,使用这些库来训练基于树的模型[①]。

4.1 决策树

决策树与使用特定数值和分类阈值的流程图类似,通常使用一组算法进行构建(Breiman 等,1984)。本章将先从概念层面介绍决策树,聚焦其基本的定义和训练过程,然后再通过 TensorFlow 对决策树进行实现。Athey、Imbens 在他们 2016、2019 年的合著文章中对经济领域的决策树使用进行了综述(Athey 等,2016 和 2019)。Moscatelli 在其 2020 年的文章中,使用决策树对企业违约进行了预测(Moscatelli 等,2020),读者可阅读对应文献作为参考。

4.1.1 概述

决策树由分支和 3 类节点组成:根节点、内部节点和叶节点。根节点为第一份样本出现分割时的位置。也就是说,将所有的样本数据输入树中,然后通过根节点先行对样本进行分割。每一次分割都关联一个分支,分支将根节点和内部节点连接,也可以是将根节

---

① HMDA 数据集可从美国消费者金融保护局(CFPB)官网下载:www.consumerfinance.gov/data-research/hmda/。数据集由许多房屋抵押贷款人根据资金应用特点和使用决策提供,可公开获取。本章使用的是美国阿拉斯加州 2017 年的所有应用数据。

点和叶节点连接。和根节点类似,内部节点也是加入一个条件,用于分割样本。内部节点通过分支与后续内部节点或叶节点相连,同样,每一条分支都与一次样本分割相关。最后,整棵决策树终止于叶节点,叶节点给出一个预测或者是一个基于分类的概率分布。

以 HMDA 抵押贷款申请数据举例。这里先根据 HMDA 抵押贷款申请数据的特征建立一个简单分类器,然后通过它预测用户贷款申请是被接受还是被拒绝。决策树模型构建从简单的 1 个特征开始,即抵押贷款申请者(为了方便表述,后面简称为贷款申请者或申请者)收入为数千美元以上。这里的目的仅是训练该模型,然后观察它如何对样本进行分割。也就是说,假定不考虑其他任何条件,如抵押房屋的大小、贷款人的信用等级等,只观察贷款申请者的收入水平与贷款申请结果为接受或拒绝的样本分割关系。图 4-1 展示了该决策树模型。

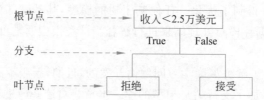

图 4-1　一棵应用 HMDA 数据的简单决策树(DT)模型(单位:千美元)

本章后面会讨论,决策树的最大深度是它的参数之一。可通过计算树的根节点至它最远叶节点的分支数量来测出一棵树的深度。在本例中,树的最大深度为 1。这类只有 1 层划分的树通常被称为“决策树桩”。该决策树模型预测结果为,收入低于 2.5 万美元的抵押贷款申请者的申请将被拒绝,而收入高于 2.5 万美元的抵押贷款申请者将会获得批准。当然,该模型过于简单,大多数场合下都不适用。但它为后续内容的展开提供了一个出发点。

图 4-2 对图 4-1 的模型进行了扩展,通过加入第 2 项特征,即将贷款申请者所在的人口普查区域居民收入与都市居民统计收入相除再乘以 100,从而将树的最大深度扩展为 3 层。请注意,图 4-2 中使用了“区域收入”来表示第 2 项特征。

从图 4-2 的决策树根节点出发,可以看出,该决策树模型首先根据贷款申请者的收入进行样本分割。低收入申请者的贷款申请被拒绝,然后决策树模型再对剩余的申请者样本进行分割。对于剩余申请者样本中相对较低收入的家庭,下一个内部节点将核对其所在的区域收入是否低于平均水平 10 万美元。如果低于 10 万美元,则这些相对较低收入家庭的贷款申请会被拒绝;如果不低于 10 万美元,则贷款申请会被接受。类似地,对于剩余申请者样本中的高收入家庭,决策树模型也将核对其家庭所在区域的收入水平。但是,不管这些高收入家庭收入多少,其贷款申请都会被接受。

图 4-2 中还有一些细节值得关注。首先,该决策树已经具有足够的深度,除了根节点和叶节点外,该决策树还拥有了一些内部节点。其次,并非所有成对出现的叶节点都要被

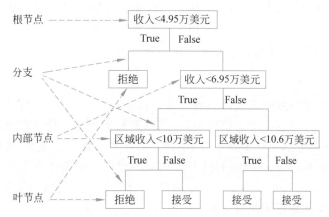

图 4-2 一棵基于 HMDA 数据训练、具有 2 项特征、最大深度为 3 的决策树模型（单位：千美元）

分类为"接受"或"拒绝"两类。实际上，叶节点的类别划分取决于叶节点相关的类的经验分布。按照惯例，如果观察到叶节点有超过 50％的结果为"接受"，那么将该叶节点归类为"接受"叶节点。或者，也可以使用分布表述来代替叶节点的观察结果，而不是将叶节点归为某一个特定的类。

4.1.2 特征工程

由于 TensorFlow 主要是为了深度学习而开发的，通常能自动进行特征抽取，因此，术语"特征工程"在本书中并不常用。但这里仍需要指出，特征工程具有约束函数形式，因此对于决策树模型的构建非常必要。

在某些情况下，决策树通过粒度渐增的样本分割进行构建。如果关系的函数形式不能表达个体特征的阈值，那么决策树模型将设法将它们找出来。举例来说，一个特征值和因变量之间的线性关系如果不能被截距和斜率所表达，那么可以使用由许多阈值构建的复杂阶梯函数来表达这种线性关系。

一个明显的例子是在图 4-1 和图 4-2 决策树模型的 HMDA 样本中，使用抵押贷款申请者的收入作为特征。不管要获得何种类型的抵押贷款，申请者的收入都必须要在一个最起码的水平之上。显然，收入越低，获得批准的抵押贷款额度越低。因此，实际上我们希望得到的是贷款申请者的债务收入比，该数据普遍应用于贷款决策的评估。

然而，如果不对抵押贷款申请者的债务收入比进行计算，并将它作为决策树模型的一个特征，那么决策树模型需要构建多个内部节点才可能实现使用债务收入比指标所达到的效果。因此，决策树模型仍然需要专家的判断来给出特征工程的处理流程。

4.1.3 模型训练

读者现在应已知道，决策树使用了递归样本分割，但这里仍然没有对所选择样本如何自我分割进行说明。实际上,决策树算法在执行样本分割时,会基于最低基尼不纯度或最大信息增益原则,来依次选择变量和阈值。基尼不纯度的计算如公式 4-1 所示。

公式 4-1 具有 k 分类的因变量基尼不纯度计算。

$$G(p) = 1 - \sum_{k \in K} p_k^2$$

基尼不纯度基于节点中类的经验分布进行计算。从公式 4-1 可以判断,该经验分布由某个单一类主导。以图 4-1 的模型为例,该模型只使用抵押贷款申请者的收入作为特征,进行单一的样本分割。对于收入低于 2.55 万美元阈值的申请者,其抵押贷款申请被接受的概率为 0.656,申请被拒绝的概率为 0.344,根据该结果计算得到的基尼不纯度为 0.451。而对于收入高于 2.55 万美元的申请者,其申请被接受的概率为 0.925,被拒绝的概率为 0.075,该结果的基尼不纯度为 0.139[①]。

注意,如果样本分类将抵押贷款申请者没有误差地分到接受和拒绝类中,那么分类后的组,各自的基尼不纯度都为 0。也就是说,算法在进行样本分割后,得到的节点异质性越低,其基尼不纯度也就越低,模型分类效果越好。

接下来谈谈信息增益,这是另一种常用的样本分割质量评测指标。与基尼不纯度类似,信息增益测量的是将一个样本分类进一个节点后所引起的不确定性程度的变化。要理解信息增益,首先要理解信息熵的概念,本章使用公式 4-2 计算信息熵。

公式 4-2 具有 k 分类的信息熵计算。

$$E(p) = -\sum_{k \in K} p_k \log_2 p_k$$

回到前面讨论的基尼不纯度例子。如果存在一个叶节点,具有 0.656 接受和 0.344 拒绝的经验概率,那么,根据公式 4-2,其信息熵为 0.929。类似地,如果另一个叶节点的接受概率为 0.925,拒绝概率为 0.075,那么计算得到其信息熵为 0.384[②]。

为了降低数据中的信息熵,本章将使用"信息增益"评测指标。该评测指标将对执行样本分割的系统的信息熵减损值进行度量。在公式 4-3 中,信息增益被定义为父节点信息熵与其子节点加权信息熵的差值。

公式 4-3 信息增益的计算。

$$IG = E(p_p) - \sum_k w_k E(p_{ck})$$

对于由分支连接的任意节点,"子"节点由"父"节点进行样本分割后的子样本组成。根据公式 4-3,对前述两个信息熵为 0.929 和 0.384 的子节点进行计算,其权重 w_k 分别为它们各自样本数量在总样本中的比例。假设信息熵为 0.929 的叶节点包含了父节点样本

---

① 基尼不纯度 0.451 由算式 $1 - (0.656^2 + 0.344^2)$ 计算得到;另一个基尼不纯度 0.139 由算式 $1 - (0.925^2 + 0.075^2)$ 计算得到。

② 根据公式 4-2,第一个叶节点的信息熵由算式 $-(0.656 \times \log_2 0.656 + 0.344 \times \log_2 0.344)$ 计算得到,第二个叶节点的信息熵由算式 $-(0.075 \times \log_2 0.075 + 0.925 \times \log_2 0.925)$ 计算得到。

总量的 10％子样本数量,信息熵为 0.384 的叶节点包含了父节点样本总量的剩余 90％的子样本数量,那么根据公式 4-3,它们信息熵加权求和后的结果为 0.4385。

在计算信息增益前,还需要先计算父节点的信息熵。为了便于说明,假设父节点具有 0.25 的拒绝概率和 0.75 的接受概率,那么根据公式 4-2,其信息熵为 0.811,最后根据公式 4-3,计算得到信息增益或信息熵减损为 0.3725(即 0.811－0.4385)。

TensorFlow 对决策树样本分割算法的选取的支持较为灵活,其相关实现细节将安排在 4.3 节之后讨论。这是因为 TensorFlow 当前仅支持梯度增强随机森林,它需要用到后续章节的概念说明。

4.2　回归树

前面已经讨论过,决策树使用类似流程图的结构来构建一个可以产生分类结果的处理过程。然而,在大部分经济与金融应用中,都有一个连续因变量,不适用于决策树。对于这类问题,可使用回归树进行处理。这里的"回归"也可以用于机器学习的上下文中,代表一个连续因变量。

回归树的结构与决策树基本相同,唯一的区别在于它们的叶节点。回归树的叶节点使用其包含样本的因变量均值,而不是决策树叶节点所使用的分类或基于分类的概率分布。

本书基于 Athey 和 Imbens 对回归树的处理(Athey,2019),将回归树应用于 HMDA 数据集。假设回归树使用抵押贷款申请者的收入(要求千美元以上)作为特征 X_i,使用抵押贷款申请者的申请额度(也要求在千美元以上)作为连续因变量 Y_i。如果使用误差平方和作为损失函数,那么在首次样本分割之前的根节点的损失可使用公式 4-4 进行计算。

公式4-4　根节点的初始误差平方和。

$$\text{SSE} = \sum_i (Y_i - \bar{Y})^2$$

也就是说,所有样本都还未进行分割,都在同一个叶节点即根节点上。该叶节点的预测值为因变量值的平均,用 $\bar{Y}$ 表示。

借用 Athey 和 Imbens 文献中的符号表达(Athey,2019),这里使用 l 表示一次分割后的"左"分支,使用 r 表示一次分割后的"右"分支,使用 c 表示阈值。假设以抵押贷款申请者的收入作为变量,对根节点进行一次样本分割,那么可使用公式 4-5 计算误差平方和。

公式4-5　一次分割后的误差平方和。

$$\text{SSE} = \sum_{i:X_i \leqslant c} (Y_i - \bar{Y}_{l,r})^2 + \sum_{i:X_i > c} (Y_i - \bar{Y}_{c,r})^2$$

注意,现在树具有两个叶节点,因此,需要计算两次误差平方和,即每个叶节点计算一次。从左分支连接的叶节点开始，计算其所有样本的均值，用 $\bar{Y}_{l,r}$ 表示。然后计算每个样本与叶节点均值之间平方差的和，再以同样方式计算得到右叶节点平方差的和，最后将它们相加。

和决策树一样，对回归树的分割过程也可以不断重复，具体的重复次数依赖模型参数的选择，如树的最大深度。通常来讲，一般不会独立使用回归树或者决策树。在 4.3 节中，我们会将这两种树一起用于随机森林的情境中。

然而，单独使用树也有一些优势。一个明显的优势就是树的可解释性。在一些案例中，如信任建模，可解释性也许就是一项法律要求。Athey 和 Imbens 的论文中指出，独立使用回归树的另一个优势是它具有较好的统计特征。回归树的输出结果为均值，能够相对简单地计算出它的置信区间。他们也指出，结果均值不一定是无偏的，但他们在执行样本分割时给出了一个纠偏的处理步骤（Athey，2016）。

4.3 随机森林

虽然单独使用决策树或回归树具有一些优势，但这在大部分机器学习的应用实践中并不常见。对于这一原因，Breiman 曾在他的论文中提到（Breiman，2001），主要与随机森林的预测效率相关。顾名思义，随机森林由许多树组成，而不是一棵树。

Athey 和 Imbens 的论文中指出，随机森林与回归树（或决策树）存在两个区别。首先，与回归树不同的是，随机森林中的个体树只能利用部分样本。也就是说，随机森林中的每棵独立树都是通过随机抽取固定数量的样本或替代值来获得样本的。这个过程有时被称为"引导聚集算法"，也称为装袋算法（bagging）。其次，在样本分割的每个阶段，随机森林进行的是随机特征选择。而回归树不同，它在建模时，会对所有的特征进行优化选择。

机器学习领域已经普遍发现，随机森林具有较高的预测精度，在相关研究文献、机器学习竞赛、工业应用中也都表现良好。Athey 和 Imbens 的论文中指出，通过为计算均值添加平滑度，随机森林也实现了对回归树的改善。

随机森林几乎完全作为一个预测工具使用，但最近的研究表明，它也可以用于假设检验和统计推断。例如，Wager 和 Athey 在论文中（Wager，2017）提出，叶节点的均值（即模型预测值）是渐进正态和无偏的。他们继而在论文中展示了如何在模型预测中构建置信区间。

图 4-3 展示了一个随机森林模型的预测产生过程。首先，要将特征集传递到每棵决策树或回归树中，然后基于树自身的结构，采用一系列的阈值。由于随机森林训练过程的随机性，树往往不具有同样的结构。这里的随机性指特征选择和样本选择的随机性。

随机森林中的每棵树都会产生一个预测，然后通过某些函数对这些预测结果进行聚

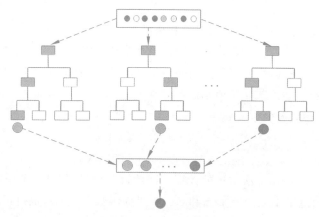

图 4-3 随机森林模型的预测产生过程

合。在分类树中,通常会使用多数投票策略对这些树的预测结果进行投票,从而产生随机森林的分类结果。在回归树中,对树的预测结果求平均值也是一个常用的选择策略。

最后要说明的是,随机森林中树的训练过程是同时进行的,用于预测结果聚合计算的每棵树的权重,在训练过程中并不更新。接下来,作者将对梯度提升树(gradient boosted tree)进行介绍。梯度提升树对随机森林进行了几个方面的改进,最重要的是,TensorFlow 中有梯度提升树的具体实现。

4.4 梯度提升树

虽然 TensorFlow 未提供回归树、决策树和随机森林的高阶版本 API,但它提供了训练梯度提升树的功能。梯度提升树和随机森林存在两个区别,列举如下。

(1)强学习器与弱学习器的区别。随机森林使用完全成长树,可能拥有许多中间节点;梯度提升树使用的是"弱学习器",生成的是只有少量中间节点(如果有的话)的矮树。在某些例子中,梯度提升树使用的是"决策树桩",仅拥有一个根节点和一次样本分割。

(2)串行训练和并行训练的区别。在随机森林中,每棵树都是并行训练,树的权重构建并不依赖其训练过程。在梯度提升树中,每棵树都按顺序进行训练,给定已经训练过的树,便可以对模型中的缺陷进行解释。

经济学家对于梯度提升过程所依赖的技术都比较熟悉,但基于树的模型使用的技术却往往让他们感到陌生。这里将通过一个示例逐步展示如何构建这类梯度提升模型,并使用最小二乘法作为损失函数。首先定义一个函数 $G_i(X)$,用于产生 i 次迭代后模型的预测结果 Y。相应地,还需要定义一个基于树的模型 $T_i(X)$,在第 i 次迭代时引入,用于对函数 $G_i(X)$ 进行修正,并作为 $G_{i+1}(X)$ 的一个贡献因素。函数的相互关系如公式 4-6

所示。

公式4-6 梯度提示过程中预测函数和树模型的关系式。

$$G_{i+1}(X) = G_i(X) + T_i(X)$$

由于 $G_{i+1}(X)$ 是根据特征值产生预测结果的模型，因此它也可用目标变量 Y 和预测误差（或残差）ε 表示，如公式 4-7 所示。

公式4-7 模型残差的定义式。

$$Y = G_i(X) + T_i(X) + \varepsilon$$
$$\rightarrow \varepsilon = Y - G_i(X) - T_i(X)$$

注意 $Y - G_i(X)$ 为第 i 次迭代的计算。因此，调节树模型 $T_i(X)$ 的参数将会影响残差 ε 的值。可以通过最小化误差平方和 $\varepsilon'\varepsilon$ 来训练函数 $T_i(X)$，也可以使用不同的损失函数。一旦函数 $T_i(X)$ 训练完成，便可以更新预测函数 $G_{i+1}(X)$ 的值，然后在下一次迭代中再增加其他的树，并重复这个预测过程。

迭代的每一步都会以前一次迭代的残差作为一个目标。举例来说，假设第一棵树在一个连续型目标的问题中具有正向偏差，然后第二棵树具有负向偏差，那么将两棵树融合时，便可以减少模型的偏差。

4.4.1 分类树

我们来看一个 TensorFlow 中的梯度提升决策树的实现示例，其使用的是 HMDA 数据集。由于该示例使用的是决策树，因此需要一个离散因变量，来表达要么为"接受"，要么为"拒绝"的程序运行结果。

在程序片段 4-1 中，首先导入 pandas 库和 tensorflow 库。然后使用 pandas 加载 HMDA 数据集，并将它赋值给 pandas 的 DataFrame 类型变量 hmda。接下来定义容器以存储使用 feature_column.numeric_column() 方法得到的特征列数据，容器的命名与它们将装载的变量数据匹配，被命名为 applicantIncome 和 areaIncome。最后，将两个特征列数据放入一个名为 feature_list 的列表中。

【程序片段 4-1】 为梯度提升分类树准备数据

```
1   import pandas as pd
2   import tensorflow as tf
3
4   #申明数据路径
5   data_path = '../chapter4/hmda.csv'
6
7   #使用 pandas 加载数据集
8   hmda = pd.read_csv(data_path+"hmda.csv")
9
```

```
10    #定义抵押贷款申请者的收入特征列
11    applicantIncome = tf.feature_column.
12                       numeric_column("applicantIncome")
13
14    #定义抵押贷款申请者的 msa 相对收入
15    areaIncome = tf.feature_column.numeric_column("areaIncome")
16
17    #将两个数据列放入一个列表中
18    feature_list = [applicantIncome, areaIncome]
```

下一步是为训练数据定义一个输入函数,具体见程序片段 4-2。该输入函数将返回特征值和标签,并将它们后续传给训练运算。我们通常会为训练和评测过程分别定义一个独立的函数,但对于这个例子,本节将尽量使用简单的方式来处理。

下面将定义该输入函数的最简版本,没有函数参数。该函数定义了一个字典 features,将申请者个人收入和地区平均收入作为字典的值。然后程序定义了一个 labels 变量,用于存放 hmda 数据集中被接受的申请数据。

【程序片段 4-2】　定义函数,实现获得数据的功能(接程序片段 4-1)

```
1     #定义获得数据的函数
2     def input_fn():
3         #定义字典 features
4         features = {"applicantIncome": hmda['income'],
5         areaIncome": hmda['area_income']}
6
7         #定义变量 labels
8         labels = hmda['accepted'].copy()
9
10        #返回 features, labels
11        return features, labels
```

接下来对模型进行定义和训练,具体见程序片段 4-3。首先使用高阶 Estimators API 的 BoostedTreesClassifier 定义模型。虽然已经尽量简化处理,这里仍需要提供特征列表 feature_columns,和对样本划分后的子样本批数 n_batches_per_layer 两个参数。由于数据集很小,一批就可以处理完成,因此将第 2 个参数设置为 1。

【程序片段 4-3】　定义和训练提升树分类器(接程序片段 4-2)

```
1     #定义提升树分类器
2     model = tf.estimator.BoostedTreesClassifier(
3         feature_columns = feature_list,
```

```
4              n_batches_per_layer = 1)
5
6    #对模型进行 100 轮训练
7    model.train(input_fn, steps=100)
```

最后进行模型训练，并使用了程序片段 4-2 定义的函数 input_fn 作为参数，简单起见，这里仅设置了决定模型训练次数的 steps 参数，将它设置为 100。

一旦训练过程完成，就可以进行评估运算，该运算也需要使用输入函数和 steps 步数作为参数。这里仍然使用程序片段 4-2 定义的 input_fn 作为输入函数，这意味着进行的是样本内评估。但在实践中通常不建议这样做，本节这样处理只是为了提供一个最简单的例子。执行评估和打印评估结果的程序代码见程序片段 4-4。

【程序片段 4-4】 提升树分类器的评估（接程序片段 4-3）

```
1    #样本内评估模型
2    result = model.evaluate(input_fn, steps = 1)
3
4    #打印结果
5    print(pd.Series(result))
```

程序运行结果如下：

```
accuracy                0.635245
accuracy_baseline       0.598804
auc                     0.665705
auc_precision_recall    0.750070
average_loss            0.632722
label/mean              0.598804
loss                    0.632722
precision               0.628028
prediction/mean         0.598917
recall                  0.958663
global_step           100.000000
dtype: float64
```

程序在控制台输出了一系列的指标评估结果，包括损失（loss）、正确预测率（accuracy）、曲线下面积（AUC）等，这里不一一展开。值得指出的是，这些评估结果是由评估运算程序自动生成的。

4.4.2 回归树

如果模型具有一个连续因变量，那么需要使用梯度提升回归树，而不是分类树。回归树的程序代码与分类树基本一致,但也有一些小的区别。例如,假定我们希望预测的是抵押贷款申请者的贷款额度(数千美元以上),而不是抵押贷款申请的结果,并依旧使用贷款申请者的收入和所在区域收入这两个特征。

回归树模型的实现只需要修改数据输入函数,和定义一个 BoostedTreesRegressor(不是分类器)。具体实现步骤见程序片段 4-5。

【程序片段 4-5】 定义和训练提升树回归器(接程序片段 4-4)

```
1   #定义获得数据的函数
2   def input_fn():
3       #定义字典 features
4       features = {"applicantIncome": hmda['income'],
5       areaIncome": hmda['area_income']}
6
7       #定义贷款额度 targets 变量
8       targets = data['loan_amount'].copy()
9
10      #返回 features, targets
11      return features, targets
12  #定义模型
13  model = tf.estimator.BoostedTreesRegressor(
14          feature_columns = feature_list,
15          n_batches_per_layer = 1)
```

程序其他部分的代码和分类树一致,因此这里直接跳到评估运算结果部分,具体内容见程序片段 4-6。

【程序片段 4-6】 提升树回归器的评估(接程序片段 4-5)

```
1   #样本内评估模型
2   result = model.evaluate(input_fn, steps = 1)
3
4   #打印结果
5   print(pd.Series(result))
```

程序运行结果:

```
average_loss        8217.281250
label/mean          277.759064
loss                8217.281250
prediction/mean     277.463928
```

```
global_step              100.000000
dtype: float64
```

注意程序片段 4-6 给出了一系列不同的指标。这是因为模型要给出的是一个连续因变量结果,而不是分类标签结果。因此,在这个背景下,像 accuracy 和 AUC 等这样的指标便不再有意义。

4.5　模型调优

最后,我们通过讨论模型调优来结束本章内容。模型调优即通过调节模型参数的过程来改善训练结果,这里集中讲述梯度提升分类树和梯度提升回归树所共有的 5 个模型参数。

(1) 树的数量。由 n_trees 参数指定,决定训练过程中有多少棵树会被创建。默认值为 100,可根据模型与数据欠拟合或过拟合情况进行增加或减少。

(2) 树的最大深度。由 max_depth 参数指定,默认值为 6。树的最大深度为根节点到最远叶节点的分支数量度量。梯度提升树的最大深度设置通常比随机森林和单棵决策树的最大深度要小。如果模型与数据存在过拟合情况,那么可尝试减少树的最大深度。

(3) 学习率。由于梯度提升树可使用最小平方损失函数进行训练,那么它可能使用随机梯度下降算法或它的一个变体来执行优化。因此,需要对学习率进行设置(默认为 1)。在结果收敛具有不确定性的应用中,可尝试降低 learning_rate 参数,而增加训练的轮次。

(4) 正则化。如果需要关注过拟合,那么对树应用正则化是有意义的,它将根据树的深度和节点数量情况对其实施惩罚。通过设置 l1_regularization 参数,可以对节点权重的绝对值进行惩罚,而 l2_regularization 参数则可用于对节点权重平方进行惩罚。另外,还可通过 tree_complexity 参数对叶节点数量设置惩罚。

(5) 模型剪枝。默认情况下,TensorFlow 中的梯度提升算法并不会对树进行剪枝。如果需要剪枝,则要给 tree_complexity 参数设置一个正值,然后再将 pruning_mode 参数设置为 pre 或者 post。预剪枝速度更快,当达到剪枝阈值时,树的成长将停止。后剪枝速度更慢,因为它会让树先成长起来,然后再进行剪枝,但它也许会找到一些用其他方式难以发现的额外的有效关系。

通常来讲,当对树进行剪枝时,主要关注其过拟合情况是否会缓解。因为训练模型就是为了让模型能对样本以外的其他数据进行预测,而不是让它记住样本。对这一部分界定的 5 个参数值进行调节,将有助于模型达到这个目标。

4.6　本章小结

　　本章对基于树的相关概念进行了介绍。决策树通常用于分类,回归树则常用于对连续型目标进行预测。通常来讲,树一般不会单独使用,但会联合应用于随机森林或进行梯度提升。随机森林使用的是"完全成长"树,每棵树并行训练,并根据每棵树的预测输出,采用求平均值或多数投票策略,生成预测结果。梯度提升树通过最小化上一次迭代的模型残差,对树进行串行训练。这一过程可使用最小平方损失函数,并使用随机梯度下降算法或它的相关变体进行训练。

　　TensorFlow 是围绕深度学习构建的,因此最初并不适合于训练其他类型的机器学习模型,包括决策树和分类树。高阶 Estimators API 和 TensorFlow 2 的引入改变了这一状况。TensorFlow 现在可为梯度提升树的训练和评估提供健壮的、产品质量级的处理。除此之外,TensorFlow 还提供了各种有用的参数,以对模型进行调优,从而防止过拟合和欠拟合。一般来讲,模型的调优需要对模型进行反复的迭代训练、评估和步骤修订。

参考文献

第 5 章

图 像 分 类

图像分类曾经是一个需要专业领域知识和使用特定问题模型来解决的工作。自从深度学习作为计算机视觉预测任务的一个通用模型构建技术出现后,情况就发生了很大的变化。不管是机器学习研究文献还是图像分类比赛,目前的主流都是使用深度学习模型。深度学习模型通常不需要专业领域知识,因为它们可以自动地识别和抽取特征,消除了特征工程的需求。

虽然学院派经济学家最近开始引入机器学习的方法,但将深度学习方法广泛应用于图像分类目的却相对较为滞后。现有经济学中与图像数据相关的许多研究工作会利用预处理后的夜间亮度值数据。这些图像数据可用作经济学变量代理[①],测量不同层次的地理区域中的经济增长情况[②],以及评估基础设施投资的作用[③]。要对这些文献进行概览,可参见 Donaldson 和 Storeygard(Donaldson 和 Storeygard,2016),及 Gibson 等人(Gibson 等,2020)的论文。

图像数据集在经济与金融研究中,总体仍未得到有效利用,然而,最近也有些经济学图像应用值得关注。Naik 等人(Naik 等,2017)他们的论文使用了计算机视觉技术来检测社区的视觉外观变化,然后判断哪些社区特征与社区未来外观改善相关,以此对城市经济学的相关理论进行验证。Borgshulte 等人(Borgshulte 等,2019)在论文中使用了深度学习技术,来测量压力事件对 CEO 们外观年龄的影响。Borgshulte 的研究显示,经济大萧条期间产生的压力会使 CEO 们的外观年龄看上去有大约 1 岁的增长。

除了学术研究之外,计算机视觉应用,特别是那些与深度学习相关的计算机视觉应用,已在相关行业中司空见惯。并且,随着图像数据集的扩展,以及现有模型质量的提升,这些计算机视觉应用可能会在学术领域及民营企业中获得更加广泛的使用。

本章为图像数据和它们在经济与金融领域的潜在应用提供了全面的概述。本章将集

---

① 参见 Chen 和 Nordhaus(Chen 和 Nordhaus,2011),Nordhaus 和 Chen(Nordhaus 和 Chen,2015),及 Addison 和 Stewart(Addison 和 Stewart,2015)的论文。

② 参见 Henderson 等人(Henderson 等,2012),Bluhm 和 Krause(Bluhm 和 Krause,2018),Goldblatt 等人(Goldblatt 等,2019)的论文。

③ 参见 Mitnik 等人(Mitnik 等,2018)的论文。

中讲述专门用于图像分类的深度神经网络的开发,以及它们在 TensorFlow 中的实现,还讲述了深度神经网络的高阶 API,包括 Keras 和 Estimators 库。另外,本章也讲述了使用预训练模型和预训练模型的调优,来改善模型的执行效果。

5.1　图像数据

在讨论方法和模型之前,这里先对图像进行定义。一张图像就是一个像素密集的 k 张量。例如,一张 600×400 像素的灰度图像,就是一个 600 行、400 列的矩阵。矩阵中每个元素都是一个处于 $0 \sim 255$ 之间的整数值,整数值对应像素的强度值。整数值为 0 表示该像素点为黑色,而整数值为 255 则表示该像素点为白色。

彩色图拥有几种张量表示法,最常用的也即本书专门讲述的是 3 阶张量。这类图像之所以是 3 阶张量,是因为它们包含了一个与红、绿、蓝(RGB)三色通道等价维度的矩阵。每个矩阵在对应的颜色上都拥有像素强度值表示,如图 5-1 所示。

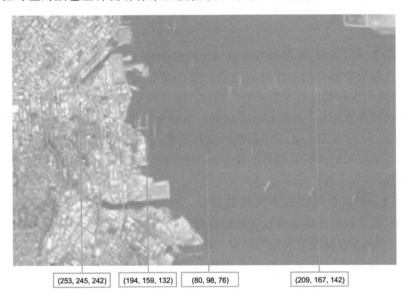

图 5-1　RGB 图像中的每像素对应 3 阶张量的一个元素。该图中列出了 4 个这样的元素

本章将使用 Ships in Satellite Imagery 数据集中的图像,该数据集可从 Kaggle 官网下载[①],其包含了许多从大图中提取的 $80 \times 80 \times 3$ 像素的彩色图。

这些彩色子图如果包含了船舶图像,则标记为 1,否则标记为 0。无船舶图像包含各

---

① 该数据集可从 Kaggle 官网进行下载,下载地址为:www.kaggle.com/rhammell/ships-in-satellite-imagery/data。其包含了一个具有元数据的 JSON 文件,元数据包含标签,还有包含船舶图像和无船舶图像的文件夹。

种类型的地面景象,包括建筑物、植物、水系等。图 5-2 显示了从该数据集中随机挑选出的图像。

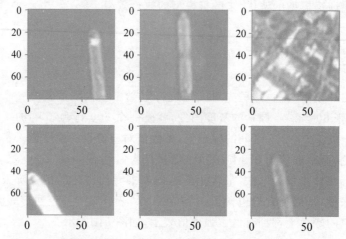

图 5-2　Ships in Satellite Imagery 数据集中的船舶图像示例*

　　在经济与金融应用中,有多种方式可以使用船舶的卫星图。本章将使用这些图来构建分类器。这种分类器可用于统计兴趣点位置的船舶交通情况。卫星数据每天不断累积,人们可以使用这些数据对贸易流进行比官方统计频率更高的评估分析。

　　首先通过程序片段 5-1 加载和准备数据。程序片段 5-1 的第一步是加载相关模块,包括的模块有 matplotlib.image,用于加载和操作图像;numpy,用于将图像转换为张量;os,用于调用操作系统执行不同的任务。接下来,程序使用了 listdir()方法将目录定位于图片下载的位置,该方法将产生一个文件名列表。

　　程序片段 5-1 需要构建每个文件的路径,对图像进行加载,并将这些图像转换为NumPy 数组,然后根据图像是否包含船舶将它们存储在两个列表中:一个列表存储有船舶的图像,一个列表存储没有船舶的图像。程序使用列表推导式来构建每个图像的路径,并根据图像名称的首字符来判断对应图像是否包含了船舶图像。例如,图像文件名0__20150718_184300_090b__-122.35324421973536_37.772113980272394.png 表示不包含船舶图像,而图像文件名 1__20180708_180908_0f47__-118.15328750044623_33.735783554733885.png 则包含了船舶图像。

　　【程序片段 5-1】　为 TensorFlow 应用准备图像数据

```
1    import matplotlib.image as mpimg
2    import numpy as np
3    import os
4
```

```
5   #设置图像路径(读者应根据自身图像文件夹路径设置)
6   image_path = r'shipsnet/shipsnet/'
7
8   #生成文件列表
9   images = os.listdir(image_path)
10
11  #产生船舶图像列表
12  ships = [np.array(mpimg.imread(image_path+image))
13             for image in images if image[0] == '1']
14
15  #产生非船舶图像列表
16  noShips = [np.array(mpimg.imread(image_path+image))
17             for image in images if image[0] == '0']
```

在将数据加载至列表后,接下来执行程序片段 5-2。程序首先加载了用于绘制图像的
matplotlib.pyplot 模块,然后打印了 ships 列表中的一个元素形状,返回的结果为元组
(80,80,3),这意味着该图像为 3 阶像素张量。程序还基于该 3 阶像素张量的索引坐
标,随意打印了一个元素内容。最后,通过使用 imshow()函数渲染了该图像,如图 5-3
所示。

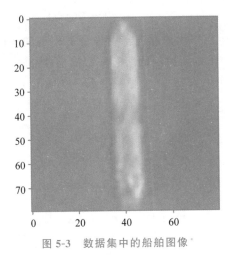

图 5-3 数据集中的船舶图像

【程序片段 5-2】 探索图像数据(接程序片段 5-1)

```
1   import matplotlib.pyplot as plt
2
3   #打印 ships 列表中的元素形状
```

```
 4   print(np.shape(ships[0]))

 5

 6   #打印[0, 0]位置的像素强度

 7   print(ships[0][0,0])

 8

 9   #打印船舶图像

10   plt.imshow(ships[0])
```

程序运行结果：

```
(80, 80, 3)
[0.3647059   0.43529412 0.38431373]
```

程序打印某一个像素的颜色通道时，其值并不是 0～255 的整数，而是处于 0～1 之间的实数。这是因为在使用 np.array() 方法进行图像张量转换时，对所有元素进行了除以 255 的归一化处理。将图像作为图像处理神经网络模型的输入数据之前，通常需要进行这样的归一化处理，因为这些神经网络模型一般都要求输入的内容处于[0，1]或[−1，1]间。

5.2 神经网络

在讨论 TensorFlow 中用于构建和训练图像分类模型的高阶 API 之前，需要先对神经网络进行讨论分析，因为本章所讨论的所有模型都是神经网络的某些变体。

图 5-4 展示了具有一个输入层、一个隐藏层和一个输出层的神经网络[①]。输入层包含了 8 个节点，或者说 8 个输入特征。这些节点与图中线段所表示的权重相乘。使用了乘法

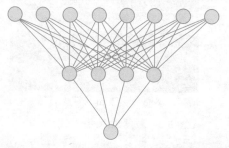

图 5-4 具有一个输入层、一个隐藏层和一个输出层的神经网络

---

① 图 5-4 来源于 LeNail(LeNail，2019)的论文，本书作者对其进行了修改。生成该图表的工具请参见地址 https://doi.org/10.21105/joss.00747。

步骤后,输出结果使用了一个非线性"激活函数"进行转换,产生下一层次的节点,即所谓的隐藏层,之所以称为隐藏层是因为隐藏层的节点不像输入层或输出层节点那样可被观测到。和输入层一样,隐藏层的节点与权重相乘,并通过激活函数转换,产生输出层。

注意,这里的输出层实际上是一个预测。在二分类问题中,例如预测图像是否包含船舶图像的问题中,结果可被解释为图像包含船舶图像的概率,即一个处于 0~1 之间的实数。在一个具有持续目标变量的问题中,输出层可产生对实数值的预测。

与神经网络不一样,线性回归模型并不需要使用激活函数,也没有所谓的隐藏层。作为对比,图 5-5 展示了一个常见的线性回归模型图,该图的输入层和输出层与神经网络的输入层、输出层一致。

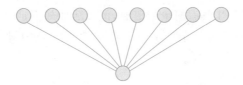

图 5-5 一个线性回归模型图

神经网络图 5-4 与线性回归图 5-5 的另一个相似之处是,两个连续层之间的边连接了所有的层间节点。在线性回归模型中,只有一个输入层和一个输出层,输入层与权重(相关系数)相乘后,产生输出层结果(拟合值)。在神经网络中,通过使用"稠密"层或"全连接"层,执行相似的操作,即将节点值与权重矩阵相乘。

以图 5-4 所示的情形为例,首先执行"前向传播"步骤,前向传播是通过给定的一系列特征计算预测结果。从输入层开始,第一个算子执行特征 X_0 与权重 w_0 相乘,然后对其应用激活函数 $f()$,产生下一层节点 X_1。再将 X_1 与下一个权重值 w_1 相乘,应用另一个激活函数,生成计算结果 Y。前向传播的计算过程如公式 5-1 所示。

公式5-1 具有稠密层的神经网络的前向传播计算。

$$X_1 = f_0(X_0 w_0)$$
$$Y = f_1(X_1 w_1)$$

当然,也可以将公式 5-1 的两个函数进行嵌套合并,写成公式 5-2 所示的公式。

公式5-2 前向传播计算的复合表达式。

$$Y = f_1(f_0(X_0 w_0)w_1)$$

X_0、w_0 和 X_1 的真实形状是怎样的?假设模型拥有 N 个观测,那么 X_0 的形状应为 $N×8$,因为 X_0 具有 8 个特征项。这意味着 w_0 具有 8 行,因为 w_0 的行数量必须与 X_0 的列数量相等,才可以执行矩阵乘法。并且,X_0 与 w_0 的乘积行列形状也等于 X_0 的行数 N,等于 w_0 的列数。对于只有 4 个节点的下一层,w_0 的形状为 $8×4$。类似地,因为 X_1 的形状为 $N×4$,Y 的形状为 $N×1$,w_1 的形状应为 $4×1$。

注意,稠密层只是神经网络层的一种形式。例如,当使用图像分类模型时,就经常要使用卷积层这类特定形式的层。关于卷积层的讨论将在本书后续章节进行。

5.3 Keras

TensorFlow 2 对高阶 API 提供了一个更紧凑的集成。例如，Keras 现已经作为一个子模块被包含进了 TensorFlow，而之前它是一个独立的模块，仅作为 TensorFlow 的一个可选后端使用。本节将讨论如何在 TensorFlow 中使用 Keras 子模块定义和训练神经网络。

当在 Keras 中定义模型时，需要在定义模型的两个 API 之间进行选择：序贯式 API 或函数式 API。序贯式 API 具有简单的语法，但灵活性却不足。而函数式 API 具有高度的灵活性，但代价是语法较为复杂。本节先使用序贯式 API 来定义图 5-4 所示的神经网络。

5.3.1 序贯式 API

图 5-4 所示的神经网络由一个输入层、一个隐藏层和一个输出层组成。另外，该神经网络由稠密层构建，其判定理由是该神经网络第 i 层的所有节点，都通过连接边连接到了第 $i+1$ 层所有节点。程序片段 5-3 使用 Keras API 构建该简单神经网络，这是 Keras API 的首个程序示例展示。

【程序片段 5-3】 在 Keras 中实现简单的神经网络

```
1   import tensorflow as tf
2
3   #定义序贯模型
4   model = tf.keras.Sequential()
5
6   #定义输入层
7   model.add(tf.keras.Input(shape=(8,)))
8
9   #定义隐藏层
10  model.add(tf.keras.layers.Dense(4,
11              activation="sigmoid"))
12
13  #定义输出层
14  model.add(tf.keras.layers.Dense(1,
15              activation="sigmoid"))
```

程序片段 5-3 首先加载了 tensorflow 库，然后使用 Keras 中的 tf.keras.Sequential()

方法定义了一个序贯模型。定义好序贯模型后,就可以通过 add() 方法为模型添加层。首先程序使用 tf.keras.Input() 方法为模型添加了一个具有 8 个特征列的输入层。接下来程序定义了隐藏层,指定其拥有图 5-4 所示的 4 个输出节点。程序通过 tf.keras.layers. Dense() 方法构建神经网络的层,表明所构建的层是稠密层,并通过 activation 参数指定激活函数,该激活函数将对输入数据与权重的乘积进行非线性转换。本例中使用了 sigmoid 转换。

最后,程序再次使用 add() 方法为模型添加了另一个稠密层,该稠密层只有一个输出节点,使用了 sigmoid 激活函数。选择该激活函数后,模型的输出结果将是 0 和 1 之间的预测概率。如果模型拥有持续目标变量,而不是离散值,则可以使用线性激活函数,这样就可以实现一个线性预测。

现在来考虑一个更有意义的问题,即船舶的分类问题。对于这个问题,如何对模型进行修改呢? 在最低程度上,需要对模型的输入层进行修改,因为船舶数据集都是 80×80 ×3 像素的图像,因此该模型的输入层形状错误。如果将这些图像作为拥有稠密层神经网络的输入,则需要对这些图像进行变形。由于图像拥有 19 200 个像素(即 80×80×3),因此,输入层需要 19 200 个节点。

程序片段 5-1 实现了图像的加载,并将它们转换为 NumPy 数组,然后将它们存储于 ships 和 noShips 两个列表中。在程序片段 5-4 中,将使用列表推导式将 80×80×3 的图像张量转换为具有 19 200 个元素的向量。程序还创建了一个相关因变量 labels,然后将展开后的特征存储于一个 NumPy 数组中。

【程序片段 5-4】　对应用于具有稠密层神经网络的图像进行变形(接程序片段 5-2)

```
1   import numpy as np
2
3   #对 ships 列表中的图像进行变形
4   ships = [ship.reshape(19200,) for ship in ships]
5
6   #对 noShips 列表中的图像进行变形
7   noShips = [noShip.reshape(19200,) for noShip in noShips]
8
9   #定义 labels 类
10  labels = np.vstack([np.ones((len(ships), 1)),
11                       np.zeros((len(noShips), 1))])
12
13  #将平铺后的图像数据存储于 NumPy 数组中
14  features = np.vstack([ships, noShips])
```

在训练神经网络之前,还需要进行两个步骤。首先是随机打乱数据,将它们分为训练样本和测试样本。通过随机打乱数据可确保在序列中不存在船舶图像或非船舶图像的长聚集情况，否则将难以使用随机梯度下降（Stochastic Gradient Descent，SGD）方法进行学习训练。另外，在机器学习中，将测试样本分离也是一个标准操作，以确保模型不会拟合用于训练模型的同样观测值。这可用于识别模型与数据样本的过度拟合。

【程序片段 5-5】 将样本集随机分成训练和测试样本（接程序片段 5-4）

```
1   from sklearn.model_selection import train_test_split
2
3   #随机拆分样本集
4   X_train, X_test, y_train, y_test = \
5       train_test_split(features, labels,
6       test_size = 0.20, random_state=0)
7   )
```

程序片段 5-5 中，第一步是加载 sklearn 模块的子模块 model_selection，程序将使用该子模块的 train_test_split()方法，设置对应的标签、特征、测试样本中的观测份额以及确保再现性的随机种子。该方法的参数 shuffle 默认为 True，因此这里不需要进行调整。

在样本集被随机拆分后，最后一步就是修改神经网络，使其可接受输入层的 19 200 个节点。程序片段 5-6 展示了修改后的神经网络架构。注意这并不是本节所讨论问题的最理想架构，但有助于读者理解如何构建、训练和评估神经网络。

【程序片段 5-6】 修改神经网络以适应输入层的形状（接程序片段 5-5）

```
1   import tensorflow as tf
2
3   #定义序贯模型
4   model = tf.keras.Sequential()
5
6   #定义输入层
7   model.add(tf.keras.Input(shape=(19200,)))
8
9   #定义隐藏层
10  model.add(tf.keras.layers.Dense(4,
11          activation="sigmoid"))
12
13  #定义输出层
14  model.add(tf.keras.layers.Dense(1,
15          activation="sigmoid"))
```

在开始神经网络训练之前，读者可能希望对模型有一个综合的了解，这可使用程序片段 5-7 所示的 summary()方法。程序输出结果显示,该模型拥有 76 809 个参数。读者也许会担心,这么多参数会不会导致模型过度拟合,但其实机器学习提供了许多策略来处理这个问题。

【程序片段 5-7】　打印 Keras 中的模型概要信息(接程序片段 5-6)

```
1   print(model.summary())
```

程序运行结果:

```
Layer (type)                    Output Shape                 Param #
=================================================================
dense_4 (Dense)                 (None, 4)                    76804
_____
dense_5 (Dense)                 (None, 1)                    5
=================================================================
Total params: 76,809
Trainable params: 76,809
Non-trainable params: 0
_____
None
```

在程序片段 5-7 输出结果中也可以看到,大部分参数处于隐藏层中,这是 19 200 个输入节点乘以权重矩阵的结果。这意味着,程序需要一个权重矩阵能将 $N \times 19\ 200$ 转换为 $N \times 4$ 的矩阵,因此,权重矩阵形状为 $19\ 200 \times 4$,结果为 76 800 个参数。这里的 4 个参数被称为"偏置",等价于回归模型中的常数项。隐藏层的每个节点都具有一个偏置。类似地,对于输出层,要将一个 $N \times 4$ 矩阵转换为 $N \times 1$ 的矩阵,需要用到一个 4×1 的权重矩阵,具有 1 个偏置项,总共为 5 个附加的偏置参数。

程序片段 5-7 的输出结果中,另一个需要关注的是其输出参数分为两类:可训练参数和不可训练参数。这是因为 Keras 为用户提供了冻结参数的选项,使这些参数不可训练。程序片段 5-7 没有使用该选项,我们将在后续章节深入讨论它。

到目前为止,我们已讲述了如何在 Keras 中定义一个模型,并对模型的架构进行了解释。接下来将通过具体的损失函数、优化器和矩阵对模型进行"编译",实现模型训练过程的计算。程序片段 5-8 选择了 binary_crossentropy 损失函数、adam 优化器和 accuracy 矩阵(即正确预测的比重)来完成模型的编译。

【程序片段 5-8】　在 Keras 中编译和训练模型(接程序片段 5-7)

```
1   #编译模型
2   model.compile(loss='binary_crossentropy',
```

```
3                      optimizer='adam', metrics=['accuracy'])
4
5    #训练模型
6    model.fit(X_train, y_train, epochs=100,
7               batch_size=32, validation_split = 0.20)
```

程序运行结果：

```
Epoch 1/100
80/80 [==============================] - 0s 6ms/step - loss: 0.5957 -
accuracy: 0.7469 - val_loss: 0.5749 - val_accuracy: 0.7641
Epoch 2/100
80/80 [==============================] - 0s 4ms/step - loss: 0.5745 -
accuracy: 0.7539 - val_loss: 0.5609 - val_accuracy: 0.7641
......
Epoch 99/100
80/80 [==============================] - 0s 4ms/step - loss: 0.5580 -
accuracy: 0.7539 - val_loss: 0.5466 - val_accuracy: 0.7641
Epoch 100/100
80/80 [==============================] - 0s 4ms/step - loss: 0.5581 -
accuracy: 0.7539 - val_loss: 0.5467 - val_accuracy: 0.7641
```

现在可对模型使用 fit() 方法，进行训练过程的初始化，这需要设置 epochs 和 batch_size 参数。参数 epochs 的数值对应于训练过程在整个样本上循环的轮次，而 batch_size 参数为每增加一次循环时的观测数量。

注意在程序片段 5-8 中，fit() 方法还将可选参数 validation_split 设置为 0.20，这样将分离出 20% 的样本集不参与模型训练。在模型训练过程中，程序将对比模型在训练样本和验证样本上的表现。如果两者出现背离，则表示模型可能过载，那么这时需要终止训练过程或对模型参数进行调整。

在每个轮次结束后，模型都会输出它在训练样本集和验证样本集上的损失函数值和预测精度。根据精度数据，模型表现优良，在训练样本和测试样本上，都正确地预测了 75% 左右的观测值。由于程序完全没有对模型进行调优，因此不需要担心验证样本的精度会受模型训练选择和模型参数的影响。这种情况下，对测试样本进行评估就不是绝对必需的，但为了便于说明，程序片段 5-9 仍然对测试样本进行了评估。

【程序片段 5-9】 评估模型在测试样本上的表现（接程序片段 5-8）

```
1    #评估模型
2    model.evaluate(X_test, y_test)
```

程序运行结果：

```
loss: 0.5890 - accuracy: 0.7262
```

程序结果显示模型精度偏低，但没有低到需要考虑是否存在过度拟合问题的程度。最后一个需要检测的模型性能指标是混淆矩阵。混淆矩阵根据模型误将 0 分类为 1，或误将 1 分类为 0 的情况，为改善模型精度提供参考。程序片段 5-10 提供了为模型计算混淆矩阵的示例代码。

【程序片段 5-10】　混淆矩阵评估（接程序片段 5-9）

```
1    from sklearn.metrics import confusion_matrix
2
3    #生成预测
4    y_pred = model.predict(X_test)>0.5
5
6    #打印混淆矩阵
7    print(confusion_matrix(y_test, y_pred))
```

程序运行结果：

```
[[581   0]
 [219   0]]
```

程序片段 5-10 首先从 sklearn.metrics 库中加载了 confusion_matrix()方法。接下来使用模型进行测试样本标签的预测。由于该预测值是概率数据，程序将使用 0.5 作为阈值，以判断模型预测一张图片是否包含船舶图像。然后再将真实标签 y_test、预测标签 y_pred 传递给 confusion_matrix()方法。混淆矩阵的运行结果矩阵包含了行中的真实值和列中的预测值。例如，第 0 行第 1 列元素的值代表真实观测为 0，但分类为 1 的数量。

混淆矩阵显示所有的预测都为 0，也即没有图像包含船舶图像。因此，即使模型在训练、验证和测试样本上表现良好，该模型也只是简单地发现 75% 的观测为 0，然后就预测所有结果分类为 0，而不是试图学习图片数据中的模式。

不幸的是，这在训练神经网络时是一个普遍存在的问题，即样本经常是不均衡的。由于模型总是快速收敛于最常见的预测分类上，而不是学习有意义的规则提取，因此获得 75% 的分类精度是一个挑战。有两个方法可以避免这类问题。第一个是随机删除 noShips 列表中的观测，以对样本进行均衡；第二个方法是在损失函数中使用权重，按比例增大 ships 类实例的贡献。程序片段 5-11 使用的就是第二种方法。

【程序片段 5-11】　使用权重类别训练模型（接程序片段 5-10）

```
1    #计算权重分类
```

```
2    cw0 = np.mean(y_train)
3    cw1 = 1.0 - cw0
4    class_weights = {0: cw0, 1: cw1}
5
6    #使用权重分类训练模型
7    model.fit(X_train, y_train, epochs=100,
8                class_weight = class_weights,
9                batch_size=32,
10               validation_split = 0.20)
```

程序片段 5-11 首先计算了 ships 类和 noShips 类的权重。这需要为每个类别设置一个乘法常数，这样，每种类别的观测数量与其权重的乘积将与其他任意类别观测数量及其权重的乘积都相等。本例拥有 1000 张船舶图像和 3000 张非船舶图像。船舶图像编码为 1，而非船舶图像编码为 0。如果计算 y_train 的均值，将给出 1 在样本中的份额，即 0.25。

这样，程序将设置 noShips 的权重 cw_0 为 0.25，该权重将等比例降低其对损失函数的贡献。程序再对 ships 类别的权重 cw_1 进行计算，其值为 $1.0 - cw_0$，即 0.75。由于 $0.25 \times 3000 = 0.75 \times 1000 = 750$，那么该乘法常数方案有效。最后，程序片段 5-11 定义了一个字典 class_weights，其使用类别（0 或 1）作为字典的键，而类别权重系数值作为字典的值。然后程序将该字典传递给 fit() 方法的参数 class_weight。

这次模型在训练样本、验证样本及测试样本上的预测精度都得到了有效的改善，为 0.87 以上。该预测精度已足够高，可以排除模型只是简单预测最常见类的可能性。然而，还需要再次通过混淆矩阵检测，以了解该权重方案如何有效地解决了这一问题（即模型只是简单预测最常见的类这一问题）。

【程序片段 5-12】 使用混淆矩阵评估类别权重的影响（接程序片段 5-11）

```
1    #生成预测
2    y_pred = model.predict(X_test)>0.5
3
4    #打印混淆矩阵
5    print(confusion_matrix(y_test, y_pred))
```

程序运行结果：

```
[[487 94]
 [ 5 214]]
```

程序片段 5-12 给出了混淆矩阵的计算代码，并打印了计算结果矩阵。其中，结果矩阵中对角线元素为模型正确预测的数量，而非对角线元素则为预测不正确的数量。可以看出,该模型不再过度预测结果为 0(即非船舶图像)。并且,现在该船舶图像分类模型的大部分分类误差来自于非船舶图像的误分类。

本节讲述了如何使用具有稠密层的神经网络进行图像分类,并对神经网络训练和评估过程中可能遇到的一些问题进行了讨论分析。下一节将讲述如何对模型使用不同类型的层,如何对训练过程进行修改以进一步改善模型的表现。

5.3.2　函数式 API

序贯式 API 在模型构建方面比较简单,而函数式 API 则具有更好的灵活性,代价是复杂度稍有增加。为了对函数式 API 的工作方式进行演示,这里使用函数式 API 对程序片段 5-6 的模型进行重新定义,如程序片段 5-13 所示。

【程序片段 5-13】　在 Keras 中使用函数式 API 定义模型(修改程序片段 5-6)

```
1   import tensorflow as tf
2
3   #定义输入层
4   inputs = tf.keras.Input(shape=(19200,))
5
6   #定义稠密层
7   dense = tf.keras.layers.Dense(4,
8              activation="sigmoid")(inputs)
9
10  #定义输出层
11  outputs = tf.keras.layers.Dense(1,
12              activation="sigmoid")(dense)
13
14  #定义使用输入层和输出层的模型
15  model = tf.keras.Model(inputs=inputs,
16              outputs=outputs)
```

程序片段 5-13 首先使用 tf.keras.Input()方法定义了输入层,并给出了对应的形状。接下来使用 tf.keras.layers.Dense()方法定义了一个稠密层,注意这里将前面定义的输入层作为该稠密层的参数。类似地,程序再次使用稠密层定义了一个输出层,并再次将前面定义好的层作为该输出层的参数。程序最后一步是定义模型,并为它指定输入层和输出层参数。

程序片段 5-13 使用函数式 API 定义了一个模型,该模型与前面使用序贯式 API 定义的模型没有区别,可使用同样的方法对该模型进行编译,获得它的概要信息和对模型进行训练。

显然,通过程序片段 5-13 并不能看出使用函数式 API 的优势,因为该程序只是重复定义了序贯式 API 所定义的模型，并且还使用了更多行的代码。为了了解函数式 API 的用武之地，我们考虑模型需要额外输入数据的情况，并希望将这些额外输入数据与图像网络本身区分开。

在对船舶图像进行检测的示例中，元数据还包含了船舶的位置信息，例如船舶的经度和纬度。如果模型能够学习观测船舶所在的不同位置，那么它就可对图像抽取出的特征与位置信息进行融合，从而将图像更好地分类。

使用序贯式 API 的模型无法完成这样的融合工作，因为序贯式 API 仅是将层堆叠在其他层的上面，而要完成船舶特征抽取和位置信息融合需要创建两个并行的神经网络，这两个神经网络需要在输出节点的某些地方或在输出节点之前进行融合。程序片段 5-14 展示了如何使用函数式 API 来完成这一工作。程序假定拥有图像输入数据和 20 个特征的元数据输入数据，因此定义了两个单独的输入层，img_inputs 和 meta_inputs，然后分别将它们应用于不同的神经网络，因为如果将 20 个特征输入数据和 19 200 个像素值融合在一起作为输入数据，那么将难以判断使用 20 个特征的输入数据所带来的好处。程序再将这两个输入层数据传递给两个独立的稠密层，img_dense 和 meta dense。注意这里仍然不可以使用序贯模型，因为程序还需要对这两个层的连接进行显示的定义。

【**程序片段 5-14**】　在 Keras 中使用函数式 API 定义多输入层的模型（接程序片段 5-13）

```
1    import tensorflow as tf
2
3    #定义输入层
4    img_inputs = tf.keras.Input(shape=(19200,))
5    meta_inputs = tf.keras.Input(shape=(20,))
6
7    #定义稠密层
8    img_dense = tf.keras.layers.Dense(4,
9                    activation="sigmoid")(img_inputs)
10   meta_dense = tf.keras.layers.Dense(4,
11                   activation="sigmoid")(meta_inputs)
12
13   #对两个层进行连接
14   merged = tf.keras.layers.Concatenate(axis=1)([
15               img_dense, meta_dense])
16
17   #定义输出层
18   outputs = tf.keras.layers.Dense(1,
19                   activation="sigmoid")(merged)
20
21   #使用输入层和输出层定义模型
```

```
22  model = tf.keras.Model(inputs=
23                         [img_inputs, meta_inputs],
24                         outputs=outputs)
```

接下来程序使用了 tf.keras.layers.Concatenate() 算子对两个稠密层的结果进行融合。这将最初分开的两个网络再次融合进一个神经网络中,融合后的网络具有图像的 4 个特征项和元数据的 4 个特征项。然后程序再将该融合网络传递到输出层,从而实现对完整模型的定义,该模型定义需要有 2 个输入层的列表。

除了定义多输入层的模型之外,函数式 API 还可用于定义多输出层的模型。例如可通过程序训练模型实现元数据的预测输出,而不是只将它们作为数据输入。对于这样的训练模型,可将图像数据作为输入,产生船舶图像预测分类标签(包含船舶图像或不包含船舶图像)和 GPS 坐标信息。对于经济学中使用多输入层的模型例子,可参见 Grodecka 和 Hull 的合作论文(Grodecka 和 Hull,2017)。

5.4　Estimators

第 4 章的内容提到了 Estimators API,TensorFlow 也可使用 Estimators API 训练神经网络进行结果预测。一般来讲,如果用户希望做产品,不要求高度的灵活性,但要求产品可靠,误差尽可能小,那么可以考虑在 Keras 之上使用 Estimators API。

Estimators API 允许用户使用少量参数对神经网络的架构进行完全的设定。以程序片段 5-15 所示的深度神经网络分类器为例,程序首先定义了特征列 features_list 以存储图像数据。然后程序定义了输入函数,返回训练过程中将要使用的特征和标签内容。接下来程序定义了一个 tf.estimator.DNNClassifier() 实例,指定了特征列和一系列隐藏单元的数量作为输入数据。为了便于演示,程序选择了使用 4 个隐藏层,分别具有 256、128、64 和 32 个节点的架构。

【程序片段 5-15】　使用 Estimators 定义深度神经网络分类器(接程序片段 5-14)

```
1   #为图像数据定义特征列数值
2   features_list =\
3       [tf.feature_column.numeric_column("image",
4         shape=(19200,))]
5
6   #定义输出函数
7   def input_fn():
8       features = {"image": X_train}
9       return features, y_train
10
```

```
11  #定义深度神经网络分类器
12  model = tf.estimator.DNNClassifier(
13        feature_columns=features_list,
14        hidden_units=[256, 128, 64, 32])
15
16  #训练模型
17  model.train(input_fn, steps=20)
```

注意,程序仅设置了 DNNClassifier 必需的参数值,其他的参数使用了默认值,这样做只是为了展示定义和训练具有 4 个隐藏层 DNNClassifier 的简洁性。程序片段 5-16 对模型进行了评估。

【**程序片段 5-16**】 使用 Estimators 评估深度神经网络分类器(接程序片段 5-15)

```
1  #在样本内评估模型
2  result = model.evaluate(input_fn, steps = 1)
```

最后,除了程序所展示的部分,DNNClassifier 还具有其他参数可用于调节修改模型架构和训练过程。其中的 6 个参数说明如下。

(1) n_classes 参数:表示分类数量,默认值为 2。对于多分类问题,可将 n_classes 设置为不同的值。

(2) weight_column 参数:表示权重列。在样本不均衡的情况下,如前面分析的示例,就需要设定权重列 weight_column 参数,以使不同的类别在损失函数中具有合适的权重。

(3) optimizer 参数:优化器。默认情况下,DNNClassifier 使用 AdaGrad 优化器。如果用户需要使用其他不同的优化器,可通过该参数进行指定。

(4) activation_fn 参数:激活函数。DNNClassifier 对所有层都使用同样的激活函数。默认情况下,DNNClassifier 使用线性修正单元(Rectified Linear Unit,ReLU)激活函数。当然,用户也可以通过 activation_fn 参数进行设置,例如将其设置为 tf.nn.sigmoid()激活函数。

(5) dropout 参数:暂退参数。在具有大量参数的模型中,暂退法可用于防止过度拟合。通过将 dropout 参数设置为 0 到 1 之间的值,可设置给定节点在模型训练过程中被忽略的概率,dropout 参数通常设置范围为 $0.10 \sim 0.50$。默认情况下,DNNClassifier 不使用暂退参数。

(6) batch_norm 参数:批处理归一化。在许多应用中,批处理归一化将减少模型的训练时间。批处理归一化可在每个小批量中实现观测均值和观测方差的归一化。若使用批处理归一化功能,需要将 DNNClassifier 的 batch_norm 参数设置为 True。

除了 tf.estimator.DNNClassifier(),Estimators API 还拥有连续目标变量的深度神经网

络模型 tf.estimator.DNNRegressor()。当然,Estimators API 还有一些其他的专业模型,例如连续特征的深度神经网络,以及由 Cheng 等人(Cheng 等,2016)的论文引入,被 Grodecka 和 Hull 的论文(Grodecka 和 Hull,2019)应用到经济学中的 deep-wide networks,其融合了一个线性模型,可用于包含独热编码变量,如固定效应等。这两个模型可通过 tf.estimator. DNNLinearCombinedRegressor()和 tf.estimator.DNNLinearCombinedClassifier()获得。

5.5 卷积神经网络

本章开头对具有稠密层的神经网络进行了训练,以执行图像分类任务。虽然这种方法没有什么错误,但在图像分类方面,通常使用其他架构的神经网络。例如,具有卷积层的神经网络一般都具有更高的精度,并且具有更小的模型规模。本节将对卷积神经网络(Convolutional Neural Networks,CNNs)进行介绍,并对其进行训练,以实现图像分类器的作用。

5.5.1 卷积层

卷积神经网络 CNN 使用卷积层,卷积层被设计用于处理图像数据。图 5-6 展示了卷积层的工作原理。简单起见,假定需要对一张 4×4 像素的灰度图进行处理。卷积层将使用滤波器,通过将滤波器与图像内容执行元素层面的乘法,然后对结果矩阵的元素求和。本例中,滤波器为一个 2×2 矩阵,首先应用于图像的深色区域部分,产生标量值 0.7。然后滤波器向右移动一步,对图像下一个 2×2 部分执行乘法,产生结果 0。该过程一直重复,直到图像所有的 2×2 区域都处理结束,得到一个 3×3 矩阵(图 5-6 中的浅色内容部分)。

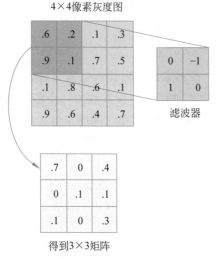

图 5-6 应用于 4×4 图像的 2×2 卷积滤波器

　　图 5-7 展示了如何将卷积层嵌入神经网络之中①。其中,第一层为输入层,用于接收形状为(64,64,3)的彩色图像张量数据。接下来是使用了 16 个滤波器的卷积层,每个滤波器都应用于图片的 3 色通道,生成了 64×64×16 的计算结果。另外,对应图 5-7 所示的乘法步骤,卷积层对结果输出的每个元素使用了激活函数,但不会对结果的形状产生影响。注意这里的 16 个 64×64 的矩阵是层内被称为特征图谱(feature map)算子的计算结果。

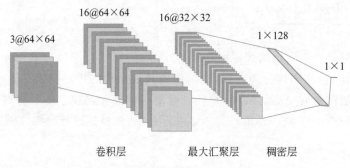

图 5-7　最简单的卷积神经网络示例*

　　然后卷积层的输出结果传递到最大汇聚层(max pooling layer),最大汇聚层是一种让一系列元素产生最大化值的滤波器。本例中使用了每个特征图谱的每个 2×2 部分的最大元素。这里使用的步态为 2,意味着每次运算之后,最大汇聚滤波器将往右(或往下)移动 2 个元素。该层的输入维度为 64×64×16,输出结果降维至 32×32×16。

　　接下来将该 32×32×16 最大汇聚层,展平至一个(32×32×16)×1,即 16384×1 的向量中,再将它传递给一个 128×1 的稠密层,实现该功能的函数在前文已经讲述过。最后,需要将该稠密层计算结果输出至结果节点,产生一个预测分类概率。

5.5.2　卷积神经网络的训练

　　前文介绍了包含船舶图像和非船舶图像的数据集,然后通过程序构建具有稠密层的神经网络,并使用该数据集训练神经网络使其成为一个船舶图像分类器。由于稠密神经网络无法利用图像的结构,包括图像像素值之间的空间关联和位置特征之间的空间关联,因此训练稠密神经网络作为图像分类器是较为低效的。

　　本节将使用 TensorFlow 的高阶 Keras API 定义一个 CNN,用于处理同样的图像分类问题。对比稠密神经网络,CNN 的图像分类效果会有实质性的改变。不仅模型的参数数量会减少,而且模型的预测精度也将得到真正的改善。

---

　　①　图 5-7 来源于 LeNail(LeNail, 2019)的论文,本书作者对其进行了修改。生成该图表的工具请参见地址: https://doi.org/10.21105/joss.00747。

【程序片段 5-17】　定义一个卷积神经网络（接程序片段 5-1）

```
1    import tensorflow as tf
2
3    #定义序贯模型
4    model = tf.keras.Sequential()
5
6    #添加第一层卷积层
7    model.add(tf.keras.layers.Conv2D(8,
8                kernel_size=3, activation="relu",
9                input_shape=(80,80,3)))
10
11   #添加第二层卷积层
12   model.add(tf.keras.layers.Conv2D(4,
13                kernel_size=3, activation="relu"))
14
15   #展平特征图谱
16   model.add(tf.keras.layers.Flatten())
17
18   #定义输出层
19   model.add(tf.keras.layers.Dense(1,
20                activation='sigmoid'))
```

　　程序片段 5-17 定义了一个卷积神经网络，其架构设计与船舶图片分类问题匹配。和之前的程序示例一样，程序 5-17 首先使用 tf.keras.Sequential() 定义了一个序贯模型。接下来，程序添加了一个输入层，用以接收(80，80，3)形状的图像，并使用了具有 8 个滤波器的卷积层，参数 kernel_size 设置置为 3（即 3×3）。并且，程序还对输入层输出的每个元素使用了 ReLU() 激活函数。该 ReLU() 激活函数只是简单地使用 $\max(0,x)$ 函数，用于控制特征图谱的阈值。注意程序片段 5-17 接在程序片段 5-1 之后。

　　神经网络的第二层也是卷积层。该卷积层拥有 4 个滤波器，kernel_size 参数为 3，使用了 ReLU() 激活函数。模型的隐藏层通过将特征图谱展平为一个向量，实现了特征图谱的卷积层转换。通过对特征图谱的展平，可将特征图谱内容传递到稠密输出层，其要求使用一个向量作为输入数据。由于模型执行的是二分类问题，因此程序和往常一样，对输出层使用了 sigmoid() 激活函数。

　　接下来，程序片段 5-18 使用了 summary() 方法对模型的架构进行了信息概览。这可帮助读者理解在模型输入同样为图像的情况下模型规模降低的程度。其中，模型的参数数量从 75 000 降低到了 23 621 个。并且，在这 23 621 个参数中，23 105 个参数位于稠密层。卷积层仅拥有 516 个参数。这意味着通过将稠密层改换为卷积层，模型实现了效率的极大提升。

【程序片段 5-18】 打印 Keras 中的模型概要信息（接程序片段 5-17）

```
1    #打印模型架构的概要信息
2    print(model.summary())
```

程序运行结果：

```
Layer (type)                    Output Shape                Param #
=================================================================
conv2d_4 (Conv2D)               (None, 78, 78, 8)           224

conv2d_5 (Conv2D)               (None, 76, 76, 4)           292

flatten_2 (Flatten)             (None, 23104)               0

dense_2 (Dense)                 (None, 1)                   23105
=================================================================
Total params: 23,621
Trainable params: 23,621
Non-trainable params: 0

None
```

在对该模型训练之前，还需要先准备数据。与使用稠密神经网络前需要先对图像进行展平不同，程序 5-19 直接使用图像本身作为输入，加载图像、准备数据，将数据集拆分成训练样本和测试样本集，并计算分类权重。

【程序片段 5-19】 为训练 CNN 准备图像数据（接程序片段 5-18）

```
1    import matplotlib.pyplot as plt
2    from sklearn.model_selection import train_test_split
3    import tensorflow as tf
4
5    #定义类标签
6    labels = np.vstack([np.ones((len(ships), 1)),
7                        np.zeros((len(noShips), 1))])
8
9    #将平铺后的图像堆叠至 numpy 数组中
10   features = np.vstack([ships, noShips])
```

```
11
12   #随机打乱和拆分样本集
13   X_train, X_test, y_train, y_test = \
14       train_test_split(features, labels,
15       test_size = 0.20, random_state=0)
16   )
17
18   #计算类别权重
19   w0 = np.mean(y_train)
20   w1 = 1.0 - w0
21   class_weights = {0: w0, 1: w1}
```

为定义好的模型加载和准备数据后,下一步就是编译和训练模型。程序片段 5-20 展示了这一过程,并在测试数据集上对模型的预测精度进行了评估。

【程序片段 5-20】　训练和评估模型(接程序片段 5-19)

```
1    #编译模型
2    model.compile(loss='binary_crossentropy',
3                     optimizer='adam', metrics=['accuracy'])
4
5    #使用类别权重训练模型
6    model.fit(X_train, y_train, epochs = 25,
7                 class_weight = class_weights,
8                 batch_size = 32,
9                 validation_split = 0.20)
10
11   #评估模型
12   model.evaluate(X_test, y_test)
```

程序运行结果:

```
Epoch 1/10
80/80 [==============================] - 11s 140ms/step - loss: 0.2096
- accuracy: 0.7398 - val_loss: 0.3511 - val_accuracy: 0.8391
Epoch 2/10
80/80 [==============================] - 11s 137ms/step - loss: 0.1348
- accuracy: 0.8570 - val_loss: 0.3645 - val_accuracy: 0.8531
……
Epoch 24/25
```

```
80/80 [==============================] - 14s 171ms/step - loss: 0.0100
- accuracy: 0.9918 - val_loss: 0.1717 - val_accuracy: 0.9453
Epoch 25/25
80/80 [==============================] - 14s 171ms/step - loss: 0.0088
- accuracy: 0.9934 - val_loss: 0.2116 - val_accuracy: 0.9469
25/25 [==============================] - 0s 12ms/step - loss: 0.1218 -
accuracy: 0.9525
```

经过了仅 25 轮次训练后,该 CNN 模型就达到了 0.99 的训练精度和 0.95 的验证精度。另外,在使用测试数据集对模型进行评估时,再次得到了 0.95 的精度结果。相比完全构建在稠密层上的神经网络,该 CNN 模型使用更少的参数,更少的训练轮次,实现了更高的精度,这是因为 CNN 可以较好地利用图像的结构数据。

5.6 预训练好的模型

在许多情况下,可能没有足够的图像数据,用来训练使用最新架构的 CNN。幸运的是,很少需要这样做,因为 CNN 的"卷积基础",也就是卷积层和汇聚层,它们从图像抽取的一般特征可常常再用于其他各种模型,包括那些使用不同类别的模型。

通常来讲,预训练好的模型可用于执行两类任务:特征提取和调优。特征提取使用模型的卷积层来识别图像的一般特征,然后将其输入稠密层,用于训练用户的图像数据集。如果用户希望训练的模型与最初训练的模型具有不同的类别,通常可采用这种方法。在用户训练好分类器后,可以选择对整个模型的训练进行调优,包括使用低学习率的卷积基础。这将轻微地调整模型的视觉滤波器,使其更好地适应用户的分类任务。

用户不需要在自身数据集上进行完全的模型训练的好处之一是,用户可使用更复杂的架构,如使用 ResNet,Xception,DenseNet,以及 EfficientNet 这些最新的模型等。另外,除了使用卷积层在小规模图像集上训练外,用户还可以使用最新的通用视觉滤波器,如 ImageNet,在大数据集上进行训练。

5.6.1 特征提取

本节先从特征提取开始讲述预训练好的模型的使用。首先,需要使用 Keras 的子模块 applications 或 TensorFlow Hub 加载预训练好的模型。本节将使用 Keras 的子模块 applications。

【程序片段 5-21】 使用 Keras 的 applications 加载预训练模型(接程序片段 5-20)[①]

---

① 译者注:原书未进行程序运行结果打印,但为了方便读者理解,也为了与后文内容呼应,这里打印了程序运行结果。

```
1    #加载预训练模型
2    model = tf.keras.applications.resnet50.ResNet50(
3            weights='imagenet',
4            include_top=False
5          )
6
7    #打印模型概要信息
8    print(model.summary())
```

程序运行结果：

```
Layer (type)                   Output Shape          Param #     Connected to
================================================================
input_2 (InputLayer)           [(None, None, None,   0


conv1_pad (ZeroPadding2D)      (None, None, None, 3  0
input_2[0][0]


......
conv5_block3_add (Add)     (None, None, None, 2  0
conv5_block2_out[0][0]


conv5_block3_3_bn[0][0]


conv5_block3_out (Activation)    (None, None, None, 2  0
conv5_block3_add[0][0]
================================================================
Total params: 23,587,712
Trainable params: 23,534,592
Non-trainable params: 53,120


None
```

程序片段 5-21 使用了 TensorFlow 定义一个 ResNet50 模型，其权重参数 weights 设为 imagenet。这将加载 ResNet50 的模型架构，并同时加载 ImageNet 数据集上训练得到的模型权重。程序还将 include_top 参数设为 False，用于移除分类任务的末尾稠密层。因为程序不会使用 ImageNet 数据集的分类，因此这里不需要对应的末尾稠密层。

模型加载后，可使用 summary()方法查看模型的概要信息。使用该方法后，读者可能会注意到两件事。首先，模型具有许多层，拥有将近 25 000 000 个参数。并且，几乎所有的参数都为"可训练参数"类别，这意味着在对模型进行编译和使用 fit()方法时，这些参数将会参与训练。其次,有些层读者可能不太熟悉。

接下来需要设置模型的卷积基,它是程序所加载模型的一部分,卷积基不可训练,整个模型的设置和编译如程序片段 5-22 所示。程序确保模型只训练分类头,模型的剩下部分将用于从输入图像数据中抽取特征。接下来,程序定义了一个输入层,用于将数据传递给模型,并将参数 training 设为 False,因为该层不具有可训练参数。通过这些步骤,模型现在就可接收形状为 $(80, 80, 3)$ 的图像张量,然后输出一系列的特征图谱。

【程序片段 5-22】 为 Keras 中预训练好的模型训练分类头(接程序片段 5-21)

```
1    #设置模型的卷积基不可训练
2    model.trainable = False
3
4    #定义输入层
5    inputs = tf.keras.Input(shape=(80, 80, 3))
6    x = model(inputs, training=False)
7
8    #定义汇聚层、输出层和模型
9    x = tf.keras.layers.GlobalAveragePooling2D()(x)
10   outputs = tf.keras.layers.Dense(1)(x)
11   model = tf.keras.Model(inputs, outputs)
12
13   #编译和训练模型
14   model.compile(loss='binary_crossentropy', optimizer="adam",
15                   metrics=['accuracy'])
16
17   model.fit(X_train, y_train, epochs = 10,
18             class_weight = class_weights,
19             batch_size = 32,
20             validation_split = 0.20)
```

由于程序需要模型输出图像的分类预测概率,而不是特征图谱,因此,需要将特征图谱转换为一个向量。程序使用了一个全局平均汇聚层来实现这个转换,全局平均汇聚层与前面程序示例中使用的最大汇聚算子类似,但计算的是均值,而不是最大值。接下来程序定义了一个稠密输出层和一个函数式模型,模型用来接收图像输入数据,输出分类预测概率。最后,程序对模型进行了编译和拟合。

和前面的卷积基程序示例一样,这里也可使用 summary() 方法查看整个模型的概要信息。如果使用了该方法,模型的总体参数是类似的,但可训练参数的数量从 25 000 000 左右下降到了 2000 多一点。这使得在不具有大量图像数据进行训练的情况下训练一个高精度图像分类器变得可行。并且,通过显著降低可训练模型的规模,程序也防止了模型参数的过度拟合问题。

5.6.2　模型调优

最后一个可选步骤是执行模型调优。模型调优的目的是对卷积滤波器进行微调，使得它们可捕获分类问题更相关的特征。该步骤相对简单，只须将卷积基设为可训练，然后重新编译模型，将学习率调低进行模型训练即可，整个步骤如程序片段 5-23 所示。

【**程序片段 5-23**】　Keras 中预训练模型的调优（接程序片段 5-22）

```
1   #将模型的卷积基设为可训练
2   model.trainable = True
3
4   #在低学习率下编译模型
5   model.compile(loss='binary_crossentropy',
6                   optimizer=tf.keras.optimizers.Adam(
7                       learning_rate=1e-5),
8                   metrics=['accuracy'])
9
10  #执行模型调优
11  model.fit(X_train, y_train, epochs = 10,
12              class_weight = class_weights)
```

如果再次对模型使用 summary() 方法，读者将看到模型现在拥有超过 23 000 000 个可训练参数。有了这么多可训练参数，程序必须使用低学习率对模型进行训练，对预训练的卷积滤波器做出重要修改，以防止模型的过度拟合。读者需要注意，这种修改也可能会削弱或"遗忘"嵌入在预训练参数中的信息。

5.7　本章小结

虽然计算机视觉曾经需要用户使用复杂模型，具备专业领域知识，但现在，计算机视觉可使用具有标准架构的卷积神经网络来处理。并且，卷积神经网络比目前许多依赖特征工程的模型做得更好，这使得用户只需要掌握 CNNs 就已足以应对大多数工作。

图像分类在经济与金融学术领域仍未得到有效的利用，但在企业的经济应用中，它却获得了更为广泛的使用。本章给出一个使用卫星图像识别船舶的示例，该示例可用于高频率测量港口的船舶交通情况。同样的方法也可用于测量高速公路上的交通情况，统计购物中心的停车数量，测量房屋建筑之间的距离，以及识别地表景观的变化。

本章讲述了如何使用稠密层构建神经网络，该神经网络可用于各种不同的回归和分类任务。本章还讨论了如何定义和训练神经网络，并使用了可获得图像属性特征的特殊层的卷积神经网络。对比只使用稠密层的神经网络模型,卷积神经网络对参数数量需求大幅减少。

最后,本章还讨论了如何加载预定义好的模型,并将其应用于船舶图像分类问题。本章使用了在 ImageNet 数据集上预训练好的 ResNet50 模型,以抽取船舶的图像特征,然后使用这些特征来训练一个稠密分类器层。作为最后的可选步骤,本章使用程序展示了如何在低学习率上对卷积层进行训练,以实现整个神经网络的调优。

参考文献

第 6 章

文 本 数 据

　　经济与金融学科通常不愿意融合非结构化形式的数据，但对于文本数据却是例外，文本数据已被广泛应用于这些学科的实证问题研究。这种广泛应用现象可能部分源于早期经济学中的一些文本数据的成功应用效果。Romer 和 Romer 的合作论文（Romer 和 Romer，2004）中就展示了分析检测银行内部记事文本数据的实证价值。

　　文本数据在经济与金融领域更广泛的应用，也许应归功于它在这些领域的许多天然使用。文本数据可用于抽取隐变量，例如从新闻报纸中提取经济政策的不确定性[1]，从社交媒体内容中获取消费者的通胀预期（Angelico 等，2018），以及从公告、文件中分析出银行、私人公司的观点内容[2]。此外，文本数据还可用于预测银行业危机（Cerchiello 等，2017），判断新闻媒体对商业周期的影响（Chahrour 等，2019），识别出消费者金融投诉中的虚假表述（Bertsch 等，2020），分析金融稳定性（Hollrah 等，2018；Kalamara 等，2020），预测经济变量（Hollrah 等，2018；Kalamara 等，2020），以及研究银行的决策等[3]。

　　在 Robert Shiller 对美国经济学会（American Economic Association，AEA）作了名为"叙事的经济学"（'Narrative Economics'，Shiller，2017）的主席报告后，经济学中的文本数据再次获得关注。Shiller 认为当下经济与金融领域的学术研究工作已不能对流行叙事的兴起和衰减作出解释，而流行叙事常常有能力造成宏观经济和金融的波动，哪怕这种流行叙事本身是错误的。Shiller 然后提出这些学科应该启动一些长期项目，利用基于文本的数据集和方法来纠正这些学术研究的不足。

---

　　[1]　经济政策不确定性指数（Economic Policy Uncertainty，EPU）的构建，请参见 Baker（Baker 等，2016）、Bloom 等人（Bloom 等，2019）的综述论文，以及参见一些最新的研究文献。不少国家的 EPU 指数会在 www.policyuncertainty.com 网站发布和更新。

　　[2]　从银行的报告及金融文档中推断出一些观点，是经济学中文本数据最常见的两种使用方式。Loughran 和 McDonald 的论文（Loughran 和 McDonald，2011）是金融文档最早的应用研究之一。作为该研究的副产品，Loughran 和 McDonald 引入了一个金融情感词典，该词典在经济与金融领域得到了广泛的应用，词典包括了银行问题相关的术语。Apel 和 Blix Grimaldi 在他们 2014 年的论文（Apel 和 Blix Grimaldi，2014）中，也引入了一个情感词典，其使用了专门针对银行业务的术语。

　　[3]　可参见 Hansen 和 McMahon（Hansen 和 McMahon，2016），Hansen 等（Hansen 等，2018），Acosta（Acosta，2019）以及 Armelius 等（Armelius 等，2020）的论文。

本章将讨论如何准备文本数据,并将它们应用于经济与金融环境中。本章仍将使用 TensorFlow 进行建模,但也会使用自然语言工具包(Natural Language Tool kit,NLTK) 对数据进行预处理。本章还将频繁地参考和使用 Gentzkow 等人论文(Gentzkow 等, 2019)中提出的约定,该论文对经济与金融领域的很多文本分析主题进行了综述。

6.1 数据清洗和准备

任何文本分析项目的第一步都是清洗和准备数据。例如,如果想对公司的新闻报道 文章进行分析,来预测该公司的证券市场表现,就需要对这些新闻报道文章进行汇编,或 将其称为"语料库",然后再将这些新闻报道文章的文本转换为数值形式。

将文本转换为数值的方式方法将决定程序可以执行什么类型的数据分析。因此,数 据清洗和准备步骤是此类数据分析项目流程中重要的一环。本节将聚焦于自然语言工具 包(Natural Language Tool kit,NLTK)的使用。

程序片段 6-1 首先安装了 NLTK,然后加载了它,并下载了 NLTK 的模型和数据集。读 者可使用 nltk.download('book')代码下载本书相关的数据,使用 nltk.download('popular')下载 最流行的包,使用 nltk.download('all')下载所有可用的数据集和模型。

【程序片段 6-1】 安装、加载和准备 NLTK

```
1   #安装 NLTK(或在命令提示符下安装)
2   !pip install nltk
3
4   #加载 NLTK
5   import nltk
6
7   #下载 NLTK 中所有的模型和数据集
8   nltk.download('all')
```

程序片段 6-1 安装了 NLTK,并下载了所有的数据集和模型,现在读者可使用它基础 的数据清洗和准备工具了。在进行这项工作前,本章将先准备一个数据集,并对相关概念 进行介绍。

6.1.1 数据收集

本章使用的数据来自美国证券交易委员会(US Securities and Exchange Commission,SEC)的文档,这些文档可使用该委员会的在线系统 EDGAR 获得[①]。

---

① 读者可通过 EDGAR 查询和下载文件,其地址为 https://www.sec.gov/edgar/search-and-access。

EDGAR 的界面如图 6-1 所示,用户可通过该界面执行各种各样的查询。本章将使用该界面获得一些公司的文档。用户在 EDGAR 界面上输入公司名称,或具体指定搜索参数,EDGAR 将根据匹配规则返回所有的公司文档。例如用户希望建立一个项目获得 SEC 关于金属矿开采企业的文档,那么用户可输入标准产业分类码(Standard Industrial Classification,SIC)进行搜索。

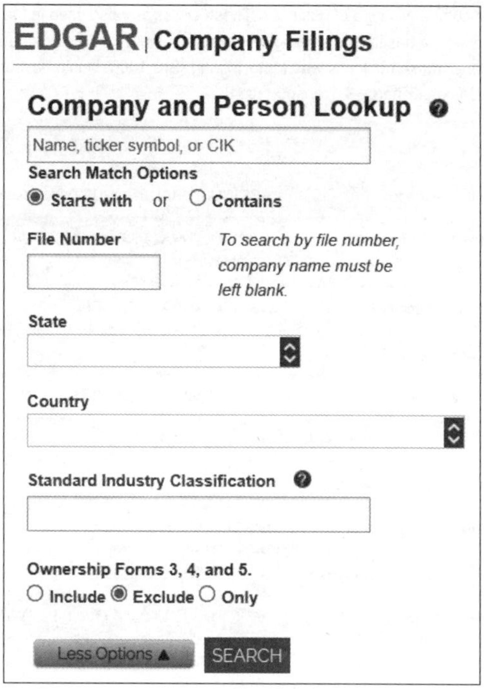

图 6-1　用于获取公司文档的 EDGAR 搜索界面

　　通过展开 SEC 的 SIC 代码列表,用户可以看到金属矿业开采的分类码为 1000,属于能源和交通办公室(Office of Energy and Transportation)的责任范围,如图 6-2 所示。有了这些信息,用户现在就可搜索 SIC 代码为 1000 的公司的所有文档内容,搜索结果如图 6-3 所示。搜索结果的每页列出了公司名称,与这些文档相关的州或地区信息,以及可用于识别文档归属个人或组织的中央索引键(Central Index Key,CIK)。

　　本例选择了 Americas Gold and Silver Corp 公司的文档,读者可在 CIK 栏查找值为 0001286973 的条目定位到该公司。单击该链接,找到该公司 2020 年 5 月 15 日的 6-K 财务文档,查看 Exhibit 99.1 的文档内容。图 6-4 显示了该文档的标题和部分文本内容。

　　从图 6-4 可以看到,该财务文档时间对应 2020 年第一季度,包含了一些对评估公司价值有用的特定信息。例如,其中有一条关于公司并购的信息。该文档还讨论了某些地点的矿山生产计划。读者现已掌握了如何从 EDGAR 系统查找需要的文档信息,找到自

Division of Corporation Finance: Standard Industrial Classification (SIC) Code List

The Standard Industrial Classification Codes that appear in a company's disseminated EDGAR filings indicate the company's type of business. These codes are also used in the Division of Corporation Finance as a basis for assigning review responsibility for the company's filings. For example, a company whose business was Metal Mining (SIC 1000) would have its filings reviewed by staffers in the Office of Energy & Transportation.

SIC Code	Office	Industry Title
100	Office of Life Sciences	AGRICULTURAL PRODUCTION-CROPS
200	Office of Life Sciences	AGRICULTURAL PROD-LIVESTOCK & ANIMAL SPECIALTIES
700	Office of Life Sciences	AGRICULTURAL SERVICES
800	Office of Life Sciences	FORESTRY
900	Office of Life Sciences	FISHING, HUNTING AND TRAPPING
1000	Office of Energy & Transportation	METAL MINING
1040	Office of Energy & Transportation	GOLD AND SILVER ORES
1090	Office of Energy & Transportation	MISCELLANEOUS METAL ORES
1220	Office of Energy & Transportation	BITUMINOUS COAL & LIGNITE MINING
1221	Office of Energy & Transportation	BITUMINOUS COAL & LIGNITE SURFACE MINING
1311	Office of Energy & Transportation	CRUDE PETROLEUM & NATURAL GAS
1381	Office of Energy & Transportation	DRILLING OIL & GAS WELLS
1382	Office of Energy & Transportation	OIL & GAS FIELD EXPLORATION SERVICES
1389	Office of Energy & Transportation	OIL & GAS FIELD SERVICES, NEC

图 6-2　SIC 分类代码的部分清单

已感兴趣的文档,接下来,本章将介绍如何表述这类文本信息。然后再回到使用 NLTK 进行数据清洗和数据准备的工作中。

6.1.2　文本数据表征

本章将使用 Gentzkow 等人 2019 年论文中所采用的文本表征方式。设 D 表示 N 个文档的集合(文档的集合也称为"语料库"),C 表示一个数值矩阵,包含了具有 K 特征的每个文档的观测,$D_i \in D$。在许多情况下,需要使用 C 预测结果 V,或在两步因果推理问题中使用拟合值 $\hat{V}$。

Companies for SIC 1000 - METAL MINING
Click on CIK to view company filings

Items 1 - 40

CIK	Company	State/Country
0000825171	37 CAPITAL INC	A1
0001011903	ABACUS MINERALS CORP	A1
0001071832	ACCORD VENTURES INC	A6
0001194506	ACREX VENTURES LTD	
0001171008	ADAMANT DRI PROCESSING & MINERALS GROUP	F4
0001050602	ADASTRA MINERALS INC	X0
0000830821	Advanced Mineral Technologies, Inc	ID
0001318196	ALASKA GOLD CORP.	NV
0001360903	Alaska Pacific Resources Inc	NV
0001142462	ALBERTA STAR DEVELOPMENT CORP	A1
0001484457	Alderon Iron Ore Corp.	A1
0001015647	ALMADEN MINERALS LTD	A1
0001402279	AMCA RESOURCES, INC.	A6
0001576873	AMERICAN BATTERY TECHNOLOGY Co	NV
0001072019	American Bonanza Gold Corp.	A1
0000948341	AMERICAN BULLION MINERALS LTD	A1
0000891713	AMERICAN CONSOLIDATED MANAGEMENT GROUP INC	SC
0001282613	AMERICAN EAGLE ENERGY Corp	CO
0000949055	AMERICAN GEM CORP	MT
0001356371	AMERICAN LITHIUM MINERALS, INC.	NV
0001137239	AMERICAS ENERGY Co - AECO	TN
0001286973	Americas Gold & Silver Corp	A6
0001372954	Ameritrust Corp	WY
0001491003	AMERTHAI MINERALS INC.	W1
0001392875	Amogear Inc.	NY
0001388502	ANGLO-CANADIAN URANIUM CORP	A1

图 6-3 金属矿开采公司搜索结果的部分清单

Operational and First Quarter Financial Highlights

- Relief Canyon continues to ramp-up following first gold pour in February and the Company is focused on achieving commercial production by late Q2-2020 or early Q3-2020.
- Subsequent to Q1-2020, the Company closed a bought deal public offering for gross proceeds of approximately C$28.75 million which provides the Company with available capital to address working capital needs including bringing Relief Canyon into commercial production, particularly in the COVID-19 environment.
- As a result of Relief Canyon being in pre-commercial production, the Cosalá Operations producing for less than a month during the quarter, and the exclusion of operating metrics from the Galena Complex during the Galena recapitalization plan ("Recapitalization Plan"), Q1-2020 revenue was $7.3 million resulting in a net loss of $4.1 million or ($0.03) per share.
- Cosalá production for the first 26 days of Q1-2020 yielded 420 gold equivalent ounces[1] or 0.3 million silver equivalent ounces[2] at cost of sales of $7.19/oz equivalent silver, by-product cash cost[3] of negative ($11.32/oz) silver, and all-in sustaining cost[3] of negative ($0.83/oz) silver.
- The Galena Recapitalization Plan is proceeding better than expected with the Company seeing both increased production and encouraging exploration results.
- Outlook for 2021 continues to be 90,000 to 110,000 gold equivalent ounces at expected all-in sustaining costs[4] of $900 to $1,100 per gold equivalent ounce.
- At March 31, 2020, the Company had a cash balance of approximately $16.4 million.
- The Company has chosen not to host a conference call to discuss the Q1-2020 results given the limited production and the extensive operations update released on May 4, 2020. The Company will resume the quarterly conference calls following its Q2-2020 results.

图 6-4 金属矿开采公司 6-K 财务文档的一部分内容

在使用 NLTK 清洗数据和准备数据前,还需要对以下两个问题进行解答。

(1) D 是什么?

(2) C 应该体现出 D 的哪些特征?

如果文本数据仅仅为一个 6-K 文档，那么 D_j 可表示文档中的一个段落或者句子。如果文本数据为许多 6-K 文档，那么 D_j 就可表示单独的一个文档。为了在本章示例中统一表达，这里将采用前一种表示方式，即 D_j 表示 6-K 文档中的一个段落或者一系列句子集合。

那么 C 应该如何表达？C 取决于用户希望从文档每个句子中抽取出的特征（也称为"词元"）。在许多情况下，会使用文档的词频统计作为特征，本例也会参照这种做法。C 的表达式常常被称为"文档特征"矩阵（或称为"文档词条"矩阵），如公式 6-1 所示。

公式6-1 文档特征矩阵。

$$C = \begin{pmatrix} c_{11} & \cdots & c_{1k} \\ \vdots & & \vdots \\ c_{n1} & \cdots & c_{nk} \end{pmatrix}$$

其中，C 的每个元素 c_{ij} 为单词 j 出现在句子 i 中的频率。读者也许会问，什么样的单词会被包含在矩阵 C 中？是不是所有给定词典的单词都应包含在该矩阵中？是否需要限制矩阵中的单词至少在语料库中出现一次？

6.1.3 数据准备

在数据准备实践中，会基于某些筛选规则选出单词的最大数量 K。除此之外，在数据清洗和数据准备过程中，通常还需要移除所有的非单词符号，例如数字和标点符号。这个过程通常由如下 4 个步骤组成。

（1）小写化处理。文本数据本质上是高维的，因此需要尽可能使用降维策略，其中一个简单的处理方式就是忽略大写字母。例如，对于单词 gold 和 Gold，需要将其所有字符转换为小写，把它们当作同样的词处理，而不是将它们处理为不同的特征词。

（2）移除停用词和罕用词。许多单词并不包含有意义的内容，如冠词、连词和介词等。基于这个原因，程序经常需要汇编一个"停用词"列表，在数据清洗过程中将这些词从文本中移除出去。例如文档特征矩阵 C 由单词的频率组成，那么掌握 the 和 and 的词频数量并不会有助于用户了解文章的主题思想，因此需要将这些词移除。类似地，在将这些词从文档词条矩阵中移除的同时，通常也会移除那些罕用词，这些罕用词出现频率太低，以致模型无法识别出它们的意义。

（3）词干提取或词形还原。进一步对文本数据降维，通常需要进行词干提取或词形还原。词干提取需要将单词转换为它的词干形式。例如，需要将动词 running 映射为 run。由于许多单词可以映射到同一词干，因此，该操作将降低问题的维度，就像字母小写化处理一样。在数据准备过程中，移除一个词干可能会产生非词错误，这对文本分析项目产生可解释输出结果的目标不甚有利。本例将考虑使用词形还原方法，用于将许多单词映射为一个单词，使用这些单词的"词根"或"字典"版本，而不是这些单词的词干。

（4）移除非词元素。在经济与金融的大部分文本分析问题中，标点符号、数字、特殊字符和标识符都没有什么使用价值。因此，本例中也将移除它们，不会将它们包含在文档词条矩阵中。

接下来将使用 NLTK 进行数据清洗和准备工作。为了过程完整起见，这里先通过程序片段 6-2，使用 urllib 和 BeautifulSoup 下载 SEC 网站上的 6-K 文档。urllib 和 BeautifulSoup 库的使用和理解不在本章的讲述范围。

【程序片段 6-2】　下载 HTML 和提取文本数据

```
1    from urllib.request import urlopen
2    from bs4 import BeautifulSoup
3    import urllib.request
4
5    #定义 URL 地址字符串
6    url = 'https://www.sec.gov/Archives/edgar/
7    data/1286973/000156459020025868/d934487dex991.htm'
8
9    #发送 GET 请求
10   html = urlopen(url)
11
12   #解析 HTML 树
13   soup = BeautifulSoup(html.read())
14
15   #识别所有的 HTML 段落
16   paragraphs = soup.findAll('p')
17
18   #获得段落文本的内容列表
19   paragraphs = [p.text for p in paragraphs]
```

下面简单对程序片段 6-2 进行解释说明。程序首先加载了两个子库：从 urllib.request 库中加载 urlopen 子库；从 bs4 库中加载 BeautifulSoup 子库。其中，urlopen 子库能发送 GET 请求，用以请求获得服务器上的文档。本例中，程序请求的 HTML 文档地址在 URL 变量中进行了具体的指定。然后程序使用 BeautifulSoup 子库创建该 HTML 文档的解析树，这样程序就可以使用该解析树的结构，使用标签进行内容搜索。接下来，程序使用段落标签 p 搜索所有的段落实例。最后通过一个列表推导式，程序获得了每个段落实例的文本内容，收集到了一系列的字符串列表。

本例使用句子而不是段落来作为文本分析的基本单元。这意味着需要将所有的段落融合进一个字符串中，然后再对其中的语句进行识别。段落的融合与打印如程序片段 6-3 所示。

【程序片段 6-3】 段落的融合与打印（接程序片段 6-2）

```
1    #将所有段落文本内容融合进一个字符串中
2    corpus = " ".join(paragraphs)
3
4    #打印字符串内容
5    print(corpus)
```

程序运行结果：

```
Darren Blasutti VP, Corporate Development & Communications
President and CEO Americas Gold and Silver Corporation Americas
Gold and Silver Corporation 416-874-1708 Cautionary Statement
on Forward-Looking Information: This news release contains
"forward-looking information" within\n the meaning of
applicable securities laws. Forward-looking information
includes,\n……
```

通过语料库的打印可以看到，语料库文本内容包含了标点符号、停用词、换行符和一些特殊字符，所有这些内容都需要在计算文档特征矩阵前清除。在对文本数据清洗之前，需要将该文本内容拆分成句子，以保留文本句子的构成内容。

虽然读者也可自己写函数，按标点符号的位置对文本内容进行拆分，但这个问题已经在自然语言处理中得以解决，并被 NLTK 工具箱实现了。在程序片段 6-4 中，程序首先加载了 NLTK，并实例化了一个"句子分析器"，用于将文本内容分解为独立的句子，然后将该句子分析器用于前面构建的语料库中。

【程序片段 6-4】 使用 NLTK 将文本分解为句子（接程序片段 6-3）

```
1    import nltk
2
3    #初始化句子分析器
4    sentTokenizer = nltk.sent_tokenize
5
6    #对句子进行识别
7    sentences = sentTokenizer(corpus)
8
9    #打印句子数量
10   print(len(sentences))
11
12   #打印第 7 个句子
13   print(sentences[7])
```

程序运行结果：

```
50
The Company continues to target commercial production by late Q2-2020 or early
Q3-2020 and will be providing more regular updates regarding the operation
between now and then.
```

接下来将对语料库文本数据进行清洗。一般程序会定义一个函数来执行数据清洗任务，为了清晰起见，这里将数据清洗分为 3 个步骤进行。程序片段 6-5 首先对语料库中的字母进行了小写处理，然后移除了所有的停用词。这样，语料库中还留有罕用词未被移除。

【程序片段 6-5】　将语料库中的字母转换为小写，并移除停用词（接程序片段 6-4）

```
1   from nltk.corpus import stopwords
2
3   #将所有的字母转换为小写字母
4   sentences = [s.lower() for s in sentences]
5
6   #定义停用词集合
7   stops = set(stopwords.words('english'))
8
9   #初始化单词分析器
10  wordTokenizer = nltk.word_tokenize
11
12  #对语料库的句子再进行单词分解,将分解后的内容存入二维列表中
13  words = [wordTokenizer(s) for s in sentences]
14
15  #移除每个句子中的停用词
16  for j in range(len(words)):
17      words[j] = [w for w in words[j] if w not in stops]
18
19  #打印第 0 个句子中的前 5 个单词
20  print(words[0][:5])
```

程序运行结果：

```
['americas', 'gold', 'silver', 'corporation', 'reports']
```

接下来将数据集中的每个单词折叠回它的词干，使用词干分析器来降低数据集的维度。程序片段 6-6 加载了 PorterStemmer 类（Porter，1980），并对其进行了实例化，然后

将该实例应用到每个句子的单词上,并再次打印了第 1 个句子的前 5 个单词。从程序结果可以看到,词干分析器将单词 corporation 映射为 corpor,将 reports 映射为了 report。需要注意的是,一个词干也许并不总是一个单词。

【程序片段 6-6】 使用单词词干来替换单词(接程序片段 6-5)

```
1   from nltk.stem.porter import PorterStemmer
2
3   #初始化一个 Porter 词干分析器
4   stemmer = PorterStemmer()
5
6   #将 Porter 词干分析器应用到每个单词上
7   for j in range(len(words)):
8       words[j] = [stemmer.stem(w) for w in words[j]]
9
10  #打印第 0 个句子中的前 5 个单词
11  print(words[0][:5])
```

程序运行结果:

```
['america', 'gold', 'silver', 'corpor', 'report']
```

数据清洗的最后一步是移除特殊字符、标点符号和数字字符。程序将使用规范化的表达式来完成这一任务,这种规范化的表达式也常被称为正则表达式。正则表达式通常为一个符合编码范式的短字符串,可用于识别文本数据中符合该范式的字符串内容。本例将使用正则表达式字符串[^a-z]+。括号内的 a-z 表示正则表达式的字符范畴,即字母表中的小写英文字母这 26 个字符。而脱字符^用于否定这个范式,表示该正则表达式仅包含不在英文字母 a-z 范围内的所有字符。这些不在 a-z 范围的字符,当然包括特殊字符、标点符号和数字字符。最后,符号+表示允许这样的符号在序列中连续出现 1 次或多次。

【程序片段 6-7】 移除特殊字符、标点符号和数字字符(接程序片段 6-6)

```
1   import re
2
3   #移除所有的特殊字符、标点符号和数字字符
4   for j in range(len(words)):
5       words[j] = [re.sub('[^a-z]+', '', w) for w in words[j]]
6
7   #将单词重放回句子中
8   for j in range(len(words)):
```

```
9           words[j] = " ".join(words[j]).strip()
10
11    #打印列表中的第 7 个句子
12    print(words[7])
```

程序运行结果：

```
compani continu target commerci product late q earli q provid regular updat
regard oper
```

程序片段 6-7 实现了数据清洗的最后一个步骤。程序首先加载了 re 库,用于实现正则表达式的编写和执行。然后对句子中的每个单词进行迭代,对单词中匹配该正则表达式的任何字符串使用空字符进行替换。替换完成后,每个句子中的特殊字符、标点符号、数字字符都被移除,只留下单词。由于该过程会产生一些空字符,因此需要对句子中的单词再次连接,清除不必要的空字符,并同时移除每个句子前后的空白字符(包括空格、制表符以及换行符)。

和程序片段 6-4 一样,程序再次打印了语料库的第 7 个句子,这次读者将看到与程序片段 6-4 完全不一样的打印结果。程序片段 6-7 输出的不是一个句子,而像是一系列词干的集合。实际上,本章接下来的部分将使用一种文本分析形式,将文档处理为一系列单词的集合,而忽略单词出现的顺序,这种文本分析形式通常被称为词袋模型。

6.2　词袋模型

本章前面部分讨论过,可使用词频统计作为特征来构建文档词条(Document Term,DT)矩阵 C。这种特征表达使得用户不需要考虑句子的语法或单词的出现顺序,只需要考虑单词的出现频率。通过将单词词频作为文档词条矩阵的特征,可解决经济与金融领域的许多问题,实现用户的目标。

Salton 和 McGill 在他们 1983 年的信息提取研究论文(Salton 和 McGill,1983)中,提出了前面提到的词袋(Bag-of-Words,BoW)模型。但术语"词袋"最早出现在 Harris 1954 年的语言语境(Harris,1954)中,原文如下：

we build a stock of utterances each of which is a particular combination of particular elements. And this stock of combinations of elements becomes a factor ··· for language is not merely a bag of words but a tool with particular properties which have been fashioned in the course of its use[译文：我们构建了一系列的话语,每个话语都是具体元素的具体融合。这些元素的融合构成了一个因素……因为语言并不仅是单词的收纳袋,还是一个具有特定属性的工具,它们在使用过程中形成了自己的风格。]

　　本节将介绍如何使用程序构建一个 BoW 模型，程序将从前面讲述的数据清洗和数据准备工作开始。除了 NLTK 工具箱外，程序还将使用 sklearn 库的子模块来构建 DT 矩阵。虽然也有程序会使用 NLTK 来构建 DT 矩阵，但这并不是 NLTK 库的核心模块功能，并且 NLTK 构建 DT 矩阵的效率通常较低。

　　程序片段 6-7 从金属矿开采公司的一个 6-K 文档中提取了 50 个句子，处理后放入 words 列表中。程序片段 6-8 将使用列表 words 来构建文档词条矩阵，首先从 sklearn.feature_extraction 库中加载 text 子库，然后初始化了一个 CounterVectorizer 类，用于计算每个句子的词频，再基于一些约束构建文档词条矩阵 C，这些约束以参数的形式提供。为了便于说明，程序片段 6-8 将参数 max_features 设置为 10。这将使得该文档词条矩阵列的最大数量不会超过 10。

【程序片段 6-8】 构建文档词条矩阵（接程序片段 6-7）

```
1   from sklearn.feature_extraction import text
2
3   #初始化 CounterVectorizer 类
4   vectorizer = text.CountVectorizer(max_features = 10)
5
6   #构建文档词条矩阵 C
7   C = vectorizer.fit_transform(words)
8
9   #打印文档词条矩阵
10  print(C.toarray())
11
12  #打印特征名称
13  print(vectorizer.get_feature_names())
```

程序运行结果：

```
[[3 1 0 2 0 0 1 0 2 2]
 [1 2 0 1 0 0 0 0 0 1]
 ...
 ...
 ...
 [0 1 0 0 0 1 0 0 0 0]
 [0 0 0 0 0 0 0 1 1 0]]
['america', 'compani', 'cost', 'gold', 'includ', 'inform', 'oper', 'product',
 'result', 'silver']
```

接下来程序使用了 fit_transform() 方法对列表 words 进行转换，将它转换为文档词

条矩阵 **C**。由于 **C** 对许多问题来说都比较大,因此 sklearn 将它保存为一个稀疏矩阵。程序还使用了 toarray()方法将其转换为一个二维数组,并使用了 vectorizer 类实例的 get_feature_names()方法提取出对应于每个列的词条。

通过打印词条矩阵和特征词名称,可以看到程序提取出了 10 个不同的特征词。虽然程序片段 6-8 成功提取出了 10 个不同的特征词,但在实际应用中,通常会使用更多的特征词;然而,更多的特征词也意味着可能会包含一些无用的特征词,因此需要对这些特征进行筛选。

Sklearn 为用户提供了两个附加参数用于特征筛选:max_df 和 min_df。其中,max_df 参数指定文档中单词出现的最大次数或最大比例,如果超过这个次数或比例,那么单词将会从特征矩阵中被移除。类似地,min_df 参数用于指定单词的最低限度阈值。在使用最大次数表示时,如指定 max_df 为整数 3,那么表示单词在文档中出现的次数不能超过 3;而将 max_df 为指定为浮点数 0.25 时,则表示单词在文档中出现的比例不得超过 0.25。

【程序片段 6-9】　修正 CountVectorizer 类的参数(接程序片段 6-7)

```
1   #初始化 CountVectorizer 类
2   vectorizer = text.CountVectorizer(
3       max_features = 1000,
4       max_df = 0.50,
5       min_df = 0.05
6   )
7
8   #构建文档词条矩阵 C
9   C = vectorizer.fit_transform(words)
10
11  #打印矩阵 C 的形状
12  print(C.toarray().shape)
13
14  #打印前 10 个特征
15  print(vectorizer.get_feature_names()[:10])
```

程序运行结果:

```
(50, 109)
['abil', 'activ', 'actual', 'affect', 'allin', 'also', 'america', 'anticip',
'approxim', 'avail']
```

参数 max_df 设置最大阈值是用于移除那些出现频次过高的单词,这些单词出现频次过高,导致其无法反映出文档有意义的内容变动。例如,如果一个词在文档中出现的比例超过 50%,那么也许要将 max_df 设置为 0.50,以对该单词进行移除。程序片段 6-9 再次对文档词条矩阵进行了计算,但这次程序将特征项数量上限设为了 1000,并将 max_df 设为 0.50,用于过滤出现比例超过 50% 的单词,将 min_df 设为 0.05,用于过滤出现比例低于 5% 的单词。

程序片段 6-9 还对矩阵 **C** 的形状进行了打印,结果显示它并没有达到参数 max_features 值 1000 的上限,仅返回了 109 个特征列。这 109 个特征应该是处于最大文档频率参数 50% 和最小文档频率 5% 之间的单词序列,移除了那些不太有用的特征单词。

另一个实现单词筛选的方法是使用公式 6-2 所示的词频-逆文档频率(Term-Frequency Inverse-Document Frequency,TF-IDF)矩阵。

公式6-2 计算列 j 的词频-逆文档频率。

$$\text{tfidf}_j = \sum_i c_{ij} \times \log_2\left(\frac{N}{\sum_i 1_{[c_{ij}>0]}}\right)$$

TF-IDF 用于计算文档词条矩阵 **C** 中每个单词 j 的特征。它由两个元素的乘积组成:① 单词 j 在语料库所有文档中出现的频率 $\sum_i c_{ij}$;② 文档中单词 j 统计的自然对数,由单词 j 在语料库中至少出现 1 次的文档数量 $N/\sum_i 1_{[c_{ij}>0]}$ 组成。TF-IDF 矩阵增大了单词 j 在整个语料库中的出现次数权重,但降低了出现单词 j 的文档权重。如果单词 j 使用不频繁或包含在许多文档中,那么其 TF-IDF 得分将会比较低。

【程序片段 6-10】 计算所有列的逆文档频率(接程序片段 6-7)

```
1   #初始化 CountVectorizer 类
2   vectorizer = text.TfidfVectorizer(max_features = 10)
3
4   #构建文档词条矩阵 C
5   C = vectorizer.fit_transform(words)
6
7   #打印逆文档频率
8   print(vectorizer.idf_)
```

程序运行结果:

```
[2.36687628 1.84078318 3.14006616 2.2927683  2.44691898
 2.22377543 1.8873032  2.22377543 2.22377543 2.2927683 ]
```

程序片段 6-10 重复了程序片段 6-8 同样的步骤,但使用的是 TfidfVectorizer(),而不是 CountVectorizer()。该类允许使用 idf_ 参数,其包含了特征单词的逆文档频率分数。然后程序可对 TF-IDF 得分低于特定值的单词进行筛选,删除该单词的特征列。

在一些应用中,也许要用到序列中的多个单词(n 元),而不是单个单词(一元),作为矩阵的特征。这时就需要对 TfidfVectorizer() 或 CountVectorizer() 类的 ngram_range 参数进行设置。程序片段 6-11 将 ngram_range 参数设置为(2，2)，这意味着程序仅允许使用两个单词的序列(二元)作为特征。注意该元组(2，2)中的第一个数是单词的最低数量，第二个数是表示单词的最大数量。可以看到程序片段 6-11 的输出特征名称集合与程序片段 6-9 生成的一元结果大不相同。

【**程序片段 6-11**】　计算二元的文档词条矩阵(接程序片段 6-7)

```
1   #初始化 TfidfVectorizer 类
2   vectorizer = text.TfidfVectorizer(
3       max_features = 10,
4       ngram_range = (2,2)
5   )
6
7   #构建文档词条矩阵 C
8   C = vectorizer.fit_transform(words)
9
10  #打印特征名称
11  print(vectorizer.get_feature_names())
```

程序运行结果：

```
['america gold', 'cosal oper', 'forwardlook inform', 'galena complex', 'gold
silver', 'illeg blockad', 'oper result', 'recapit plan', 'relief canyon',
'silver corpor']
```

通常来讲，应用词袋模型和计算文档词条矩阵只是自然语言处理项目的第一步。然而，这个步骤却可以让用户非常直接地了解到该类矩阵为何可与计量经济学的标准工具融合，进而执行数据分析。例如，SEC 文档发布当天的股票收益，这类与文档相关的因变量问题，就可以对文档及股票收益进行融合，来训练一个预测模型或进行假设检验。

6.3　基于词典的方法

前两节中进行了数据清洗和数据准备，并使用词袋模型对数据进行了探索分析，最终产生了一个 $N \times K$ 的文档词条矩阵 C，该矩阵由每个文档的词频统计组成。程序通过指定参数筛选过滤了文档词条矩阵中的一些特定单词，剩下的文本单词的特征还需要进一步探索分析。

一个可供选择的方法是使用预先选定好的单词词典，以捕捉文本的潜在特征。这类方法通常被称为"基于词典的方法"，是经济学中最常用的文本分析形式。

经济学中早期基于词典的方法使用了隐含"情感",对新闻和股票市场表现的关系进行研究分析,该研究文章(Tetlock,2007)发表在了华尔街日报(*Wall Street Journal*)上。往后的一些研究,如 Loughran 和 McDonald 的论文(Loughran 和 McDonald,2011),Apel 和 Blix Grimaldi 的论文(Apel 和 Blix Grimaldi,2014)介绍了用于检测特殊隐变量的词典的设计,使得这些词典在研究文献中得到了广泛的应用。Loughran 和 McDonald 引入了一个用于 10-K 金融文档的词典,用于检测文本中的积极情绪和消极情绪。Apel 和 Blix Grimaldi 则引入了一个词典,用于检测银行发布信息中的"激进"和"温和"信息。

Gentzkow 等人(Gentzkow 等,2019)认为,经济学和社会科学应扩展它们用于执行文本分析的工具集,而不是将基于词典的方法作为默认选择。基于词典的方法仅当以下两个准则满足时,才应该被考虑使用。

(1) 程序拥有隐变量的先验信息,且先验信息在文本中的表达是坚定和可信的。

(2) 文本中关于隐变量的信息不突出且较为分散。

一个理想的案例就是 Baker 等人在他们 2016 年论文(Baker 等,2016)中引入的经济政策不确定性(Economic Policy Uncertainty,EPU)指数。Baker 等人希望发现的隐变量,是通过检测文本中指向经济、政策和不确定性的词语的联合使用,来获得一个理论预测目标。如果没有为这样的预测目标指定一个词典,那么该预测目标不太可能从模型中作为常用特征和主题自然出现。此外,通过指定一个词典,Baker 等人就可以将模型捕捉到的隐含理论目标,与相同新闻报纸文章的人类评价 EPU 指数分数进行对比,以验证他们模型的有效性。

由于基于词典的方法实现很简单,并不需要使用 TensorFlow,因此本节将通过一个简单的例子,基于 Loughran-McDonald(LM)词典,展示基于词典的方法的工作机制。程序片段 6-12 首先使用 pandas 加载了 LM 词典[①]。程序使用了 pandas 的 read_excel 子模块,通过指定文件路径和表单名称来读取该 Excel 形式的 LM 词典文件。注意程序指定读取该 Excel 文件的 Positive(积极)表单,因为该程序示例将专门使用积极情绪单词词典。

【程序片段 6-12】 计算 Loughran-McDonald 词典的积极情绪测度单词(接程序片段 6-7)

```
1   import pandas as pd
2
3   #定义数据词典的路径
4   data_path = '../data/chapter6/'
5
6   #加载 Loughran-McDonald 词典文件
```

① LM 词典当前可从以下网址下载:https://sraf.nd.edu/loughranmcdonald-master-dictionary/。

```
7   lm = pd.read_excel(data_path+'LM2018.xlsx',
8                       sheet_name = 'Positive',
9                       header = None)
10
11  #将 Series 转换为 DataFrame 类型数据
12  lm = pd.DataFrame(lm.values, columns = ['Positive'])
13
14  #将文本字符转换为小写
15  lm = lm['Positive'].apply(lambda x: x.lower())
16
17  #将 DataFrame 数据转换为列表
18  lm = lm.tolist()
19
20  #打印列表中的积极情绪单词
21  print(lm)
```

程序运行结果：

```
['able',
'abundance',
'abundant',
...
'innovator',
...
'winners',
'winning',
'worthy']
```

接下来,程序将 pandas 的 Series 数据转换为了 DataFrame 类型数据,并使用了词典文件中的 Positive 列表头。然后程序使用了一个 lambda 函数将所有的单词都转换为小写形式,因为原 LM 词典中的单词都为大写形式,不便在程序中使用。最后,程序将 DataFrame 数据转换为了列表对象,并进行了打印。程序输出结果的最后 3 个单词中,有 2 个是 winners 和 winning,它们可能具有相同的词干。

一般来讲,程序通常要对词典和语料库中的单词进行词干溯源,或者两个都不进行。由于 6.2 节的程序已经对语料库,即前面 6-K 文件句子中的单词进行了词干溯源,因此程序片段 6-13 将对该 LM 词典进行词干溯源,并删除单词溯源过程中的重复词干。

【程序片段 6-13】 对 LM 词典进行词干溯源(接程序片段 6-12)

```
1  from nltk.stem.porter import PorterStemmer
```

```
2
3    #实例化 PorterStemmer 类
4    stemmer = PorterStemmer()
5
6    #将 stemmer 实例应用于列表中的单词
7    slm = [stemmer.stem(word) for word in lm]
8
9    #打印列表长度
10   print(len(slm))
11
12   #通过集合函数去除重复词干
13   slm = list(set(slm))
14
15   #打印列表长度
16   print(len(slm))
```

程序运行结果：

```
354
151
```

与本章前面的程序示例类似，程序片段 6-13 首先实例化了一个 PorterStemmer 类，然后使用列表推导式，将其应用于 LM 词典列表 lm 中的每个单词，获得这些单词的词干，处理完成后得到的列表包含了 354 个单词词干。然后程序通过使用 set() 函数将列表转换为集合，去除列表中重复的词干内容，并再次通过 list() 函数将集合转换为列表，将词干数量减少到了 151 个。

接下来将对前面从 6-K 文档中提取出的 50 个句子的 words 列表进行处理，统计句子中的积极情绪词干频率。前面的程序已经对句子中的单词进行了清洗和词干溯源，并将它们存储为字符串。程序 6-14 对这些字符串进行了迭代处理，统计字符串中每个积极情绪单词出现的次数。

【程序片段 6-14】 统计积极情绪单词（接程序片段 6-13）

```
1    #定义空数组以存储词频
2    counts = []
3
4    #对所有的单词句子进行迭代处理
5    for w in words:
6        #设置 count 为 0
7        count = 0
```

```
8          #迭代统计所有的词典词干
9          for i in slm:
10             count += w.count(i)
11         #在列表中添加统计数据
12         counts.append(count)
```

程序片段 6-14 首先定义了一个空列表 counts 以存储词频统计数据,然后对 words 列表中的所有字符串进行外层循环迭代。当开始对 words 中的一个句子字符串迭代时,程序先将积极单词变量 count 设置为 0,然后进入内层循环迭代,对所有 LM 词典中的单词词干列表 slm 进行迭代,统计它们出现在字符串中的次数,并统计积极单词的总数。最后将每个句子中的积极情绪单词总数 count 添加到列表 counts 中。

图 6-5 展示了积极情绪单词统计的直方图。从该图可以看出,大部分句子不包含积极情绪单词,但有一个句子包含了 10 个以上的积极情绪单词。如果像通常的做法一样,在文档层面执行该分析,程序在大部分 6-K 文档上的分析结果大概率都为非零值。

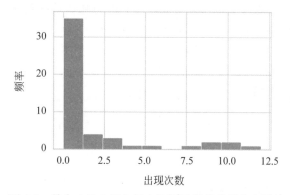

图 6-5 某个 6-K 文档句子中的积极情绪单词分布统计

原则上,程序可将积极情感单词统计作为回归的特征。然而在实践中,通常会对这些统计变量进行更可自然解释的转换。如果统计结果不为 0,那么可以使用统计结果的自然对数,便于通过积极情感单词的百分比变化来解释它们所产生的影响。作为选择,程序也可以使用积极情感单词占所有单词的比例来进行判断。

最后,在经济与金融应用中,常使用公式 6-3 所示的融合了积极情绪和消极情绪(或称为"激进"和"温和")词语的净指数(net positivity)来进行判断。公式 6-3 首先计算了积极情感单词统计数量(positivity)与消极情感单词统计数量(negativity)之差,然后再除以一个归一化因子(normalization factor)。该归一化因子可以是文档的单词总数,也可以是所有积极情感单词和消极情感单词的数量之和。

公式6-3 净积极情绪指数。

$$\text{net positivity} = \frac{\text{positivity} - \text{negativity}}{\text{normalization factor}}$$

6.4 词嵌入

到现在为止,程序已使用独热编码(哑变量)构建了单词的数值表达。这种方式的潜在缺点是它假定了每对单词都是相互正交的。例如单词"通胀"(inflation)与"价格"(prices),就被认为彼此不存在关联。

将单词作为特征的一种替代方案是使用词嵌入。相比高维、稀疏的词向量表达方式,词嵌入使用的是一种低维的、稠密的表达。这种稠密的表达方式可用于识别单词之间的相关程度。

图 6-6 给出了独热编码方法和稠密词嵌入方法的一个简单对比。对于银行发布信息中可能包含的"…急剧通货膨胀…"这样的表述,使用这两种方式进行编码都可行。如果使用图 6-6 左边所示的独热编码方法,那么每个单词都会被转换成一个稀疏、高维的向量。每个单词的向量都与其他所有的单词向量正交(即不相关)。如果换用词嵌入方法,每个单词将使用图 6-6 右边所示的低维、稠密的表达。在使用词嵌入方式时,任意两个单词向量的关系都可以测量和确定,例如使用两个单词向量的内积来计算单词之间的关系。公式 6-4 给出了两个 n 维向量 x 和 z 的内积计算方式。

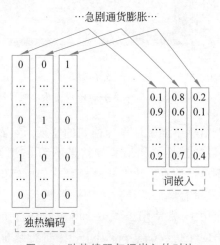

图 6-6 独热编码与词嵌入的对比

公式6-4 向量 x 和 z 的内积计算。

$$x^{\mathrm{T}}z = x_0 z_0 + \cdots + x_n z_n$$

虽然向量内积对单词之间的关系给出了一个紧凑的概括,但它并没有对两个嵌入向量之间如何关联提供更多粒度的信息。对于此,可直接对比两个向量相同位置的元素,这些相同位置元素对比为向量的同样特征提供了一个测度。虽然这种测度并不能够判断该隐含特征是什么,但如果两个向量在相同位置具有类似值的话,表明这两个单词在该维度上具有关联。

对比独热编码,词嵌入方法需要使用一些监督方法或非监督方法进行训练。由于词嵌入需要捕捉单词的含义以及捕捉单词之间的关系,因此只做训练常常没有什么意义。此外,嵌入层还需要对用户执行数据分析的文本表达语言进行学习,用户提供的语料库对于词嵌入方法的数据分析来讲基本是不够的。

对于这种情况,用户可使用预训练好的词嵌入来弥补语料库的不足。常见的选择包括使用 Word2Vec 模型和 Global Vector for Word Representation 模型(GloVe)。

注意,词嵌入和神经网络的卷积层很相似。卷积层包含了通用视觉滤波器,因此,使用在几百万张图像上预训练得到的模型的卷积层通常有效。此外,还可能对这类模型训练进行调优,以改善模型在用户具体图像分类任务中的本地表现。对于词嵌入方法也是如此。

6.5　主题建模

主题建模的目的是覆盖语料库中一系列隐含的主题,并判断语料库的独立文档中这些主题被表达的程度。第一个主题模型是潜在狄利克雷分布(Latent Dirichlet Allocation,LDA)模型,由 Blei 等人 2003 年的机器学习论文(Blei 等,2003)引入,此后该模型在多个领域中得到应用,包括经济与金融领域。

虽然 TensorFlow 并没有为主要的标准主题模型提供实现,但它仍是许多复杂主题模型的框架选择。一般来讲,如果某个主题模型会用到深度学习,那么它更可能通过 TensorFlow 实现。

由于主题模型在经济学中得到了越来越广泛的应用,因此本节将对主题建模进行简单的介绍,虽然程序示例中不会使用 TensorFlow 实现它。本节将先从静态 LDA 模型的理论概述开始,然后描述如何通过 sklearn 库来实现和调优静态 LDA 模型,最后将讨论该模型最新引入的一些变体。

在 Blei 等人 2003 年的论文中,LDA 模型的描述原文如下。

A generative probabilistic model of a corpus. The basic idea is that documents are represented as random mixtures over latent topics,where each topic is characterized by a distribution over words.(译文:LDA 模型是一个语料库的生成概率模型。其基本思想是,文档由隐含主题随机混合表述,而每个主题都以特定单词的分布为特征。)

这里有几个概念需要解释,因为它们将反复在本章的内容中。首先,LDA 模型是一个"生成"模型,因为它生成了一个全新的输出,即主题分布,而不是执行一个判别任务,例如从文档中学习分类。其次,LDA 模型是一个"概率"模型,因为该模型明确地以概率论为基础,并产生了概率预测结果。最后,LDA 模型的主题被称为是"隐含的",是因为这些主题无法被明确测量或标记,但这些主题被认为是语料库文档的隐含特征。

这里不讨论 LDA 模型的处理细节,只从概念开始,对 Blei 论文中 LDA 模型的假定条件进行简单的概括。首先,LDA 模型假定单词来自于一个长度为 V 的固定词汇表,使用独热编码向量来表示这些单词。接下来,LDA 模型将文档定义为由 N 个单词组成的序列,$d = \{w_1, w_2, \cdots, w_N\}$。最后,LDA 模型将语料库定义为一系列文档的集合,$D = \{d_1, d_2, \cdots, d_M\}$。

LDA 模型对生成语料库 D 中文档 d 的基本过程做出以下 3 个假设。

(1) 每个文档 d 中的单词数量 N,具有泊松分布特征。

(2) 潜在主题来自 k 维随机变量 θ,θ 具有狄利克雷分布特征:$\theta \sim \mathrm{Dir}(\alpha)$。

(3) 每个单词 n 的主题 z_n 具有以 θ 为条件的多项式分布特征。然后单词 n 本身具有以主题 z_n 为条件的多项式分布特征。

Blei 等人认为单词数量统计的泊松分布并不是一个重要的假设条件,如果能使用更加真实的假设条件会更好。将 θ 假设为具有 $(k-1)$ 狄利克雷分布特征是做了简化处理。Blei 等人也为 θ 提供了一个 β 分布的多元泛化,并使用了一个 k 向量正值权重作为参数。Blei 等人在论文中选择狄利克雷分布是基于以下 3 个原因:"……它属于指数簇,具有有限维度的充分统计特征,并与该多项式分布共轭。"作者认为这样将能确保 θ 比较适合于评估和推理算法。

主题分布 θ 的概率密度使用公式 6-5 计算。

公式6-5 主题分布 θ 的概率密度计算。

$$p(\theta \mid \alpha) = \frac{\Gamma\left(\sum_i \alpha_i\right)}{\prod_i \Gamma(\alpha_i)} \theta_1^{\alpha_1-1} \cdots \theta_k^{\alpha_k-1}$$

图 6-7 给出了一个具有 100 个随机点,$k=2$ 的狄利克雷分布可视化展示。其左图中,设置参数 $\alpha = [0.9, 0.1]$,右图的参数 $\alpha = [0.5, 0.5]$。在这两个子图中,所有的点都定位于单纯形。也就是说,每个点的 x 坐标和 y 坐标之和都等于 1。另外,从图 6-7 可以看出,当选择 α_0 和 α_1 为相同值时,产生的点沿着单纯形均匀分布,而相对增大 α_0 值时,则图形的点会朝着水平轴方向聚集(即主题 θ_k)。

前面例子将一个 6-K 文档分成了句子,构建了该文档的语料库,接下来程序片段 6-15 将利用该语料库实现一个 LDA 模型,并使用 CountVectorizer 类定义文档词条矩阵 C。程序首先加载了 sklearn.decomposition 的子模块 LatentDirichletAllocation。接下来,程序使用偏好参数值实例化了一个 LDA 模型,程序仅设置了该模型的主题数量参数 n_components。该参数对应于理论模型的参数 k。

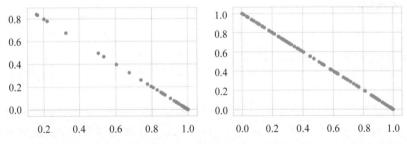

图 6-7　$k=2$，参数向量为 $[0.9，0.1]$（左图）和参数向量为 $[0.5，0.5]$（右图）的狄利克雷分布随机绘制图

【程序片段 6-15】 利用语料库实现 LDA 模型（接程序片段 6-9）

```
1   from sklearn.decomposition import LatentDirichletAllocation
2
3   #设置主题数量
4   k = 3
5
6   #实例化 LDA 模型
7   lda = LatentDirichletAllocation(n_components = k)
8
9   #从向量器中提取特征名称
10  feature_names = vectorizer.get_feature_names()
11
12  #基于文档词条矩阵训练模型
13  lda.fit(C)
14
15  #提取每个主题的单词分布
16  wordDist = lda.components_
17
18  #定义空主题列表
19  topics = []
20
21  #提取主题
22  for i in range(k):
23      topics.append([feature_names[name] for
24      name in wordDist[i].argsort()[-5:][::-1]])
25
26  #打印主题列表
27  print(topics)
```

程序运行结果：

```
[['inform', 'america', 'gold', 'forwardlook', 'result'],
['oper', 'compani', 'product', 'includ', 'relief'],
['silver', 'lead', 'cost', 'ounc', 'galena']]
```

接下来程序基于文档词条矩阵对模型进行训练，并使用 lda.components_ 将结果放入 wordDist 中。注意 wordDist 的形状为 (3，109)，其中行对应潜在主题，列对应权重。权重越大，表示一个单词对一个主题定义的贡献越大[①]。

接下来程序使用模型结果 wordDist 来识别每个主题中具有最高权重的单词。首先程序定义了一个空列表 topics，以存储主题内容。然后在一个列表推导式内，程序步进每个主题数组，使用 argsort() 方法提取数组的索引。再提取数组最后 5 个元素的索引，并使索引切片的步长为 −1，进行反向提取。

对于每个索引，程序使用 vectorizer 中获取的 feature_names 识别出相关联的单词。最后程序打印了主题列表。

一个主题的完整描述由词汇表上的权重向量组成。用户可判断哪些单词的权重足够高，从而将它们包含在主题的描述中，据此选择主题的描述方式。本程序示例仅简单地使用了具有最高权重的 5 个单词来描述主题。然而，在原则上，可以使用阈值或其他规则来进行单词选择。

现在程序已经对主题进行了识别，下一步是确定主题描述了什么内容。程序片段 6-15 提取了 3 个主题，第 1 个主题看似与黄金的前瞻性信息有关，第 2 个主题与公司运营和产品相关，第 3 个主题与金属的价格相关。

程序示例最后将使用 lda 模型的 transform() 方法，对每个句子的主题概率进行分配，如程序片段 6-16 所示。

【**程序片段 6-16**】 为句子分配主题概率（接程序片段 6-15）

```
1    #将文档词条矩阵 C 转换成主题概率
2    topic_probs = lda.transform(C)
3
4    #打印主题概率
5    print(topic_probs)
```

程序运行结果：

```
array([[0.0150523, 0.97172408, 0.01322362],
```

---

① lda.components_ 返回的是非归一化的结果，结果总和并不等于 1。因此，这里将这些结果称为权重，而不是概率。

```
 [0.02115127, 0.599319, 0.37952974],
 [0.33333333, 0.33333333, 0.33333333],
 ...
 [0.93766165, 0.03140632, 0.03093203],
 [0.08632993, 0.82749933, 0.08617074],
 [0.95509882, 0.02178363, 0.02311755]])
```

　　程序片段 6-16 的输出是形状为(3，50)的矩阵,包含了 50 个句子的主题概率分布,其中每个句子的主题概率和等于 1。如果程序对每个日期中单独的 6-K 文档进行收集,而不只是对某一个 6-K 文档的句子进行分析,那么将会得到主题比例的时间序列。

　　图 6-8 绘制了矩阵的主题比例。可以看出,这 3 个主题在文档的句子间具有连贯性。例如,主题 1 在文档的开始和结尾具有主导地位,而主题 3 在文档的中部表现得比较重要。

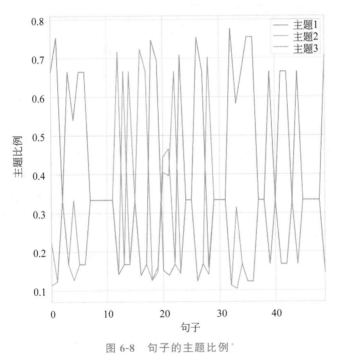

图 6-8　句子的主题比例

　　虽然本节讲述的只是个简单的示例,并不需要进行模型选择和参数训练,但实际上 sklearn 中的 LDA 模型实现可以进行一系列不同参数的选择。这里对其中的 5 个参数进行讨论。

　　(1) 主题优先值。默认情况下,LDA 模型将使用 1/n_components 作为 a 中所有元素的主题优先值。但用户也可通过给 doc_topic_prior 参数指定主题分布,从而提供一个不同的主题优先值。

（2）学习方法。sklearn 中的 LDA 模型默认使用变分贝叶斯估计对模型进行训练，并在每次更新模型参数时使用整个样本。然而，也可对 LDA 模型使用小批量样本进行训练，只须将 learning_method 参数设为 online 即可。

（3）批大小。在将 learning_method 参数设为 online 时，还可以对批大小 batch_siz 参数进行修改，其默认值为 128。

（4）学习率衰减。在使用 online 学习方法时，可使用 learning_decay 参数调整模型的学习率。较高的衰减值可减少上一次迭代时保留的信息。learning_decay 参数默认值为 0.7，文档资料里推荐使用(0.5，1]范围的衰减值。

（5）最大迭代次数。设置模型的最大迭代次数，将使训练过程达到最大迭代次数阈值时终止模型训练。max_iter 参数的默认值为 128。如果模型在 128 次迭代后还没有收敛，用户也许要考虑给该参数设置一个更大的值。

Blei 等人引入的标准 LDA 模型存在两个不足，需要读者注意。首先，语料库的主题内容和数量也许不会发生变化。对于许多研究问题，这也许不是一个缺陷，然而，对于涉及时间序列维度的经济与金融应用，这可能是一个大问题。其次，LDA 模型并不对主题抽取提供任何有意义的控制。如果用户希望追踪文档数据中特定类型的事件，那么不应该使用 LDA 模型，因为它并不保证能够识别出这些事件。

对于 LDA 的第一个不足，即在时间序列环境中使用 LDA 模型，也许会引发两个状况。首先，LDA 模型也许会删除那些短暂出现的主题，如金融危机，即使这些主题在它们出现的期间非常重要。其次，LDA 模型会将未来出现的主题也作为整个样本的主题，从而可能会在主题分布中引入前瞻性主题偏差。这也许会给用户留下 LDA 模型可以预测未来事件的印象，但如果删除包含事件的样本，LDA 模型将无法实现事件预测。

LDA 模型的第二个不足也存在两个问题。第一，用户不能将模型引导至他们感兴趣的主题上。例如，用户无法向 LDA 模型提交主题查询。第二，LDA 模型生成的主题经常难以解释。这是因为模型主题只是词汇表上所有单词的分布，如果未对主题分布进行研究，用户常常不能精确地判断某一个主题的具体情况，也无法确定主题在文档中是否重要。

然而，最近人们研究开发出了一些模型，试图克服静态 LDA 模型所存在的不足。Blei 和 Lafferty 在他们 2006 年的论文（Blei 和 Lafferty，2006）中引入了该主题模型的动态版本。另外，Dieng 等人在他们 2019 年的研究论文（Dieng 等，2019）中通过引入动态嵌入主题模型（Dynamic Embedded Topic Model，D-ETM），进一步对该模型进行了扩展。D-ETM 模型具有动态特性，允许使用大词汇表，并倾向于生成更多可解释的主题，解决了原始静态 LDA 模型的两个不足。

6.6 文本回归

如 Gentzkow 等人 2019 年论文(Gentzkow 等,2019)所分析的,经济与金融领域的大多数文本分析研究问题都围绕词袋模型和基于词典的方法展开。虽然这些方法在特定的环境下有效,但它们并不是在所有的研究问题上都能起到最佳的效果。实际上,对于经济领域中文本分析相关的许多项目,使用自然语言处理中的一些其他方法可能会更加有效。

其中一个选择就是将文本回归作为回归器。文本回归是一个包含文本特征的回归模型,它可将文档词条矩阵的列作为文本特征。Gentzkow 等人认为,文本回归是经济学家应采用的一个较好的候选方法。因为经济学家主要使用线性回归来进行实证研究,常常比较熟悉惩罚线性回归。因此,对于经济学家而言,学习如何执行文本回归的大部分工作变成了如何构建文档词条矩阵,而不是学习如何评估一个回归。

本节将从使用 TensorFlow 执行一个简单的文本回归开始讲述。为此,程序需要先构建文档词条矩阵和一个连续因变量。这次程序将使用 SEC 系统上苹果公司所有的 8-K 文档来构建该文档词条矩阵,而不是只使用一个 6-K 文档的句子构建矩阵[①]。然后,程序将使用文档发布当天苹果公司股价的当日百分比变化作为因变量。

简单起见,这里将省去数据收集的细节过程,这些步骤和前面的程序例子一致。在收集到数据后,程序会将其转换为文档词条矩阵 x_train,并将其股票收益数据存储为 y_train。总体上,程序使用了 144 个文档,抽取了 25 个一元词频构建 x_train。

回顾第 3 章讨论的具有 k 个回归元的线性模型,如公式 6-6 所示。在本例中,k 回归元为文档词条矩阵的特征统计。注意,这里的矩阵使用 t 作为索引,因为本例将使用时间序列文档,并返回时间序列内容。

公式6-6 一个线性模型。

$$Y_t = \alpha + \beta_0 X_{t_0} + \cdots + \beta_{k-1} X_{t_{k-1}}$$

当然程序可使用 OLS 模型,通过解析表达式来处理参数向量。然而,因为要构建的模型是不易解析处理的,因此程序将使用 LAD 回归模型代替。在程序片段 6-17 中,程序加载了 tensorflow 和 numpy,初始化了一个常量 alpha 和相关系数向量 beta,将 x_train 和 y_train 转换为了 NumPy 数组,然后定义了一个函数 LAD,用于将参数和数据转换为预测数据。

和以前的示例一样,程序需要定义模型参数,使用 tf.Variable()对参数进行训练,还可使用 np.array()或 tf.constant()来定义数据。

---

① SEC 系统上用于经济与金融研究的最常见文档是 10-K、10-Q 和 8-K 文档。其中 10-K 和 10-Q 文档分别是年度文档和季度文档,包含了大量的文本内容。8-K 文档是"新闻发布"文档,是根据信息披露制度不定期发布的文档。除了文档所有者的信息外,8-K 文档是 SEC 系统上数量最多的文档,这也是本项目选择它们的原因。

【程序片段 6-17】 在 TensorFlow 中为 LAD 回归准备数据和模型

```
1   import tensorflow as tf
2   import numpy as np
3
4   #获得随机初始值
5   alpha = tf.random.normal([1], stddev=1.0)
6   beta = tf.random.normal([25,1], stddev=1.0)
7
8   #定义变量
9   alpha = tf.Variable(alpha, tf.float32)
10  beta = tf.Variable(beta, tf.float32)
11
12  #将数据转换为 numpy 数组
13  x_train = np.array(x_train, np.float32)
14  y_train = np.array(y_train, np.float32)
15
16  #定义 LAD 模型
17  def LAD(alpha, beta, x_train):
18      prediction = alpha + tf.matmul(x_train, beta)
19      return prediction
```

接下来使用程序片段 6-18 定义损失函数和执行最小化处理。由于本例使用的是 LAD 回归模型，因此程序定义了一个平均绝对误差（Mean Absolute Error，MAE）损失函数，然后实例化了一个使用默认参数的 Adam()优化器。最后，程序执行了 1000 次迭代训练。

【程序片段 6-18】 定义 MAE 损失函数和执行优化（接程序片段 6-17）

```
1   #定义观测数量
2   N = len(x_train)
3
4   #定义函数以计算 MAE 损失
5   def maeLoss(alpha, beta, x_train, y_train):
6       y_hat = LAD(alpha, beta, x_train)
7       y_hat = tf.reshape(y_hat, (N,))
8       return tf.losses.mae(y_train, y_hat)
9
10  #实例化优化器
11  opt = tf.optimizers.Adam()
12
```

```
13  #执行优化
14  for i in range(1000):
15      opt.minimize(lambda: maeLoss(alpha, beta,
16                      x_train, y_train),
17                      var_list = [alpha, beta])
```

程序片段 6-18 实现了模型的训练,现在对 LAD 函数输入任意数据,即可获得预测输出值。程序片段 6-19 使用 x_train 为 y_train 生成了预测值 y_pred。

【程序片段 6-19】　使用 LAD 模型生成预测值(接程序片段 6-18)

```
1  #生成预测值
2  y_pred = LAD(alpha, beta, x_train)
```

图 6-9 绘制了苹果公司股票收益的真实及预测值对比。其中,常数项与均值相匹配,预测值与大部分真实股票收益变动的方向一致,然而,该模型对于许多股票收益数据的变动幅度,基本都没有正确反映。

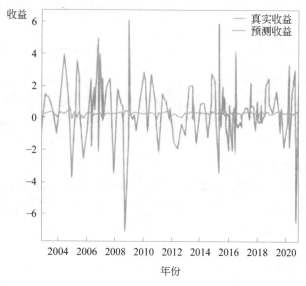

图 6-9　苹果公司股票的预测收益与真实收益对比·

有几个与自然语言处理不相关的原因可以解释为什么使用该模型不能表现出许多股票收益数据的变动情况。首先,1 天的时间窗口也许过大,可能其捕捉的股票收益变化与当天的新闻发布效果无关。实际上,许多经济学中与股票收益相关的文献研究会将新闻发布的股市影响窗口设置为更小,例如 30 分钟左右。其次,本例的回归模型并不包含任何非文本特征,例如来自整个科技行业的滞后收益或统计机构发布的数据影响等。最后,模型预测意外收益比较难,即使一些优秀的模型通常也难以表现出数据中大部分的变动情况。

为了方便,本项目将不考虑以上 3 种原因,仅考虑如何通过公司新闻发布文档的自然语言处理来改善预测效果。一个好的想法是对程序中选择的一元特征单词进行思考,判断它们是否包含了能解释股票收益变动的有意义的内容。程序示例使用 CountVectorizer() 类接收了 25 个没有经过筛选的特征,也许对这些特征进行更理性的选择可以改善模型的预测效果。以前的程序示例使用了向量器的 get_feature_names() 方法提取文本特征,在程序片段6-20 中,也将对特征进行提取,并打印文本中的一元特征单词。

【程序片段 6-20】 获取特征名称(接程序片段 6-19)

```
1   #从向量器中获得特征名称
2   feature_names = vectorizer.get_feature_names()
3
4   #打印特征名称
5   print(feature_names)
```

程序运行结果:

```
['act', 'action', 'amend', 'amount', 'board',
'date', 'director', 'incom', 'law', 'made',
'make', 'net', 'note', 'offic', 'order',
'parti', 'price', 'product', 'quarter', 'refer',
'requir', 'respect', 'section', 'state', 'term']
```

可以看到,程序 6-20 打印的许多单词都是中性的。对这些单词在文本中进行检查确认,可对股票的正向收益或负向收益进行预测。如果模型能在这些单词合适的上下文中处理它们的用法,那么模型就可对正向的签名特征分配一个更高的重要性。

本项目将对特征集进行扩展,执行更广泛的筛选过程,以确定模型应包含哪些特征,或者对模型规范进行修改,使其可接受非线性内容,如特征交互等。由于前面已讲述了数据清洗和过滤,这里将聚焦于特征扩展和非线性内容采纳两个方面。

考虑到模型的训练集只包含了 144 个观测值,读者也许会担心,是否包含更多的特征会使样本训练效果改善,但也会带来过度拟合等不良情况。这是一个合理的担忧,本例将使用惩罚回归模型来克服这个缺点。惩罚回归模型将会包含更多的非零值参数,以降低损失函数的值。因此,如果参数没有提供重要的预测价值,那么模型将对这些参数执行归零清除,或者给它们分配更低的重要性。

Gentzkow 等人定义了一个通用惩罚估计,作为最小化问题的解决方案,如公式 6-7 所示。

公式6-7 一个惩罚估计的最小化问题。

$$\min\{l(\alpha,\beta)+\lambda\sum_j K_j(\mid\beta_j\mid)\}$$

其中,$l(\alpha,\beta)$是一个损失函数,例如线性回归的 MAE 损失,λ 用于缩放惩罚的程度,$K_j(\cdot)$是一个递增惩罚函数,原则上 $K_j(\cdot)$ 应根据参数不同而有所区别;然而,实际应用时,在所有的回归元上,仍然常将它设置为相同的值。

常见的惩罚回归有 3 种类型,每一种类型都是根据 $K_j(\cdot)$ 函数的选择来确定。

(1) LASSO 回归。LASSO(Least Absolute Shrinkage and Selection Operator)模型使用 β 的范数 L_1,降低 k 对某个绝对值或所有 $|\beta_j|$ 的影响。LASSO 回归的惩罚函数形式会使得某些特定参数值归零,从而生成一个稀疏的参数向量。

(2) 岭回归。岭回归使用 β 的范数 L_2,生成 $k(\beta_j)=\beta_j^2$。与 LASSO 回归不一样,岭回归将生成 β 的稠密表达式,其相关系数不会精确地置于 0。由于岭回归的惩罚项是一个凹函数,它将产生唯一的最小值。

(3) 弹性网络回归。弹性网络回归融合了 LASSO 回归惩罚和岭回归惩罚即对于所有的 j,有 $k(\beta_j)=k_1|\beta_j|+k_2\beta_j^2$。

LASSO 回归、岭回归和弹性网络回归的最小化问题分别由公式 6-8～公式 6-10 所示。

公式6-8 LASSO 回归的最小化问题。

$$\min\{l(\alpha,\beta)+\lambda\sum_j\mid\beta_j\mid\}$$

公式6-9 岭回归的最小化问题。

$$\min\{l(\alpha,\beta)+\lambda\sum_j\beta_j^2\}$$

公式6-10 弹性网络回归的最小化问题。

$$\min\{l(\alpha,\beta)+\lambda\sum_j[k_1\mid\beta_j\mid+k_2\beta_j^2]\}$$

再次回到苹果公司股票收益的预测问题,这次程序将使用 LASSO 回归模型,生成一个稀疏的相关系数向量。在本例中,有许多中性词不能使用形容词修饰,可能会在线性模型中增加最小值。但使用 LASSO 回归可以允许模型决定是否为这些中性词分配 0 权重,从而完全忽略它们。

在修改模型之前,程序首先将再次使用 CountVectorizer()类,但这次程序将构建一个具有 1000 个单词的文档词条矩阵,而不是 25 个单词。简单起见,程序将略去实现细节,直接从处理过程的结束部分开始演示,其中,feature_names 包含 1000 个元素,而 x_train 的形状为(144,1000)。

接下来程序片段 6-21 将重新定义 beta,设置惩罚权重 lam,并重定义损失函数,将其命名为 lassoLoss()。注意该程序与程序片段 6-18 唯一的区别是它增加了 lam 与 beta 范

数 L_1 相乘这一项，其他没有变化。程序仍然使用了 LAD 函数进行预测，与前面程序中线性回归模型所做的一样。

【程序片段 6-21】 将 LAD 回归转换为 LASSO 回归（接程序片段 6-20）

```
1   #重新定义相关系数向量
2   beta = tf.random.normal([1000,1], stddev=1.0)
3
4   #设置参数 lam 的值
5   lam = tf.constant(0.10, tf.float32)
6
7   #修改损失函数
8   def lassoLoss(alpha, beta, x_train, y_train, lam = lam):
9       y_hat = LAD(alpha, beta, x_train)
10      y_hat = tf.reshape(y_hat, (N,))
11      loss = tf.losses.mae(y_train, y_hat) +\
12              lam * tf.norm(beta, 1)
13      return loss
```

程序片段 6-22 使用修改后的损失函数对模型进行重复训练，并基于训练集生成了模型的预测。

【程序片段 6-22】 训练 LASSO 模型（接程序片段 6-21）

```
1   #执行优化
2   for i in range(1000):
3       opt.minimize(lambda: lassoLoss(alpha, beta,
4                       x_train, y_train),
5                       var_list = [alpha, beta])
6
7   #生成预测值
8   y_pred = LAD(alpha, beta, x_train)
```

程序片段 6-22 获得了 LASSO 模型的预测值，现在可对其预测值与股票的真实收益进行对比。图 6-10 展示了这一对比情况，其与图 6-9 执行的操作一样，但图 6-9 使用的是没有惩罚项且只有 25 个特征的 LAD 模型。

从图 6-10 可以看出，具有 1000 个特征的 LASSO 模型的预测效果有了极大的改善。然而读者也许会担心程序所选择的惩罚权重并不够严格，模型可能存在过度拟合问题。为了评估是否存在过度拟合，可将 lam 参数值调大，然后再检查模型的表现。并且，还可以使用测试集进行交叉验证。当然，在仅具有 144 个观测值的时间序列环境中，这会稍微有点困难。

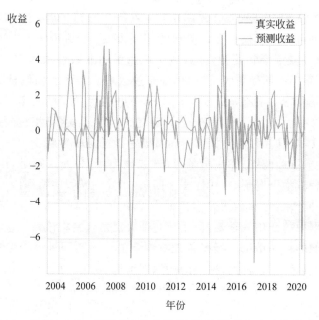

图 6-10　使用 LASSO 模型预测的苹果公司股票收益与真实收益对比

　　程序的 LASSO 回归模型返回了一个稀疏的相关系数向量,接下来将确定有多少个相关系数具有非零值。图 6-11 绘制了相关系数权重图表。从图 6-11 中可以看出,大约超过 800 个特征被分配了近似为 0 的值。然而,模型仍然有足够的特征会被怀疑存在过度拟合,由于模型使用了惩罚函数,1000 个特征中的大多数已经被模型忽略,因此已大大降低了过度拟合的可能。

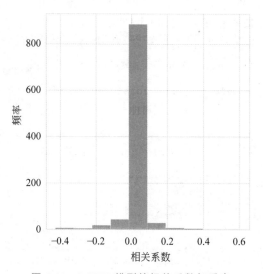

图 6-11　LASSO 模型的相关系数权重表

前面章节已经提到过，LASSO 允许用户对特征集进行扩展，这是改善模型预测效果的方法之一。另外，LASSO 模型允许单词间相互依赖，这可以通过允许模型非线性来实现。原则上，用户可以对特征进行设计，也可使用任何非线性模型来完成这一任务。并且，还可以结合惩罚项一起使用，就像前面程序的 LASSO 模型一样，从而避免过度拟合。

虽然这些都是可行的策略，在 TensorFlow 中也能相对容易地实现，但这里仍将使用更常用的选择：深度学习。第 5 章中已经讨论过深度学习，这里将重新讨论它，因为深度学习为大多数的文本回归问题提供了一个灵活、有效的建模策略。

深度学习（例如神经网络）和浅层学习（例如线性回归）的区别是，浅层学习模型要求用户执行特征工程。举个例子，在线性文本回归中，要判断哪些特征应该被包含在文档词条矩阵中（例如一元或二元），必须确定模型中可使用的特征数量。虽然模型会判断哪个特征对于解释数据中的变化最重要，但用户必须决定是否要将该特征包含进模型中。

再次回顾图像的程序示例。程序首先将像素值输入卷积神经网络中，这些网络识别出递增复杂特征的后续层。首先，神经网络识别出边，在下一层里，它们会对角进行识别。每个后续层基于前面的层识别出对于分类任务有用的新特征。

深度学习也同样可应用于文本。用户可使用神经网络提取单词之间的关系，而不需要通过特征工程来判断单词之间的关联。和第 5 章一样，这里将使用 TensorFlow 的高阶 Keras API。

程序片段 6-23 定义了一个具有稠密层的神经网络，用于预测苹果公司的股票收益。与第 5 章定义的稠密层图像网络相比，该神经网络与其唯一的实质性区别是它使用了暂退层。该神经网络包括了两个暂退层，每个层的学习率为 0.20。在训练阶段，这将随机删除 20% 的节点，迫使模型学习稳固的关系，而不是使用大量的模型参数来记住输出值[①]。

另外，程序定义模型可接收具有 1000 个特征列的输入矩阵，这是已定义好的文档词条矩阵的列数量。对于所有的隐藏层，程序使用了 relu() 激活函数。而对于 outpus 层，程序则使用了 linear() 激活函数，因为模型具有一个连续的预测目标（即股票收益）。

【**程序片段 6-23**】 使用 Keras API 为文本数据定义一个深度学习模型（接程序片段 6-22）

```
1    import tensorflow as tf
2
3    #定义输入层
4    inputs = tf.keras.Input(shape=(1000,))
5
6    #定义稠密层
7    dense0 = tf.keras.layers.Dense(64,
```

---

① 虽然第 5 章讨论的稠密神经网络模型并没有使用暂退层，但在图像处理相关问题中，通常会使用暂退层执行正则化。

```
8                    activation="relu")(inputs)
9
10   #定义暂退层
11   dropout0 = tf.keras.layers.Dropout(0.20)(dense0)
12
13   #定义稠密层
14   dense1 = tf.keras.layers.Dense(32,
15                    activation="relu")(dropout0)
16
17   #定义暂退层
18   dropout1 = tf.keras.layers.Dropout(0.20)(dense1)
19
20   #定义输出层
21   outputs = tf.keras.layers.Dense(1,
22                    activation="linear")(dropout1)
23
24   #定义使用输入层和输出层参数分别为 inputs 和 outputs 的模型
25   model = tf.keras.Model(inputs=inputs,
26                    outputs=outputs)
```

　　该程序选择的模型架构需要训练许多参数。程序片段 6-24 使用了 keras 模型的
• summary()方法,以查看模型的参数数量。从程序结果可以看到,该模型总共拥有 66 177
个可训练参数。

【程序片段 6-24】　打印 Keras 模型架构的概要信息(接程序片段 6-23)

```
1    #打印模型架构的概要信息
2    print(model.summary())
```

程序运行结果:

```
Layer (type) Output Shape Param #
=======================================================
input_3 (InputLayer) [(None, 1000)] 0

dense_5 (Dense) (None, 64) 64064

dropout_1 (Dropout) (None, 64) 0

dense_6 (Dense) (None, 32) 2080
```

```
dropout_2 (Dropout) (None, 32) 0

dense_7 (Dense) (None, 1) 33
=========================================================
Total params: 66,177
Trainable params: 66,177
Non-trainable params: 0
```

对于前面的 LASSO 模型,虽然模型只有 1001 个参数,使用的惩罚函数有效迫使模型 850 个参数取值为 0,仍会让用户担心是否会存在过度拟合问题。该程序的 Keras 模型拥有 66 177 个参数,用户会更加担心过度拟合问题。这就是为什么该程序使用了正则化的形式(暂退层),以及为什么程序要使用训练样本及验证样本集的原因。

前面的程序在定义模型后,还要对模型进行编译。程序片段 6-25 也将编译和训练模型。这里程序使用了 Adam 优化器,平均绝对误差(Mean Absolute Error,MAE)损失函数和 30% 的验证样本集,还对模型使用了 20 轮次的训练。

【程序片段 6-25】 编译和训练 Keras 模型(接程序片段 6-24)

```
1    #编译模型
2    model.compile(loss="mae", optimizer="adam")
3
4    #训练模型
5    model.fit(x_train, y_train, epochs=20,
6             batch_size=32, validation_split = 0.30)
```

程序运行结果:

```
Epoch 1/20
100/100 [==============================] - 0s 5ms/sample -
loss: 2.6408 - val_loss: 2.5870
...
Epoch 10/20
100/100 [==============================] - 0s 117us/sample -
loss: 1.7183 - val_loss: 1.3514
...
Epoch 15/20
100/100 [==============================] - 0s 110us/sample -
loss: 1.6641 - val_loss: 1.2014
...
```

```
Epoch 20/20
100/100 [==============================] - 0s 113us/sample -
loss: 1.5932 - val_loss: 1.2536
```

从程序片段 6-25 的结果可以看出,模型最初的训练降低了训练样本和验证样本的损失;然而,在 15 轮次之后,随着训练样本的损失持续下降,验证样本的损失开始轻微增长。这意味着程序可能开始出现过拟合。

图 6-12 使用模型的 predict() 方法对苹果公司股票收益进行了持续性的预测。虽然预测结果看上去比线性回归和 LASSO 回归的预测有了改善,但该预测改善的部分原因可能是存在过拟合。

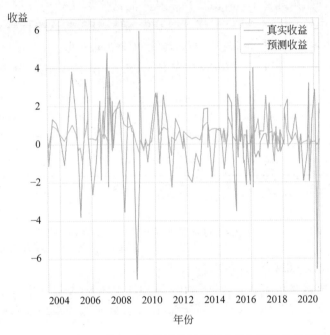

图 6-12　使用神经网络预测的苹果公司股票收益与真实收益对比

如果希望进一步降低模型过拟合风险,可以增大模型中两个暂退层的学习率,或减少隐藏层的节点数量。

最后注意,如果应用单词序列,而非忽略单词出现顺序,模型性能将获得较大的改善。但这样会要求使用循环神经网络或它的变体,包括长短期记忆网络(Long Short-Term Memory,LSTM)模型。后面的程序将使用循环神经网络同样的模型簇执行时间序列分析,第 7 章将对其进行分析讨论。

6.7 文本分类

前面的章节讨论了如何将 TensorFlow 用于执行文本回归。一旦用户构建了文档词条矩阵,就可以使用 TensorFlow 相对简单地执行 LAD 回归、LASSO 回归和训练神经网络。然而,有些项目具有离散的预测目标值,用户可能希望通过分类任务来完成这些项目。幸运的是,TensorFlow 在执行分类任务方面提供了极大的灵活性,对于用户已定义的模型,只需要进行少量的调整,即可完成这些分类工作。

程序片段 6-26 为读者展示了如何定义一个 Logistic 模型来执行分类任务。程序使用了同样的文档词条矩阵 x_train,但使用了从不同的 8-K 文档中提取的手动分类标签,来替代前面示例中的 y_train,然后根据对标签内容的观察,将这些标签分类为"积极的"或"消极的",并使用 0 表示一个积极分数,1 表示一个消极分数。

【程序片段 6-26】 在 TensorFlow 中定义 Logistic 模型,以执行分类任务(接程序片段 6-25)

```
1   #定义 Logistic 模型
2   def logitModel(x_train, beta, alpha):
3       prediction = tf.nn.softmax(tf.matmul(
4           x_train, beta) + alpha)
5       return prediction
```

除了修改模型的定义,程序还要对损失函数进行修改,这里使用了二分类交叉熵损失函数,如程序片段 6-27 所示。在此之后,程序仅需要在执行优化时对函数句柄进行修改即可。其他的工作和前面的线性回归示例一致。

【程序片段 6-27】 在 TensorFlow 中为 Logistic 模型定义损失函数,以执行分类任务(接程序片段 6-26)

```
1   #定义观测数量
2   N = len(x_train)
3
4   #定义函数计算 MAE 损失
5   def logisticLoss(alpha, beta, x_train, y_train):
6       y_hat = LogitModel(alpha, beta, x_train)
7       y_hat = tf.reshape(y_hat, (N,))
8       loss = tf.losses.binary_crossentropy(
9           y_train, y_hat)
10      return loss
```

类似地,如果读者希望使用程序片段 6-23 定义的神经网络执行分类任务,只需要修改两行代码,如程序片段 6-28 所示。

【程序片段 6-28】 修改神经网络以执行分类任务(接程序片段 6-27)

```
1  #修改输出层,使用 sigmod 激活函数
2  outputs = tf.keras.layers.Dense(1,
3                 activation="sigmoid")(dropout1)
4
5  #模型编译时使用分类交叉熵损失函数
6  model.compile(loss="binary_crossentropy", optimizer="adam")
```

程序片段 6-28 的代码修改了两处内容:修改了 outputs 层的激活函数,以及模型编译的损失函数。首先,由于模型执行的是二分类任务,因此需要使用 sigmoid()激活函数。其次,模型编译使用了 binary_crossentropy()损失函数,该函数是二分类问题的标准损失函数。对于多分类问题,会使用 softmax()激活函数和 categorical_crossentropy()损失函数。

对于使用神经网络执行分类任务,请参见第 5 章,其覆盖了本章类似的内容,但应用背景为图像分类问题。另外,对于常用于文本分类问题的序贯模型,请参见第 7 章的介绍——第 7 章使用了同样的模型进行时间序列分析。

6.8 本章小结

本章对当前如何将文本分析应用于经济与金融领域及其未来发展做了较为详细的介绍。其中的数据清洗和准备部分可能是经济学家最不熟悉的内容,其作用是将文本数据转换为数值数据。最简单的数据清洗和准备是使用词袋模型,将单词从它们的上下文中提取出来,仅使用单词统计频率对文档的内容进行概括。虽然该方法实现较为简单,但却具有较高的影响力,现在仍然是经济学中最常用的方法之一。

基于词典的方法也是在词袋模型上工作的,但它构建了一个词典来检测隐变量,而不是对文档中的所有单词进行统计。这类方法常用于经济学的文本分析,但就像 Gentzkow 等人所分析的那样,对于许多研究应用来讲,这类方法并不总是最适用的工具。EPU 指数可以说是经济学中基于词典方法的理想应用案例,因为它的检测手段对理论研究而言很有吸引力,但结果是语料库中不太可能会出现一个占主导地位的主题。

本章讨论了词嵌入方法,并展示了如何实现主题模型、文本回归模型和文本分类模型。本章还介绍了在文本上使用深度学习模型。序贯模型的讨论将在第 7 章进行,作者将使用它们进行时间序列分析。

参考文献

时 间 序 列

经济学领域的实证工作通常与因果推理和假设检验有关,而机器学习主要是进行结果预测。然而,当涉及经济与金融领域的预测问题时,二者的目标之间就有了明显的交集。因此,使用机器学习方法进行经济预测和评估获得了越来越广泛的关注。

第 2 章提到,Coulombe 等人对机器学习在时间序列计量经济学中的有用性进行了分析讨论。他们认为非线性模型、正则化、交叉验证和替代损失函数是具有潜在重要价值的工具,可以被引入并应用于时间序列计量经济学环境中。

本章将讨论机器学习在时间序列预测中的价值。与 Coulombe 论文中提到的内容不同,本章将专注于 TensorFlow 实现,并将只专注于深度学习模型。特别地,本章将使用具有专用层的神经网络模型,该专用层将用于处理序列数据。

本章将构建一个通胀预测程序(Nakamura,2005),该程序是神经网络在时间序列计量经济学中的最早应用案例之一,也展示了在预测通货膨胀方面使用稠密神经网络对比单变量自回归模型的优势。

7.1 机器学习的序贯模型

本书到现在已讨论了神经网络的几个专用层,但没有解释如何处理序列数据。读者可以看到,神经网络中有一些可对序列数据进行处理的鲁棒框架,这些框架基于自然语言处理(Natural Language Processing, NLP)目的进行了大力的开发,但它们同样可应用于时间序列环境中。本章最后也将简短讨论这些框架在 NLP 环境中的使用。

7.1.1 稠密神经网络

第 5 章和第 6 章使用了稠密神经网络,然而,这些章节并没有讨论如何对它们进行修改,将其应用于序列数据的处理。到目前为止,所有神经网络的应用示例都缺乏或未利用到时间维度的数据。

本章将从如何使用序列数据进行季度 CPI 通胀预测开始讲述。本例使用美国 1947 第二季度到 2020 年第二季度期间的季度 CPI 通胀数据[①]，如图 7-1 所示。另外，与 Nakamura 2005 年的论文一样，本章也将讨论单变量模型，但并不包括任何附加的通胀延迟解释变量。

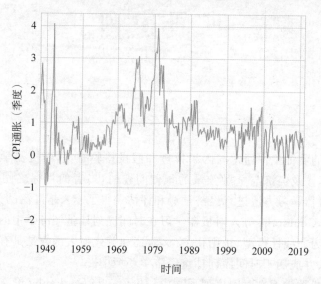

图 7-1　1947 年第二季度至 2020 年第二季度期间的 CPI 通胀数据

数据来源：美国劳动统计局

前面章节在对文本数据和图像数据处理时，常常要执行数据预处理，将原始未加工的输入数据转换为适合神经网络处理的数据。对于序列数据，程序也需要将时间序列转换为固定长度的序列数据。

程序首先需要确定序列数据的长度，它作为神经网络输入的延迟数量。例如，程序如果选择序列长度为 3，那么神经网络将使用 t、$t-1$、$t-2$ 时期的数据来预测 $t+h$ 时期的通胀。图 7-2 展示了程序的预处理步骤，程序将一个时间序列分成 3 个连续观测的重叠序列。图的左边为原始的输入序列，右边为 2 个序列数据示例。虚线长方形连接数据序列及序列的预测值，这里假设程序使用单个季度作为预测期（$h=1$）。

假定程序下载的数据文件为 inflation.csv，保存在文件夹 data_path 下。程序片段 7-1 首先使用 pandas 加载该数据集，然后将它转换为一个 NumPy 数组。接下来程序使用 tensorflow.keras.preprocessing.sequence 子模块的 TimeseriesGenerator() 定义了一个生成器对象。作为输入，该生成器的参数包括神经网络的特征、预测目标、序列长度和批大小。本例执行的是一元回归，生成器的特征和预测目标都为 inflation，序列长度参数 length 为 4，最后，参数 batch_size 设置为 12，这意味着程序的生成器在每个迭代后，将产

---

　① 消费者价格指数（Consumer Price Index，CPI）和通胀检测数据由美国劳动统计局提供，网址为 www.bls.gov。本章案例使用的时间序列数据可在美国劳动统计局官网获得，ID 号为 CUSR0000SA0。

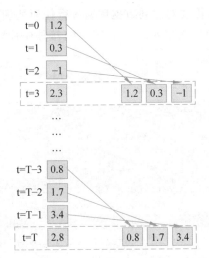

图 7-2　将时间序列分成 3 个连续观测的重叠序列

生 12 个序列和 12 个目标预测值。

【程序片段 7-1】　实例化通胀预测的序列生成器

```
1   import numpy as np
2   import pandas as pd
3   import tensorflow as tf
4   from tensorflow.keras.preprocessing.sequence\
5   import TimeseriesGenerator
6
7   #设置数据文件路径
8   data_path = '../data/chapter7/'
9
10  #加载数据
11  inflation = pd.read_csv(data_path+'inflation.csv')
12
13  #将数据转换为 numpy 数组
14  inflation = np.array(inflation['inflation'])
15
16  #实例化时间序列生成器
17  generator = TimeseriesGenerator(inflation, inflation,
18                  length = 4, batch_size = 12)
```

现在程序实例化了一个生成器对象,用于创建批量数据。Keras 的模型可以将该生成器作为输入,而不需要使用数据作为输入。程序片段 7-2 定义了一个模型,然后使用该生成器对模型进行训练。注意程序中使用的是 Sequential() 模型。这可以使程序将不同的层依次堆叠在一起,而不需要对序列数据用法进行任何处理。

【**程序片段 7-2**】 使用生成序列训练神经网络(接程序片段 7-1)

```
1    #定义序贯模型
2    model = tf.keras.models.Sequential()
3
4    #添加输入层
5    model.add(tf.keras.Input(shape=(4,)))
6
7    #定义稠密层
8    model.add(tf.keras.layers.Dense(2, activation="relu"))
9
10   #定义输出层
11   model.add(tf.keras.layers.Dense(1, activation="linear"))
12
13   #编译模型
14   model.compile(loss="mse", optimizer="adam")
15
16   #训练模型
17   model.fit_generator(generator, epochs=100)
```

程序运行结果:

```
Train for 25 steps
Epoch 1/100
25/25 [==============================] - loss: 4.3247
...
Epoch 100/100
25/25 [==============================] - loss: 0.3816
```

程序首先使用序贯 API 对模型进行了实例化,然后设置了输入节点数量以匹配序列长度,还定义了一个拥有 2 个节点的稠密层。由于模型具有连续预测目标,因此程序定义了使用 linear()激活函数的输出层。最后,程序使用了均方误差损失函数和 adam 优化器对模型进行编译。

本书前面章节的一些程序示例中使用了 np.array()或 tf.constant()对象作为输入数据,对模型进行训练。而程序片段 7-2 使用了一个生成器,这要求使用 fit_generator()方法对模型进行训练,而不是前面程序示例使用的 fit()方法。

模型经过 100 轮次的训练,其在降低均方误差上取得了相当好的效果,将 MSE 从 4.32 降低至 0.38。需要注意的是,程序并没有使用正则化,例如暂退层,也没有创建测试样本集,因此模型很可能存在相当程度的过拟合问题。在程序片段 7-3 中,使用了模型的

summary()方法打印模型的架构信息。从打印结果可以看到,模型仅使用了 13 个可训练
参数,这比以前程序示例使用的模型参数数量要少得多。

【程序片段 7-3】　打印模型概要信息(接程序片段 7-2)

```
1    #打印模型概要信息
2    print(model.summary())
```

程序运行结果:

```
Layer (type)              Output Shape           Param #
===========================================================
dense_2 (Dense)           (None, 2)              10

_____
dense_3 (Dense)           (None, 1)              3
===========================================================
Total params: 13
Trainable params: 13
Non-trainable params: 0
```

现在程序可使用 model.predict_generator(generator)方法生成一系列的通胀预测
值。图 7-3 绘制了通胀的真实值与模型预测值的对比情况。虽然模型的预测结果很有说
服力,但程序并没有使用合适的防范措施,以防止模型过拟合。

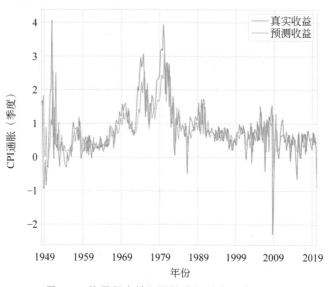

图 7-3　使用稠密神经网络进行季度通胀预测

图 7-4 将 2000 年以后的数据作为测试样本集,对模型是否存在过拟合进行了检验。为了做到这点,程序先要构建一个独立的生成器,仅使用 2000 年之前的数据进行模型训练,然后再使用该生成器在整个样本集上进行预测,当然也包括 2000 年以后的测试集数据。

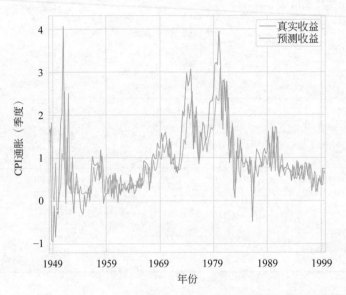

图 7-4   使用基于 1947—2000 年的样本数据训练得到的模型进行季度通胀预测*

可以看出,图 7-4 在 2000 年之后的预测结果与图 7-3 并没有明显的区别。特别地,模型在 2000 年以后的预测结果表现并不更差,如果是这样,用户就有理由怀疑模型在 2000 年之前的样本数据集上存在过拟合问题。这个结果并不让人惊讶,因为模型的参数相对较少,因此更难产生过拟合问题。

接下来的部分,程序将使用与前面程序示例同样的预处理步骤,但会为模型增加一些专用层,用于控制输入数据序列。这些层将利用数据延迟结构中的时间编码信息,而不是像程序片段 7-2 的稠密神经网络那样对所有的特征一视同仁。

7.1.2   循环神经网络

循环神经网络可接收一系列的输入数据,并融合专用循环层和稠密层,对这些数据进行处理(Rumelhart 等,1986)[1]。这些输入数据可以是词向量、词嵌入、音符,或者是本章将讨论的包含时间点信息的通胀数据。

本章将参照 Goodfellow 给出的循环神经网络的处理方式。Goodfellow 认为,循环神

---

①   在自然语言处理环境中,RNNs 也经常会包含一个嵌入层。

经网络的循环层由神经元组成,每个神经元获得一个输入值 $x(t)$,具有一个状态 $h(t-1)$,
产生一个输出值 $o(t)$。循环神经元产生输出值的过程如公式 7-1～公式 7-3 所示。

公式 7-1 将序列状态值 $h(t-1)$ 与它的权重相乘,然后将输入值 $x(t)$ 与它独立的权
重集 U 相乘,最后,对乘法的结果求和,再与偏置项 b 相加。

公式7-1　RNN 神经元的乘法执行步骤。

$$a(t) = b + Wh(t-1) + Ux(t)$$

接下来将公式 7-1 乘法步骤的输出传给一个双曲正切激活函数,如公式 7-2 所示。这
一步的结果是系统更新后的状态 $h(t)$。

公式7-2　对 RNN 神经元应用激活函数。

$$h(t) = \tanh(a(t))$$

最后一步如公式 7-3 所示,将更新后的状态 $h(t)$ 与一系列权重 V 相乘,再与偏置项 c
相加。

公式7-3　生成 RNN 神经元的输出值。

$$o(t) = c + Vh(t)$$

在本章的示例中,通胀将作为唯一的特征。这意味着 $x(t)$ 为标量,W、U 和 V 同样也
是标量。另外要注意的是,这些权重会在所有时间阶段共享,它们会相对降低模型规模,
使其符合稠密网络要求。本例中,具有一个 RNN 神经元的层仅需要 5 个参数。

图 7-5 提供了一个 RNN 的完整示例。其中粉色节点代表输入值,为本例的通胀延
迟数据。橙色节点表示目标变量,为下个季度的通胀预测。蓝色节点为独立的 RNN 神
经元,它们组成了一个 RNN 层。该循环神经网络拥有 4 个输入节点,2 个 RNN 神经
经元。

图 7-5 的下图展开了一个 RNN 神经元,将神经元的迭代结构分解为一系列的步骤。
在每个单独的步骤中,神经元状态与输入融合,生成神经元的下一个状态。最后一步是产
生神经元输出值 $o(t)$,该输出值将和其他神经元的输出值一起,成为循环神经网络最后
一个稠密层的输入,然后产生下一季度的通胀预测。

RNN 利用序列数据,在序列数据输入的每一步,都进行状态更新。它还通过权重参
数共享减少了模型参数的数量。并且,由于该模型不需要使用时间限制权重,因此它也可
使用具有任意序列和可变长度序列的 RNN 神经元。

前面内容讲述了 RNN 与稠密神经网络的区别。接下来将构建一个简单的 RNN 进
行本项目的通胀预测。程序片段 7-4 加载了通胀数据,该程序步骤与程序片段 7-1 类似,
但具有两个重要区别。首先,程序使用 np.expand_dims() 给 inflation 数组增加了 1 个维
度。这将使本项目的时间序列数据能与 Keras 的 RNN 神经元要求的输入数据形状匹配。
其次,程序定义了一个训练生成器,它通过对 inflation 数组切片,只使用 2000 年以前的数
据,仅保留前面 211 个观测。

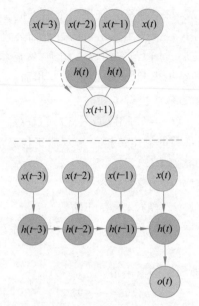

图 7-5　RNN 示例（上图）和 RNN 神经元的展开（下图）

【程序片段 7-4】　实例化通胀预测的序列生成器

```
1    import numpy as np
2    import pandas as pd
3    import tensorflow as tf
4    from tensorflow.keras.preprocessing.sequence\
5        import TimeseriesGenerator
6
7    #加载数据
8    inflation = pd.read_csv('inflation.csv')
9
10   #将数据转化为 numpy 数组
11   inflation = np.array(inflation['inflation'])
12
13   #给数组添加维度
14   inflation = np.expand_dims(inflation, 1)
15
16   #实例化时间序列生成器
17   train_generator = TimeseriesGenerator(
18       inflation[:211], inflation[:211],
19       length = 4, batch_size = 12)
```

　　加载和准备好程序数据后，接下来需要对模型进行定义，如程序片段 7-5 所示。可以看出，该模型使用的代码行数比使用稠密神经网络进行通胀预测的代码还少。程序需要做的就是定义模型,添加一个 RNN 层,以及定义一个具有 linear()激活函数的稠密输出层。

注意程序使用的 SimpleRNN 层要求提供两个参数——RNN 神经元的数量和输入层的形状。对于第一个参数,程序选择使用 2 个神经元,以尽可能保持神经网络简单,降低其可能的数据欠拟合风险。由于程序为将 RNN 层定义为神经网络的第 1 层,因此需要为 SimpleRNN 层提供第 2 个参数。程序将 input_shape 设置为(4,1),这是因为数据序列长度为 4,而模型的特征数量为 1。

【程序片段 7-5】　使用 Keras 定义一个 RNN 模型(接程序片段 7-4)

```
1    #定义序贯模型
2    model = tf.keras.models.Sequential()
3
4    #定义循环层
5    model.add(tf.keras.layers.SimpleRNN(2, input_shape=(4, 1)))
6
7    #定义输出层
8    model.add(tf.keras.layers.Dense(1, activation="linear"))
```

程序最后一步是对模型进行编译,并使用 fit_generator()方法对模型进行训练,该方法使用了程序片段 7-4 构建的 train_generator 作为参数。程序片段 7-6 的运行结果显示,在 100 轮次训练后,模型实现了比稠密网络更低的均方误差(0.2594)。另外,如图 7-6 所示,模型在 2000 年后测试样本上的表现与 2000 年以前训练样本上的表现对比没有任何明显的差距。

【程序片段 7-6】　使用 Keras 编译和训练 RNN 模型(接程序片段 7-5)

```
1    #编译模型
2    model.compile(loss="mse", optimizer="adam")
3
4    #使用生成器数据训练模型
5    model.fit_generator(train_generator, epochs=100)
```

程序运行结果:

```
Epoch 1/100
18/18 [==============================] - 1s 31ms/step - loss:
0.9206
...
Epoch 100/100
18/18 [==============================] - 0s 2ms/step - loss:
0.2594
```

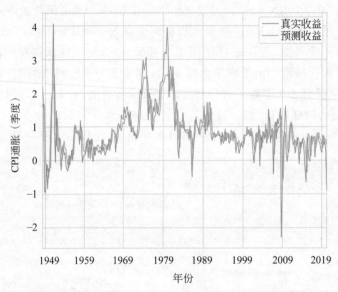

图 7-6　使用基于 1947—2000 年数据训练得到的 RNN 模型进行季度 CPI 通胀预测*

前面提到 RNN 模型与稠密网络对比,具有参数数量更少的优势。通过对 RNN 神经元的执行步骤展开,可以看到具有一个 RNN 神经元的层,仅需要 5 个参数。程序片段 7-7 使用了 model 的 summary()方法打印模型的概要信息。从打印结果可以看到,该模型的 RNN 层拥有 8 个参数,稠密输出层拥有 3 个参数,模型总共拥有 11 个参数,比程序片段 7-3 的稠密网络要少。当然,这个对比差距并不明显,因为这两个网络规模都非常小。

【**程序片段 7-7**】　打印 Keras 的 RNN 模型概要信息(接程序片段 7-6)

```
1   #打印模型概要信息
2   print(model.summary())
```

程序运行结果:

```
Layer (type)                 Output Shape              Param #
=================================================================
simple_rnn_2 (SimpleRNN)     (None, 2)                 8

dense_2 (Dense)              (None, 1)                 3
=================================================================
Total params: 11
Trainable params: 11
```

```
Non-trainable params: 0
```

在实际应用中,通常不会不加修改地使用一个 RNN 模型。用户最起码要考虑对模型的两个地方进行修改。第一个与技术问题相关,即梯度消失问题,这对训练深度网络而言是个挑战。对于处理长序列数据的原始 RNN 模型,同样存在这个问题。另一个与原始 RNN 模型相关的问题是,如果预测目标时间距离过远,该模型就无法进行预测,或者说,原始 RNN 模型无法处理序列样本数据更加靠近,而预测样本目标距离更远的情况。接下来将对 RNN 模型进行调优,使它们可以处理这两类问题。

7.1.3　长短期记忆

RNNs 面临的首要问题是在使用长序列数据作为输入时会面临梯度消失问题。该问题最有效的解决方法是使用门控 RNN 神经元。常用的门控 RNN 神经元有两类:长短期记忆(Long Short-Term Memory,LSTM)和门控循环单元(Gated Recurrent Units,GRUs)。本节将集中讨论 LSTM。

LSTM 模型由 Hochreiter 和 Schmidhuber 在 1997 年的论文(Hochreiter 和 Schmidhuber,1997)中引入,通过使用限制长序列中后续信息的算子实现模型的功能。这里仍将参照 Goodfellow 描述的 LSTM 执行算子。

公式 7-4~公式 7-6 分别定义了遗忘门、外部输入门和输出门,所有这些门都对通过 LSTM 神经元的后续信息产生各自的控制作用。

公式7-4　定义被称为遗忘门的可训练权重。
$$f(t) = \sigma(b^f + W^f h(t-1) + U^f x(t))$$

公式7-5　定义被称为外部输入门的可训练权重。
$$g(t) = \sigma(b^g + W^g h(t-1) + U^g x(t))$$

公式7-6　定义被称为输出门的可训练权重。
$$q(t) = \sigma(b^q + W^q h(t-1) + U^q x(t))$$

这里每个门都具有同样的函数形式,都使用了 Sigmoid 激活函数,但它们分别具有各自的权重和偏置。这使得门控过程可被学习,而不是对其应用一个固定的规则。

神经元的内部状态按照公式 7-7 进行更新,该表达式应用了遗忘门、外部输入门、输入序列和神经元上一阶段状态数据。

公式7-7　神经元内部状态更新表达式。
$$s(t) = f^t s(t-1) + g(t)\sigma(b + W h(t-1) + U x(t))$$

最后,使用公式 7-7 计算得到的内部状态和输出门对神经元的隐状态进行更新,如公式 7-8 所示。

公式7-8 神经元的隐状态更新表达式。

$$h(t) = \tanh(s(t))q(t)$$

虽然门的使用会增加模型的参数数量,但也大大改善了许多实际应用中长序列数据的处理效果。正是因为这个原因,专家们在时间序列分析中通常会选择 LSTM 作为基本的模型,而不是使用原始的 RNN 模型。

程序片段 7-8 定义了一个 LSTM 模型,并对其进行了 100 轮次的训练。该程序与定义 RNN 模型的程序片段 7-5 的唯一区别是它使用了 tf.keras.layers.LSTM(),而不是使用 tf.keras.layers.SimpleRNN()。从程序运行结果可以看出,在经过 100 轮次训练之后,LSTM 模型的均方误差比 RNN 模型要高。这是因为该模型需要训练更多的权重数据,这需要使用更多的训练轮次。另外需要说明的是,LSTM 模型可能是长序列数据处理中最有用的模型。

【**程序片段 7-8**】 在 Keras 中训练一个 LSTM 模型(接程序片段 7-4)

```
1   #定义序贯模型
2   model = tf.keras.models.Sequential()
3
4   #定义循环层
5   model.add(tf.keras.layers.LSTM(2, input_shape=(4, 1)))
6
7   #定义输出层
8   model.add(tf.keras.layers.Dense(1, activation="linear"))
9
10  #编译模型
11  model.compile(loss="mse", optimizer="adam")
12
13  #训练模型
14  model.fit_generator(train_generator, epochs=100)
```

程序运行结果:

```
Epoch 1/100
18/18 [==============================] - 1s 62ms/step - loss:
3.1697
...
Epoch 100/100
18/18 [==============================] - 0s 3ms/step - loss:
0.5873
```

最后,程序片段 7-9 打印了模型的概要信息。前面讨论 LSTM 神经元需要的附加操作有遗忘门、外部输入门和输出门。所有这些门控操作都有它们自身的参数需求。从程序片段 7-9 的打印结果可以看出,其 LSTM 层一共使用了 32 个参数,是程序片段 7-7 中 RNN 层参数数量的 4 倍。

【程序片段 7-9】 打印 Keras 的 LSTM 模型概要信息(接程序片段 7-8)

```
1    #打印模型概要信息
2    print(model.summary())
```

程序运行结果:

```
Layer (type)                    Output Shape                 Param #
=========================================================================
lstm_3 (LSTM)                   (None, 2)                    32

dense_3 (Dense)                 (None, 1)                    3
=========================================================================
Total params: 35
Trainable params: 35
Non-trainable params: 0
```

7.1.4　中间隐状态

按照惯例,LSTM 模型仅仅使用隐状态最后的值。例如,图 7-5 中模型使用的就是 $h(t)$ 的值,而不是使用 $h(t-1)$、$h(t-2)$ 和 $h(t-3)$ 三者的值,虽然在整个过程中计算了这三个值。然而,最近的研究显示,利用中间隐状态也许可以为长期依赖建模带来相当程度的效果改善,特别是在自然语言处理问题上(Zhou 等,2016)。在注意力模型环境中通常会这样做。

这里不对注意力模型进行讨论,但会说明如何在 LSTM 模型中使用隐状态。程序片段 7-10 对程序片段 7-8 进行了部分修改,将 LSTM 层 return_sequences 参数设为 True,从而返回神经元的隐藏状态。然后程序 7-10 使用 summary() 方法打印了该模型架构的概要信息。

【程序片段 7-10】 LSTM 模型隐状态的不正确使用(对程序片段 7-8 进行修改)

```
1    #定义序贯模型
2    model = tf.keras.models.Sequential()
3
```

```
4    #定义返回隐状态的循环层
5    model.add(tf.keras.layers.LSTM(2, return_sequences=True,
6                input_shape=(4, 1)))
7
8    #定义输出层
9    model.add(tf.keras.layers.Dense(1, activation="linear"))
10
11   #打印模型架构概要信息
12   print(model.summary())
```

程序运行结果：

```
Layer (type)                 Output Shape              Param #
=================================================================
lstm (LSTM)                  (None, 4, 2)              32

dense (Dense)                (None, 4, 1)              3
=================================================================
Total params: 35
Trainable params: 35
Non-trainable params: 0
```

从程序打印结果可以看出，该模型的架构信息有些不合常规之处：与前面程序批样本中输出的观测预测标量值不同，这里输出的是一个 4×1 向量。这应该是 LSTM 层的输出结果，现在 LSTM 的两个神经元输出的是 4×1 向量，不是用户需要的标量内容。

用户有几种方式可以使用该 LSTM 层的输出内容，其中之一是使用所谓的堆叠 LSTM（Graves 等，2013）。堆叠 LSTM 模型会将全部的隐藏状态序列传递给下一个 LSTM 层，使得网络深度更深，比只使用一个 LSTM 层的表达效果更好。

程序片段 7-11 定义了一个模型，在模型的第 1 层 LSTM 层中，程序使用了 3 个 LSTM 神经元，输入数据形状为 $(4, 1)$，并将 return_sequences 参数设为 True，这意味着每个神经元将返回一个 4×1 隐状态序列，而不是一个标量。程序然后将这 3 个张量（$4\times1\times3$）传递给具有 2 个神经元的第 2 层 LSTM 层，该层仅返回隐状态的最后状态，而不是中间状态值。

【程序片段 7-11】 定义堆叠 LSTM 模型（对程序片段 7-10 进行修改）

```
1    #定义序贯模型
2    model = tf.keras.models.Sequential()
```

```
3
4   #定义返回隐状态的循环层
5   model.add(tf.keras.layers.LSTM(3, return_sequences=True,
6              input_shape=(4, 1)))
7
8   #定义第 2 层循环层
9   model.add(tf.keras.layers.LSTM(2))
10
11  #定义输出层
12  model.add(tf.keras.layers.Dense(1, activation="linear"))
```

程序片段 7-12 打印了模型架构的概要信息,可以看到,现在程序输出结果为一个标量预测值,这才是用户希望获得的通胀预测数据。这里不对模型的效果进行分析,但需要指出,使用这类模型进行时间序列预测仍未得到充分的开发。在长期依赖建模比较重要的时间序列预测应用中,使用堆叠 LSTM 模型、注意力模型和 Transformer 模型应该能有效提升预测效果。

【程序片段 7-12】　打印 LSTM 模型概要信息(接程序片段 7-11)

```
1   #打印模型概要信息
2   print(model.summary())
```

程序运行结果:

```
Layer (type)              Output Shape          Param #
=========================================================
Lstm_1 (LSTM)             (None, 4, 3)          60

Lstm_2 (LSTM)             (None, 2)             48

Dense_1 (Dense)           (None, 1)             3
=========================================================
Total params: 111
Trainable params: 111
Non-trainable params: 0
```

7.2 多元预测

本章到现在讲述了几种不同机器学习方法的工作原理,构建了 Nakamura 论文中实现的所有一元通胀预测程序。这些所讨论的方法都可以移植到多元环境中。为了完整起见,本节将使用 LSTM 模型和第 4 章讨论的梯度提升树提供一个简单的多元预测。该例仍将进行通胀预测,但使用了 5 个特征进行月度通胀预测,而不是只使用 1 个特征。

本例首先通过程序片段 7-13 加载和预览程序中需要用到的数据。然后再讨论如何使用 LSTM 和梯度提升树实现一个多元预测模型。除了前面用到的通胀率外,本例添加的 4 个特征为失业率、制造业工人工作小时数、制造业工人时薪和货币供应量(M1)检测值。其中,失业率使用一阶差分计算,所有的特征变量使用的都是当前数据与上一时期数据的百分比变化值。

【程序片段 7-13】 加载和预览通胀预测数据

```
1   import pandas as pd
2
3   #加载数据
4   macroData = pd.read_csv(data_path+'macrodata.csv',
5                           index_col = 'Date')
6
7   #预览数据
8   print(macroData.round(1).tail())
```

程序运行结果:

	Inflation	Unemployment	Hours	Earnings	M1
Date					
12/1/19	-0.1	0.1	0.5	0.2	0.7
1/1/20	0.4	0.6	-1.7	-0.1	0.0
2/1/20	0.3	-0.2	0.0	0.4	0.8
3/1/20	-0.2	0.8	-0.2	0.4	6.4
4/1/20	-0.7	9.8	-6.8	0.5	12.9

7.2.1 LSTM

本章前面的 LSTM 模型中使用了实例化的生成器来为模型准备数据。程序片段 7-14 首先将目标和特征定义为 np.array() 对象,然后创建了一个基于训练数据的生成器,还创建了一个基于测试数据的生成器。前面的例子使用的是季度通胀数据,模型使用的序列长度为 4 个季度。本例将使用月度通胀数据,模型使用的序列长度为 12 个月,如程序片段 7-14 所示。

【程序片段 7-14】　为 LSTM 模型准备数据(接程序片段 7-13)

```
1   import numpy as np
2   import tensorflow as tf
3   from tensorflow.keras.preprocessing.sequence import\
4       TimeseriesGenerator
5
6   #定义目标和特征对象
7   target = np.array(macroData['Inflation'])
8   features = np.array(macroData)
9
10  #定义训练数据生成器
11  train_generator = TimeseriesGenerator(features[:393],
12                      target[:393], length = 12, batch_size = 6)
13
14  #定义测试数据生成器
15  test_generator = TimeseriesGenerator(features[393:],
16                      target[393:], length = 12, batch_size = 6)
```

定义了生成器后,程序片段 7-15 对模型进行了训练。模型使用了 2 个 LSTM 神经元,由于模型使用的序列长度为 12,使用了 5 个特征项,因此神经元的输入形状修改为 (12,5)。在经过 20 轮次训练后,模型的均方误差从 0.3065 降至 0.0663。如果读者使用过计量经济学模型进行宏观经济预测,也许会担心模型的参数数量是否会过多,因为本例模型使用了更长的序列和更多的变量。然而,就像前面章节分析的那样,该模型序列长度的增加并不会增加其参数的数量。实际上,模型一共只有 67 个参数。

【程序片段 7-15】　使用多个特征定义和训练 LSTM 模型(接程序片段 7-14)

```
1   #定义序贯模型
2   model = tf.keras.models.Sequential()
3
4   #定义具有 2 个神经元的 LSTM 模型
5   model.add(tf.keras.layers.LSTM(2, input_shape=(12, 5)))
6
7   #定义输出层
8   model.add(tf.keras.layers.Dense(1, activation="linear"))
9
10  #编译模型
```

```
11  model.compile(loss="mse", optimizer="adam")
12
13  #训练模型
14  model.fit_generator(train_generator, epochs=100)
```

程序运行结果：

```
Epoch 1/20
64/64 [==============================] - 2s 26ms/step - loss:
0.3065
...
...
Epoch 20/20
64/64 [==============================] - 0s 6ms/step - loss:
0.0663
```

最后，程序片段 7-16 对比了模型在训练样本和测试样本上的结果，对模型进行了评估。从程序输出结果可以看出，模型在训练样本集上的表现比测试样本集上的表现要更好，这是比较常见的现象。然而，如果训练样本和测试样本结果差距明显过大，那么用户应该考虑使用正则化或使用更少的轮次进行模型训练。

【程序片段 7-16】 使用 MSE 对模型在训练样本集和测试样本集上的表现进行评估（接程序片段 7-15）

```
1  #使用 MSE 评估模型在训练样本集上的表现
2  model.evaluate_generator(train_generator)
3
4  #使用 MSE 评估模型在测试样本集上的表现
5  model.evaluate_generator(test_generator)
```

程序运行结果：

```
0.06527029448989197
0.15478561431742632
```

7.2.2 梯度提升树

本章最后一个示例将使用第 4 章讨论的梯度提升树执行同样的通胀预测分析。在 TensorFlow 提供的工具集中，梯度提升树和深度学习是最适合进行时间序列预测任务的两个工具。

与 LSTM 模型要求将数据拆分成序列一样,梯度提升树需要将数据转换成适用于 Estimator API 的形式。这需要将梯度提升树使用到的 5 个特征,分别定义成不同的特征列,如程序片段 7-17 所示。

【程序片段 7-17】　为梯度提升树定义特征列(接程序片段 7-13)

```
1   import tensorflow as tf
2
3   #定义延迟通胀特征列
4   inflation = tf.feature_column.numeric_column("inflation")
5
6   #定义失业率特征列
7   unemployment = \
8       tf.feature_column.numeric_column("unemployment")
9
10  #定义工作时长特征列
11  hours = tf.feature_column.numeric_column("hours")
12
13  #定义时薪特征列
14  earnings = tf.feature_column.numeric_column("earnings")
15
16  #定义 M1 特征列
17  m1 = tf.feature_column.numeric_column("m1")
18
19  #定义特征列表
20  feature_list = \
21      [inflation, unemployment, hours, earnings, m1]
```

接下来的步骤是定义生成数据的函数。和前面的 LSTM 示例一样,这里将分别定义训练函数和测试函数,以便判断是否模型存在过拟合问题。程序片段 7-18 定义了这两个函数。和前面的示例一样,程序将样本分割成两个部分,训练样本集为 2000 年之前的数据,测试样本集为 2000 年之后的数据。

【程序片段 7-18】　定义数据生成函数(接程序片段 7-17)

```
1   #给模型的训练数据定义输入函数
2   def train_data():
3       train = macroData.iloc[:392]
4       features = {"inflation": train["Inflation"],
5                   "unemployment": train["Unemployment"],
6                   "hours": train["Hours"],
```

```
7                    "earnings": train["Earnings"],
8                    "m1": train["M1"]}
9        labels = macroData["Inflation"].iloc[1:393]
10       return features, labels
11
12   #给模型的测试数据定义输入函数
13   def test_data():
14       test = macroData.iloc[393:-1]
15       features = {"inflation": test["Inflation"],
16                    "unemployment": test["Unemployment"],
17                    "hours": test["Hours"],
18                    "earnings": test["Earnings"],
19                    "m1": test["M1"]}
20       labels = macroData["Inflation"].iloc[394:]
21       return features, labels
```

程序片段 7-19 在 train_data 训练样本数据集上,对 BoostedTreeRegressor 实例化后的模型进行了 100 轮次的训练。然后程序在训练样本集和测试样本集上,对模型的效果进行了评估,并打印了评估结果。

【程序片段 7-19】 训练、评估模型并打印结果(接程序片段 7-18)

```
1    #实例化提升树回归器
2    model = tf.estimator.BoostedTreesRegressor(
3        feature_columns = feature_list, n_batches_per_layer = 1)
4
5    #训练模型
6    model.train(train_data, steps=100)
7
8    #评估模型在训练和测试集上的表现
9    train_eval = model.evaluate(train_data, steps = 1)
10   test_eval = model.evaluate(test_data, steps = 1)
11
12   #打印模型结果
13   print(pd.Series(train_eval))
14   print(pd.Series(test_eval))
```

程序运行结果:

```
average_loss 0.010534
label/mean 0.416240
```

```
loss 0.010534
prediction/mean 0.416263
global_step 100.000000
dtype: float64


average_loss 0.145123
label/mean 0.172864
loss 0.145123
prediction/mean 0.286285
global_step 100.000000
dtype: float64
```

　　程序打印结果显示模型也许存在过拟合问题。模型在训练样本集上的平均损失为 0.01，在测试样本集上的平均损失为 0.14。这意味着程序应使用更少的轮次对模型再次训练，然后看看这两个值是否会近似相等。如果减少模型训练轮次依旧没有让模型在训练样本和测试样本上的平均损失收敛，那么程序需要进一步执行模型调优以减少过拟合问题。模型的参数调优细节可参见第 4 章的讨论。

7.3　本章小结

　　将机器学习应用于经济与金融领域的一个困难点是，机器学习主要关注结果预测，而许多经济与金融领域的研究主要关注因果推理和假设检验。然而，也有一些领域，机器学习与经济学存在相当程度的重叠，本章讨论的通胀预测就是二者充分重叠的例子。

　　本章讨论了如何使用机器学习中的时间序列预测工具，主要聚焦于深度学习模型上，也讲述了梯度提升树，梯度提升树模型在 TensorFlow 中也可使用。Nakamura 将神经网络应用于经济学时间序列预测，这是将神经网络应用于经济学时间序列预测的最早研究案例之一，本章重建了该程序。然后，本章还使用了一些新的模型，包括 RNNs、LSTMs 和堆叠 LSTMs，其中，LSTMs 在其他的序列数据处理任务中得到了大力的开发，如自然语言处理领域。

　　对使用深度学习模型进行计量经济学时间序列预测感兴趣的读者可参阅 Cook 和 Hall 2017 的论文（Cook 和 Hall，2017）。近期在金融学中使用深度学习进行股票收益预测和债券溢价预测的研究可参见 Heaton（Heaton 等，2016）、Messmer（Messmer，2017）、Rossi（Rossi，2018）和 Chen（Chen 等，2019）等人的论文。使用高维时间序列回归和使用稀疏群 LASSO 模型进行即时预测方面的近期研究，可参见 Babii、Ghysels 和 Striaukas 三人 2019 及 2020 年的研究论文（Babii，Ghysels 和 Striaukas，2019，2020）。

参考文献

第 8 章

降　维

机器学习中的许多问题内在具有高维性质。例如,自然语言处理问题经常需要提取单词的意思,这将不可避免地产生大量可能的序列。即使对只有 1000 个最常见单词的文本进行解析,一个只有 50 个单词的段落也可能会产生 10^{150} 个排列,这个数字比可观测宇宙的原子数量还要大。如果不对问题进行重构或降维处理,用户将不可能处理这样的问题。

经济与金融领域的研究经常会使用主成分分析(Principal Component Analysis, PCA)、要素分析(Factor Analysis, FA)这类降维技术。当协变量(特征)数量过大,存在过拟合风险,或存在明显违反计量经济学模型假设时,通常就会使用降维技术。当需要对数据进行兴趣因子修剪时,也会用到 PCA 和 FA 技术。

本章将简要讨论机器学习和经济学都会用到的两个方法:PCA 和偏最小二乘法 (Partial Least Squares, PLS),然后对机器学习会用到的自编码器的概念进行介绍。自编码器融合了“上采样”和“下采样”方法,或者说融合了“压缩”和“解压缩”方法。自编码过程的一个副产品是需要从编码信息的潜在态,恢复出最初的输入状态。除了其他的一些功能外,自编码器可被认为提供了一种灵活的、基于深度学习的降维方法。

8.1　经济学中的降维

这一部分将参照 Gentzkow 对文本分析中降维的讨论。另外,本节将联合使用 sklearn 库 和 tensorflow 库来执行降维任务,这是经济学中常用的降维方法。虽然 tensorflow 库提供了诸多功能,但仍然缺乏可方便用于 PCA 和 PLS 的方法,这需要通过 sklearn 库提供。

本章将使用一个常用的数据集,即由 OECD 提供的从 1961 年第二季度至 2020 年第一季度期间,25 个国家的 GDP 增长数据。图 8-1 展示了这一数据内容,由于国家数量较多,使用图例难以分辨,因此图 8-1 没有展示图例。

本项目的大部分程序都会试图抽取本样本数据中所有国家 GDP 增长的共同成分。

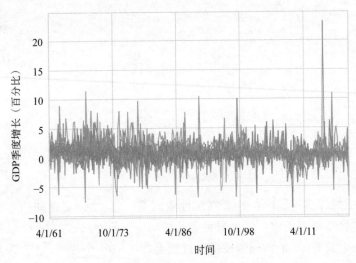

图 8-1 从 1961 年第二季度至 2020 年第一季度的 25 个国家 GDP 增长情况

PCA 技术可以帮助用户判断这些国家经济增长中的方差、不同国家之间存在有哪些共同成分、每个国家做出了多大程度的贡献。读者也将看到，这些成分与不同的国家存在怎样的关系，从而可以感觉出哪些国家可能对世界经济增长有重要贡献。

8.1.1 主成分分析

经济与金融领域中最常用的降维方法是主成分分析方法。PCA 将一系列的特征映射为 k 个主成分，其中 k 由计量经济学家自己设置。不同成分按照它们对数据集方差的贡献进行排序，例如第 1 主成分对数据集方差的贡献最大。另外，这些主成分都是正交构建的。

在许多情况下，经济学家执行 PCA 目的是给数据集降维，从而可以在回归中使用少量主成分。前面描述的 PCA 方法的特性使得它在降维方面特别具有吸引力。

参照 Gentzkow 等人 2019 年论文的内容，公式 8-1 列出了最小化问题的主成分分析解决方案。

公式8-1 最小化问题的主成分分析。

$$\mathrm{mintrace}_{(G,B)}\left[(C-GB)(C-GB')'\right]$$
$$s.t.\ \mathrm{rank}(G)=\mathrm{rank}(B)=k$$

程序片段 8-1 和程序片段 8-2 展示了如何使用 tensorflow 库处理这类优化问题。然而，本项目的目的是进行降维，使用 sklearn 库实现会更加方便，本章接下来的部分将使用 sklearn 进行降维处理。

【程序片段 8-1】　在 TensorFlow 中定义 PCA 变量

```
1    import numpy as np
2    import pandas as pd
3    import tensorflow as tf
4
5    #定义数据路径
6    data_path = '../data/chapter8/'
7
8    #加载数据
9    C = pd.read_csv(data_path+'gdp_growth.csv',
10                   index_col = 'Date')
11
12   #将数据转换为常量对象
13   C = tf.constant(np.array(C), tf.float32)
14
15   #设置主成分数量
16   k = 5
17
18   #获得特征矩阵形状
19   n, p = C.shape
20
21   #为 gamma 矩阵定义变量
22   G = tf.Variable(tf.random.normal((n, k)), tf.float32)
23
24   #为 beta 矩阵定义变量
25   B = tf.Variable(tf.random.normal((p, k)), tf.float32)
```

程序片段 8-1 将数据加载为特征矩阵 C。然后将矩阵 C 转换为一个 tf.constant()对象,设置主成分数量为 5,再构建了矩阵 G 和 B。注意矩阵 G 是一个 $n \times k$ 矩阵,而矩阵 B 是一个 $p \times k$ 矩阵,其中 n 为时间周期,p 为国家数量。

在本例中,矩阵 G 用于捕捉每个时间周期内不同要素影响的大小,矩阵 B 用于检测每个要素与不同国家相关联的程度。

程序片段 8-2 定义了损失函数 pcaLoss(),该损失函数按照公式 8-1 进行构建,将矩阵 C、G 和 B 作为输入,并返回一个损失值。程序然后实例化了一个优化器,对模型进行了 1000 轮次的训练。由于只有 G 和 B 是可训练矩阵,因此将它们放在了 var_list 中。

【程序片段 8-2】　在 TensorFlow 中执行 PCA(接程序片段 8-1)

```
1    #定义 PCA 损失函数
2    def pcaLoss(C, G, B):
```

```
3        D = C - tf.matmul(G, tf.transpose(B))
4        DT = tf.transpose(D)
5        DDT = tf.matmul(D, DT)
6        return tf.linalg.trace(DDT)
7
8    #实例化优化器
9    opt = tf.optimizers.Adam()
10
11   #训练模型
12   for i in range(1000):
13       opt.minimize(lambda: pcaLoss(C, G, B), var_list = [G, B])
```

程序片段 8-2 展示了如何使用 tensorflow 库构建 PCA 方法，接下来将讲述如何使用 sklearn 库完成同样的工作。程序片段 8-3 使用 sklearn.decomposition 加载了已定义好的 PCA 方法，然后加载和准备数据集，并将数据集转化为 np.array()形式。

【程序片段 8-3】 使用 sklearn 加载 PCA 方法并准备数据

```
1    import tensorflow as tf
2    import pandas as pd
3    import numpy as np
4    from sklearn.decomposition import PCA
5
6    #定义数据路径
7    data_path = '../data/chapter8/'
8
9    #加载数据
10   C = pd.read_csv(data_path+'gdp_growth.csv',
11                  index_col = 'Date')
12
13   #将特征矩阵转换为 NumPy 数组
14   C = np.array(C)
```

程序片段 8-4 设置了主成分数量，实例化了一个 PCA 模型，然后应用了 fit()方法训练模型。训练完成后，程序就可以提取出前面示例使用 tensorflow 库进行模型训练时使用的等价矩阵，程序使用了 components_()方法获得矩阵 B，然后使用 pca.transform(C)获得矩阵 G。除此之外，程序还获得了每个主成分的方差贡献 S。

【程序片段 8-4】 执行 sklearn 库的 PCA 实例

```
1    #设置主成分数量
2    k = 25
```

```
3
4    #使用 k 个主成分实例化 PCA 模型
5    pca = PCA(n_components=k)
6
7    #训练模型
8    pca.fit(C)
9
10   #返回 B 矩阵
11   B = pca.components_.T
12
13   #返回 G 矩阵
14   G = pca.transform(C)
15
16   #返回每个主成分的方差贡献 S
17   S = pca.explained_variance_ratio_
```

　　注意程序片段 8-4 计算了 25 个主成分，这是 GDP 增长序列的国家数量。由于本项目的目标是进行降维，因此希望能对这些国家数量进行裁剪。一个用于选择一系列主成分的常见可视化方法被称为"肘部法则"。肘部法则需要通过绘制图形来解释方差贡献 S，以识别出主成分斜率幅度的急剧下降，即一个"肘部"图形，肘部标志着下一个主成分比肘部前一个主成分的重要性小很多。图 8-2 绘制了这一图形。

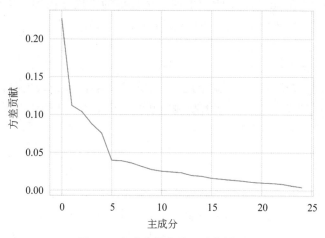

图 8-2　主成分的方差贡献曲线图

　　图 8-2 中最明显的"肘部"出现在第 5 个主成分处。后续的主成分对 GDP 增长的贡献显然更小。因此，接下来的程序将只使用这前 5 个主成分进行模型的构建和训练。

　　除此之外，读者也许还希望能通过可视化的形式看到主成分与最初国家序列的关联强度,这些关联强度值可通过 **B** 矩阵获得。图 8-3 通过 **B** 矩阵的第 1 列内容,绘制了第 1 主成分与各国家的关联强度。该图展示第 1 主成分与小型开放经济体相关,如希腊和冰岛。

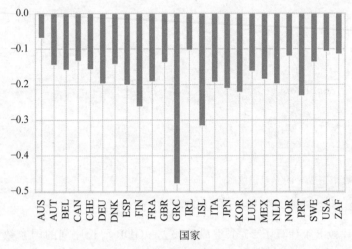

图 8-3　第 1 主成分与不同国家的关联强度

　　学术研究和应用通常会将 PCA 或其他形式的降维用于处理更大范围的问题。一个常见的应用是主成分回归(Principal Component Regression,PCR),该回归由两个步骤组成,需要使用到 PCA,最后将在回归中返回选择出的主成分内容。Bernanke 等人使用了 PCR 的变体,因素增强向量自回归(Factor-Augmented Vector Autoregressions,FAVAR)模型,用该模型识别出货币传递机制[①]。

　　接下来的程序将根据公式 8-2 分析一个简单的问题,即使用其他国家的增长数据来预测加拿大的 GDP 增长情况。当某个国家 GDP 经济增长数据缺失时,可以进行这样的预测。或者,用户如果对相关性估计感兴趣,也可以从中看出一个国家的 GDP 增长会受到哪些全球经济增长成分的影响。

　　公式8-2　主成分回归。

$$\text{gdp\_growth}_t^{CAN} = \alpha + \beta_0 PC_{t0} + \cdots + \beta_{p-1} C_{tp-1} + \varepsilon$$

　　程序片段 8-5 使用 sklearn 库加载数据集,生成了一个 DataFrame 对象,然后复制了该 DataFrame 的 Canada(加拿大)列数据,在继续对该 DataFrame 复制时删除了 Canada 列数据,最后将这两个复制的 DataFrame 数据转换为了 np.array()对象。

---

① 通过 FAVAR 模型,Bernanke 等人极大地扩展了 VAR 模型中的变量集,从而可以正确地解读银行和其他社会组织、个人获得的信息集。

【程序片段 8-5】　为主成分回归准备数据

```
1    import numpy as np
2    import pandas as pd
3    import tensorflow as tf
4    from sklearn.decomposition import PCA
5
6    #定义数据路径
7    data_path = '../data/chapter8/'
8
9    #加载数据
10   gdp = pd.read_csv(data_path+'gdp_growth.csv',
11                   index_col = 'Date')
12
13   #从 DataFrame 对象 gdp 中复制加拿大的数据
14   Y = gdp['CAN'].copy()
15
16   #将 gdp 数据复制到 C,并删除加拿大的数据
17   C = gdp.copy()
18   del C['CAN']
19
20   #将数据转换为 NumPy 数组
21   Y = np.array(Y)
22   C = np.array(C)
```

程序片段 8-6 在 DataFrame 对象 C 上执行 PCA,提取出主成分 G,将其作为 tensorflow 库中 Y 的 PCR 回归的输入内容。

【程序片段 8-6】　执行 PCA 和 PCR(接程序片段 8-5)

```
1    #设置主成分数量
2    k = 5
3
4    #使用 k 参数实例化 PCA 模型
5    pca = PCA(n_components=k)
6
7    #对模型进行训练,并返回主成分内容
8    pca.fit(C)
9    G = tf.cast(pca.transform(C), tf.float32)
10
11   #初始化 PCR 模型参数
```

```
12   beta = tf.Variable(tf.random.normal([k,1]),
13                        tf.float32)
14   alpha = tf.Variable(tf.random.normal([1,1]),
15                        tf.float32)
16
17   #定义预测函数
18   def PCR(G, beta, alpha):
19       predictions = alpha + tf.reshape(
20           tf.matmul(G, beta), (236,))
21       return predictions
22
23   #定义损失函数
24   def mseLoss(Y, G, beta, alpha):
25       return tf.losses.mse(Y, PCR(G, beta, alpha))
26
27   #实例化优化器和最小化损失
28   opt = tf.optimizers.Adam(0.1)
29   for j in range(100):
30       opt.minimize(lambda: mseLoss(Y, G, beta, alpha),
31                    var_list = [beta, alpha])
```

现在程序已经完成了模型的训练,可将它用于加拿大的 GDP 增长序列预测了。图 8-4 绘制了真实的加拿大 GDP 增长曲线与模型预测的 GDP 增长曲线的对比情况。从该图可

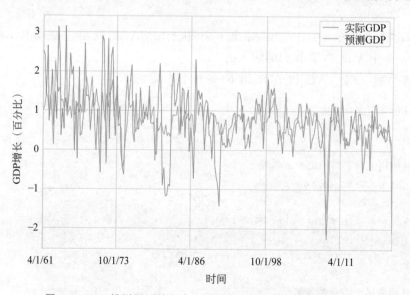

图 8-4　PCR 模型预测的和真实的加拿大 GDP 增长曲线对比

以看出,在 1980 年开始的大稳健时期之前,加拿大的 GDP 增长情况非常不稳定,模型的预测结果不太理想。然而,在 1980 年之后,加拿大的 GDP 增长情况很多都可以被 GDP 增长序列中其他 24 个国家的 5 个主成分国家解释说明。

模型的预测结果表明数据序列中存在与经济增长相关的共同全局因素。如果读者希望进一步了解到底是哪些因素,也许要使用 B 矩阵进行具体分析,判断这些因素与不同国家之间的关系。例如,北美的经济增长可能会对加拿大的经济增长特别重要,这时就需要使用 B 矩阵分析北美经济增长与加拿大经济增长之间的关系。PCA 可以帮助用户降低问题的维度,但 PCA 也给用户提供了看似合理的降维后的结果解释工具。

8.1.2 偏最小二乘

仅通过 5 个主成分,PCR 就对加拿大 GDP 增长的季度变化给出了较令人满意的解释说明。虽然前面讨论的 PCR 的两步过程方便适用于完成和执行各种各样的任务,但它并不能解释第一步中矩阵 C 与矩阵 Y 的关系,如果用户的最终目标是进行预测,那么这个效果也许就不是用户最想要的。

实际上,PCA 仅仅使用矩阵 C 执行,然后可提取出矩阵 C 的主成分,将它们用于 Y 作为因变量的回归中。然而,PCA 也可能选出对许多其他国家 GDP 增长贡献较大,但对加拿大 GDP 增长贡献较小的主成分。

然而,除 PCR 外,有一些方法可对矩阵 Y 与矩阵 C 特征列的关联强度进行说明。本节将参照 Gentzkow 等人 2019 年的论文内容,对其中的一个方法,偏最小二乘法(Partial Least Squares,PLS)进行简单的讨论分析。偏最小二乘法步骤如下:

(1) 计算 $\hat{Y} = \dfrac{\sum\limits_{j} \psi_j C_j}{\sum\limits_{j} \psi_j}$,其中 C_j 为矩阵 C 的第 j 个特征列,而 ψ_j 是矩阵 Y 与特征列 C_j 之间的单变量协方差;

(2) 基于 $\hat{Y}$,对矩阵 Y 与 C 做正交化运算;

(3) 重复第(1)步;

(4) 重复第(2)步和第(1)步,直到生成满意的主成分数量。

与 PLR 相比,PLS 使用了矩阵 Y 与 C 之间的协方差,选出最适合预测 Y 的主成分。一般而言,该方法选择出的主成分会比基于矩阵 C 的 PCA 方法在第(2)步执行线性回归时选出的主成分更有预测价值。

程序片段 8-7 使用 sklearn 实现了一个 PLS 回归。程序使用了程序片段 8-5 定义的矩阵 Y 与矩阵 C。为了与 PLR 的预测结果进行对比,这里仍然使用了 5 个主成分数量。然后,实例化和训练一个 PLS 模型,再使用该模型的 predict() 方法,生成加拿大 GDP 经济增长预测的时间序列。

【程序片段 8-7】 执行 PLS(接程序片段 8-5)

```
1    from sklearn.cross_decomposition import PLSRegression
2
3    #设置主成分数量
4    k = 5
5
6    #使用 k 个主成分实例化 PLS 模型
7    pls = PLSRegression(n_components = k)
8
9    #训练 PLS 模型
10   pls.fit(C, Y)
11
12   #生成预测
13   pls.predict(C)
```

图 8-5 对比了样本期间加拿大实际 GDP 增长与 PLS 预测的 GDP 增长情况。不出所料,PLS 获得的预测效果比起两步 PCA 过程的效果有所改善。这是因为 PLS 能较好地利用目标变量和特征矩阵之间的关系。

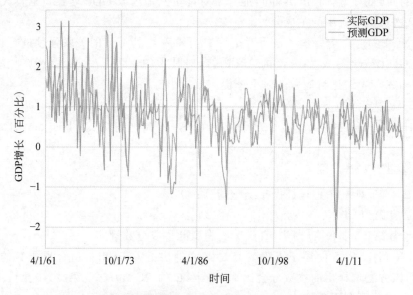

图 8-5 PLS 模型预测的和真实的加拿大 GDP 增长曲线对比

注意,PCR 和 PLS 这两个模型具有多种形式。当用户执行 PCR 的第(2)步时,如果使用的是 OLS 方法,用户原则上可以使用任意模型捕捉,从特征矩阵和加拿大 GDP 增长中提取出主成分之间的关系。这也是使用 tensorflow 库执行 PCR 第(2)步的优势之一,有了这个优势,人们就更少使用 sklearn 库了。

对于 PLS 的计量经济学理论的更深入讨论请读者参见 Kelly 和 Pruitt 的论文(Kelly 和 Pruitt,2013,2015)。另外,PCA 预测方面更严谨的讨论请参见 Stock 和 Watson 的论文(Stock 和 Watson,2002)。新型冠状病毒感染期间使用 PCA 进行每周 GDP 增长预测的研究,请参见 Lewis 等人 2020 年的论文(Lewis 等,2020)。

8.2 自编码器模型

自编码器是一种训练后能对输入数据进行预测的神经网络。这类模型可以用于音乐生成、图像去噪和执行一种广义的非线性的主成分分析。本节将对自编码器的第 3 种应用进行分析讨论。

LeCun(LeCun,1987)、Bourlard 和 Kamp(Bourlard 和 Kamp,1988)、Hinton 和 Zemel(Hinton 和 Zemel,1993)等人分别在他们的论文中对自编码器模型进行了开发研究。Goodfellow 等人认为,自编码器由 2 个函数组成。第 1 个函数是公式 8-3 所示的编码函数 $f(x)$,该函数获得输入数据 x,生成一个潜在态 h。第 2 个函数是公式 8-4 所示的一个解码函数,该函数将潜在态 h 作为输入,然后对输入数据 x 进行重构,生成 r。

公式8-3 编码函数。

$$h = f(x)$$

公式8-4 解码函数。

$$r = g(h)$$

实际上,用户可以按照公式 8-5 给出的损失函数的最小化形式来训练一个自编码器模型。注意,$g(f(x))$ 是 r 的重构形式,通过将编码函数和解码函数嵌套,对序列输入数据处理,生成最终的 r。r 和 x 的距离越近,损失越小。

公式8-5 自编码器损失函数。

$$L(x, g(f(x)))$$

自编码器的编码器架构与标准的稠密神经网络类似。编码器获得输入数据,然后将它们传递到一系列节点数量递减的稠密层。编码器执行"下采样"或"压缩"方法。解码器的架构与编码器的架构刚好相反。解码器将潜在态作为输入,然后执行"上采样"或"解压缩"方法,产生一个更大的输出结果。

图 8-6 给出了自编码器的架构示例。该编码器拥有 5 个输入节点,在下一层神经网络层中,节点数量降为 3 个。在编码器的最后一层,节点数量变为 2 个,生成输出结果。该输出结果将作为解码网络的输入,解码网络执行上采样,网络层的节点数量从 3 递增为 5,最终为用户生成与输入数据可对比的结果。图 8-6 上面的粉色节点是模型的输入部分,图 8-6 下面的粉色节点会产生输入数据的重构内容。

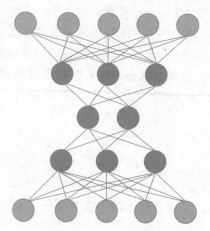

图 8-6 自编码器的架构示例

本节将聚焦自编码器在降维方面的使用,它们在机器学习中的两个更为常见的用法(对比经济与金融领域)也可以用于经济与金融领域的问题处理。

(1)降噪。图像和音频通常都会包含噪声。自编码器通过记录重要的图像特征或音频信号,可帮助用户过滤噪声。用户通过为潜在态选择一个相对少量节点的架构,可强制编码网络将图像或音频信号包含的所有信息压缩为少量的数值。当用户试图使用解码器重建图像或音频信号时,解码器将不再可能恢复出那些古怪的噪声,因为这超出了潜在态所能提供的信息范围。这意味着自编码器为用户恢复了一个降噪后的输入数据版本。

(2)生成式机器学习。除了分类功能外,机器学习算法还可用于生成类的实例。自编码器模型的解码器根据潜在态的信息进行训练,对图像进行重构。这意味着自编码器可以随机生成潜在态,然后将它传递给解码器,从而生成全新的图像。另外,用户可使用编码器从一个图像中抽取潜在态,然后对潜在态进行修改,再将其传递给解码器,从而操控图像的生成。

对于自编码器在降噪和生成式机器学习方面的使用,需要澄清两个问题。首先,机器学习专家一般不会训练自编码器,对输入数据进行精确的修复。通常他们希望通过自编码器学习输入数据中的重要关系,从而自编码器可以生成新的内容,而不是记住输入数据。这也是机器学习专家使用正则化来保持网络足够小的原因。其次,编码器的输出,即潜在态,作为一个瓶颈限制,必须要对一系列的输入数据进行特征概括。这也是自编码器可用于数据降维处理的确切原因。

本章最后一个示例将展示如何在同样的 GDP 增长数据上训练自编码器。程序片段 8-8 假定数据已经加载好,并使用了程序片段 8-5 定义的矩阵 Y 与矩阵 C。然后程序定义了编码器和解码器模型,这两个模型可共享权重,但也可以独立地接收输入和产生输出。程序将潜在态 latentNodes 的节点数量设为 5,这与前面 PCR 模型程序示例中,在第

2 步回归时设置 5 个主成分数量是等效的。

【程序片段 8-8】　使用 Keras API 训练自编码器(接程序片段 8-5)

```
1   #设置国家序列数量
2   nCountries = 24
3
4   #设置潜在态节点数量
5   latentNodes = 5
6
7   #为编码器定义输入层
8   encoderInput = tf.keras.layers.Input(shape = (nCountries))
9
10  #定义潜在态
11  latent = tf.keras.layers.Input(shape = (latentNodes))
12
13  #为编码器定义稠密输出层
14  encoded = tf.keras.layers.Dense(latentNodes, activation =
15              'tanh')(encoderInput)
16
17  #为解码器定义稠密输出层
18  decoded = tf.keras.layers.Dense(nCountries, activation =
19              'linear')(latent)
20
21  #为编码器和解码器定义独立的模型
22  encoder = tf.keras.Model(encoderInput, encoded)
23  decoder = tf.keras.Model(latent, decoded)
24
25  #定义自编码器模型
26  autoencoder = tf.keras.Model(encoderInput, decoder(encoded))
27
28  #编译模型
29  autoencoder.compile(loss = 'mse', optimizer="adam")
30
31  #训练模型
32  autoencoder.fit(C, C, epochs = 200)
```

　　相对前面已介绍的神经网络,该模型显得相当独特。当程序对模型进行训练时,可以看到模型的特征和目标是同一个内容。另外,程序使用了一个编码器模型和一个解码器模型,它们自身是函数,但同时也是程序进行训练的更大自编码器模型的一部分。从程序片段 8-9 的概要信息可以看出,潜在态只拥有 5 个节点,程序应是选择了最简单的模型架构。

【程序片段 8-9】 打印自编码器的概要信息(接程序片段 8-8)

```
1   #打印自编码器模型的概要信息
2   print(autoencoder.summary())
```

程序运行结果:

```
Layer (type) Output Shape Param #
=================================================================
input_11 (InputLayer) [(None, 24)] 0

dense_8 (Dense) (None, 5) 125

model_10 (Model) (None, 24) 144
=================================================================
Total params: 269
Trainable params: 269
Non-trainable params: 0
```

从程序运行结果可以看出,模型总共仅拥有 269 个参数,被训练用于恢复 24 个国家的 GDP 增长数据序列,该预测由 236 个季度观测值组成。图 8-7 对比了使用 autoencoder (自编码器)的 predict()方法预测的美国 GDP 增长数据序列与美国实际 GDP 增长数据,从而对模型的数据序列构建质量进行评估。

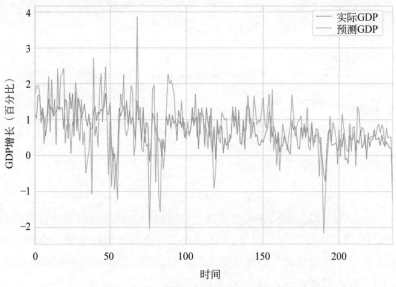

图 8-7 使用自编码器重建美国 GDP 增长数据序列

从图 8-7 的结果可以看出,自编码器生成的美国 GDP 预测序列具有合理的精度。就像前面讨论的,自编码器会被强制丢弃一些噪声,由于瓶颈层(潜在态)会限制能传递到解码器的信息数量。因此,模型生成的序列相比真实的美国 GDP 序列具有更小的波动。

程序下一步是提取所有时期的潜在态,其由编码器的 5 个输出值组成。用户可使用编码器的预测方法来获得潜在态数据,如程序片段 8-10 所示。

【程序片段 8-10】 生成潜在态时间序列(接程序片段 8-9)

```
1   #生成潜在态时间序列
2   latentState = encoder.predict(C)
3
4   #打印潜在态序列的形状
5   print(latentState.shape)
```

程序运行结果:

```
(236, 5)
```

读者现在可在回归中使用这些潜在态时间序列,来预测加拿大的 GDP 经济增长情况。从程序片段 8-11 可以看出,该程序和前面 PCR 程序示例的主要内容基本一致。一旦程序从编码器模型中提取了潜在态数据,该问题就简化为了一个线性回归问题。

【程序片段 8-11】 使用自编码器的潜在态,在回归环境中执行降维(接程序片段 8-10)

```
1   #初始化模型参数
2   beta = tf.Variable(tf.random.normal([latentNodes,1]))
3   alpha = tf.Variable(tf.random.normal([1,1]))
4
5   #定义预测函数
6   def LSR(latentState, beta, alpha):
7       predictions = alpha + tf.reshape(
8                           tf.matmul(latentState, beta), (236,))
9       return predictions
10
11  #定义损失函数
12  def mseLoss(Y, latentState, beta, alpha):
13      return tf.losses.mse(Y, LSR(latentState, beta, alpha))
14
15  #实例化优化器和最小化损失
16  opt = tf.optimizers.Adam(0.1)
17  for j in range(100):
```

```
18        opt.minimize(lambda: mseLoss(Y, latentState, beta,
19            alpha), var_list = [beta, alpha])
```

图 8-8 绘制了加拿大的预测 GDP 增长时间序列和实际 GDP 增长时间序列的对比情况,其中加拿大的预测 GDP 增长时间序列是基于自编码器的潜在态使用回归模型产生的。可以看出,该预测结果效果和 PLS 能达到的预测效果相似。

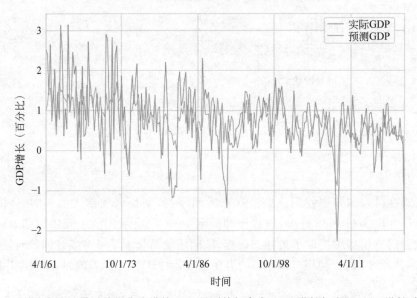

图 8-8　基于自编码器对特征集降维的 OLS 预测的加拿大 GDP 增长与实际 GDP 增长对比

最后需要注意的是,用户至少可对该问题的处理方法进行两处修改。首先,用户可对自编码器的架构进行修改。举个例子,假设用户认为模型存在欠拟合,不能基于序列生成预测,便可尝试增加隐藏层,或增加层的节点数量。其次,在程序第 2 步,用户可以使用完全不同的模型,如神经网络。并且,使用 TensorFlow 可将该模型与自编码器直接连接,对模型进行训练,并与一系列的 5 个潜在特征联合预测 Y。这表明潜在态在预测 Y 上贡献更多,同时这也是该方法的 PLS 类型的泛化版本。

8.3　本章小结

降维是经济学和机器学习中的常用实证策略。当一个问题(例如一个监督学习任务)的第 2 步在使用现有的特征集不可行时,便可以尝试使用降维技术。使用主成分分析或自编码器的潜在态,可对高维的特征集进行压缩,将它们降为少量的几个因素。

本章展示了如何使用 tensorflow 库和 sklearn 库执行降维任务。聚焦 GDP 经济增长预测的示例,读者可以看到,主成分回归的预测效果较好,但有时会选出一些与因变量无关的主成分。当使用偏最小二乘法时,该方法会充分利用特征与因变量之间的联动关系,在预测质量上比主成分分析稍有改进。

最后,本章探讨了如何使用自编码器来执行降维任务。自编码器模型由编码器和解码器网络组成,训练后可对模型的输入内容进行重构输出。网络的编码器部分输出为一个潜在态,该潜在态可被当作输入特征信息的压缩。本章通过程序展示了基于自编码器潜在态执行降维后的回归与 PLS 方法的对比示例。该回归示例可与预测模型一同训练,从而获得扩展应用。

参考文献

第 9 章

生成式模型

　　机器学习模型可分为两类：判别式模型和生成式模型。判别式模型训练用于执行分类或回归任务，即输入一系列特征，期望模型输出为分类标签的概率或预测值。相比之下，生成式模型被训练用于学习输入数据的构成分布。生成式模型训练好后，用户就可使用它来生成一个类别的新样本。图 9-1 展示了这两类模型的对比。

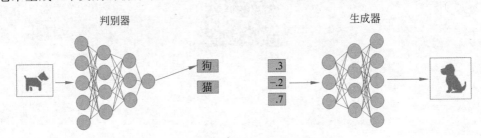

图 9-1　判别式模型与生成式模型的对比

　　到目前为止，本书基本都在讲述判别式模型，但第 6 章介绍的 LDA 模型是个例外。LDA 模型将文本语料库作为输入，然后返回一系列的主题，其中每个主题都被定义为词典上的一个分布。

　　近几年，生成式机器学习研究文献有了重大进展，许多研究文献聚焦于开发两类模型：变分自编码器（Variational Auto-encoders，VAEs）和生成式对抗网络（Generative Adversarial Networks，GANs）。在图像、文本和音乐生成方面，这两类模型都有了相当大的突破。

　　这些生成式机器学习的研究大部分还未涉及经济和金融学科领域。但是，部分经济学的研究已经开始使用 GANs。本章的最后部分将简要讨论 GANs 最近在经济学中的两个应用，并对生成式机器学习模型在经济与金融领域的未来应用做了展望。

9.1　变分自编码器

　　第 8 章介绍了自编码器的概念，自编码器由共享权重的两个网络组成：编码器网络和解码器网络。其中，编码器网络将模型的输入转换为潜在态。而解码器网络则将潜在态作为输入,生成编码器特征输入信息的重构信息,通过计算重构信息的损失获得模型输入数据与模型预测数据值的差异,进而再对模型进行训练。

第 8 章使用自编码器执行了降维任务,也讨论了自编码器的其他应用,这些应用主要是生成式应用,例如创建新的图像、音乐和文本。但第 8 章没有讨论,自编码器在执行这些任务时隐含着两类问题,它们会影响自编码器的效果。这两类问题与自编码器生成潜在态的方式有关,具体如下。

(1)潜在态的位置与分布。拥有 N 个节点的自编码器的潜在态具有 R^N 个位置空间。对于许多问题来说,这些位置倾向于聚集在同样的区域;然而,自编码器并不能让用户明确地分析这些点如何聚集于 R^N 空间中,以及这些点的具体位置情况。虽然这些信息看上去并不重要,但它们将最终决定哪些潜在态可以被输入模型。例如,当用户试图生成一幅图像,那么了解有效潜在态的构成,进而了解哪些潜在态可被输入模型,对用户肯定是有用的。否则,用户可能会使用与模型毫不相干的潜在态,生成一个全新的但让人难以理解的图像。

(2)潜在态的效果并不能从自编码器模型训练过程中展示出来。自编码器训练用于对模型的输入样本进行重构。潜在态与一系列的特征相关,自编码器将会输出与输入特征相似的结果。然而,只要对潜向量稍微进行调整,模型就无法保证解码器从这个从未访问过的点出发能生成一个让用户可接受的图像。

变分自编码器(Variational Auto-encoders,VAEs)正是为了克服自编码器的这些不足而开发的。与自编码器拥有潜在态层不同,VAEs 具有一个均值层、一个对数方差层和一个抽样层。VAEs 的抽样层根据前序层的均值参数和对数方差参数进行正态分布抽样。在模型训练过程中,抽样层的输出结果作为潜在态传递到解码器中。抽样层将同样的特征传递给解码器两次,每次都产生不同的潜在态。

除了结构上的差别之外,VAEs 还对自编码器的损失函数进行了修改,在抽样层的每个正态分布抽样中使用了 Kullback-Leibler(K-L)散度这样的损失函数。K-L 散度会根据抽样层的每个正态分布与均值、对数方差都为 0 的正态分布之间的距离进行惩罚。

VAEs 融合的这些特征给它带来了 3 个优势。第一,它消除了潜在态的决定性。每个特征集现在都与潜在态的分布相关,而不是只与单一的潜在态相关。这迫使模型将每个潜在态特征作为一个连续变量处理,从而使模型的生成效果有所改善。第二,它消除了抽样的问题,用户现在可使用抽样层随机抽取有效的状态。第三,它解决了潜在态分布空间上的问题。损失函数的 K-L 散度将迫使分布的均值趋向于 0,从而使得它们具有相似的方差。

本节接下来的部分将聚焦于 VAEs 在 TensorFlow 中的实现。对于 VAEs 模型开发的深入讲解和 VAEs 模型理论特性的详细探讨,读者可以参见 Kingma 和 Welling 的论文(Kingma 和 Welling,2019)。

本章程序示例将继续使用第 8 章引入的 GDP 增长数据集。该数据包含 25 个 OECD

国家,从 1961 年第二季度至 2020 年第一季度的 GDP 季度增长时间序列。第 8 章的程序使用降维技术,对 25 个数据序列中每个时间点的少数共同主成分进行了抽取。

本章将使用该 GDP 增长数据集对 VAE 模型进行训练,该 VAE 可生成相似的 GDP 数据序列。程序片段 9-1 加载了项目需要用到的库,并为项目加载和准备了数据。注意程序片段 9-1 对 GDP 数据集进行了变换,因此数据的列对应季度时间序列,而数据的行对应不同的国家。程序随后将该数据转换为一个 np.array() 对象,并设置了批大小和潜在空间的输出节点数量。

【程序片段 9-1】 为 VAE 模型准备 GDP 增长数据

```
1   import numpy as np
2   import pandas as pd
3   import tensorflow as tf
4
5   #定义数据路径
6   data_path = '../data/chapter9/'
7
8   #加载和转置数据
9   GDP = pd.read_csv(data_path+'gdp_growth.csv',
10                index_col = 'Date').T
11
12  #打印数据头部信息
13  print(GDP.head())
14
15  #将数据转换为 numpy 数组
16  GDP = np.array(GDP)
17
18  #设置国家数量和季度数量
19  nCountries, nQuarters = GDP.shape
20
21  #设置潜在节点数量和批大小
22  latentNodes = 2
23  batchSize = 1
```

程序运行结果:

```
Time   4/1/61     7/1/61     10/1/61     1/1/62
AUS -1.097616 -0.715607 1.139175   2.806800 ...
AUT -0.349959  1.256452  0.227988   1.463310 ...
BEL 1.167163   1.275744  1.381074   1.346942 ...
```

```
CAN 2.529317    2.409293    1.396820    2.650176 ...
CHE 1.355571    1.242126    1.958044    0.575396 ...
```

接下来将使用程序定义 VAE 模型的架构。和第 8 章的自编码器模型类似,VAE 模型由一个编码器和一个解码器组成。但与自编码器不同的是,VAE 的潜在态将在模型训练过程中依据一系列独立的正态分布进行抽样。程序片段 9-2 定义了执行抽样任务的函数。

【程序片段 9-2】 为 VAE 模型定义执行抽样任务的函数(接程序片段 9-1)

```
1   #为抽样层定义函数
2   def sampling(params, batchSize = batchSize, latentNodes =
3       latentNodes):
4     mean, lvar = params
5     epsilon = tf.random.normal(shape=(
6       batchSize, latentNodes))
7     return mean + tf.exp(lvar / 2.0) * epsilon
```

注意,sampling 层并没有自己的参数。它获取参数对作为输入,从标准正态分布中,为潜在态的每个输出节点提供 epsilon 值,然后使用潜在态对应节点的 mean 和 lvar 参数参与运算转换,并最后将计算结果返回。

定义好取样层后,程序片段 9-3 对编码器模型进行了定义,这与上一章的自编码器模型构建很类似。基本的区别只是该模型将国家的完整时间序列作为输入,而不是将某个时间点上这些国家的截面数据作为输入。

另一个区别是 mean 和 lvar 层,这两个层在自编码器中没有出现,它们与潜在态层具有同样数量的节点。这是因为它们构成了与潜在态每个节点相关的正态分布的均值参数和对数方差参数值。

接下来,程序定义了一个 Lambda 层,用于接收前面定义的 sampling 函数,还向该层传递了 mean 和 lvar 参数。可以看出,抽样层为潜在态的每个特征(节点)生成了输出。最后,程序定义了一个函数模型 encoder,该函数获得输入特征,即将季度 GDP 增长观测作为输入,然后返回一个均值层,一个对数方差层,并使用将这些均值和对数方差作为参数的正态分布进行抽样输出。

【程序片段 9-3】 为 VAE 定义编码器模型(接程序片段 9-2)

```
1   #为编码器定义输入层
2   encoderInput = tf.keras.layers.Input(shape = (nQuarters))
3
4   #定义潜在态
```

```
 5    latent = tf.keras.layers.Input(shape = (latentNodes))
 6
 7    #定义均值层
 8    mean = tf.keras.layers.Dense(latentNodes)(encoderInput)
 9
10    #定义对数方差层
11    lvar = tf.keras.layers.Dense(latentNodes)(encoderInput)
12
13    #定义抽样层
14    encoded = tf.keras.layers.Lambda(sampling,
15                 output_shape=(latentNodes,))([mean, lvar])
16
17    #定义编码器模型
18    encoder = tf.keras.Model(encoderInput,
19                 [mean, lvar, encoded])
```

程序片段 9-4 定义了解码器的函数模型,还定义了整个变分自编码器。与自编码器的解码组件类似,该解码器将编码器生成的潜在态作为输入,然后对输入内容进行重构生成模型的输出。整个 VAE 模型的结构与自编码器也很相似,模型将时间序列作为输入,然后对该时间序列进行转换计算,生成它的重构序列。

【程序片段 9-4】　为 VAE 定义解码器模型(接程序片段 9-3)

```
 1    #定义解码器的输出
 2    decoded = tf.keras.layers.Dense(nQuarters, activation =
 3                 'linear')(latent)
 4
 5    #定义解码器模型
 6    decoder = tf.keras.Model(latent, decoded)
 7
 8    #定义 VAE 自编码器的函数模型
 9    vae = tf.keras.Model(encoderInput, decoder(encoded))
```

程序的最后一步是定义损失函数,由重构的损失函数和 K-L 散度两部分组成,然后再将它们添加到模型中,如程序片段 9-5 所示。重构后损失函数的作用,与上一章自编码的损失函数作用没有什么不同。K-L 散度用于检测每个抽样层的分布与标准正态分布距离有多远,距离越远,惩罚越大。

【程序片段 9-5】　为 VAE 定义损失函数(接程序片段 9-4)

```
 1    #计算损失函数的重构
 2    reconstruction = tf.keras.losses.binary_crossentropy(
```

```
3                                 vae.inputs[0], vae.outputs[0])
4
5   #计算 K-L 散度
6   kl = -0.5 * tf.reduce_mean(1 + lvar - tf.square(mean) -
7                                tf.exp(lvar), axis = -1)
8
9   #对损失函数进行融合,并将它们添加到模型中
10  combinedLoss = reconstruction + kl
11  vae.add_loss(combinedLoss)
```

最后,程序片段 9-6 对模型进行了编译和训练。获得训练好的变分自编码器模型后,就可将它应用于各种不同的生成式任务中,例如使用 vae 的 predict() 方法生成给定时间序列输入的重构。对于给定输入,用户可使用该模型生成潜在态的实现,例如美国的 GDP 增长。用户还可对潜在态添加随机噪声进行干扰,然后使用解码器的 predict() 方法,基于修改后的潜在态生成一个全新的时间序列。程序片段 9-7 使用训练好的 VAE 模型生成了潜在态和时间序列。

【程序片段 9-6】 编译和训练模型(接程序片段 9-5)

```
1   #编译模型
2   vae.compile(optimizer='adam')
3
4   #训练模型
5   vae.fit(GDP, batch_size = batchSize, epochs = 100)
```

【程序片段 9-7】 使用训练好的 VAE 模型生成潜在态和时间序列(接程序片段 9-6)

```
1   #生成序列重构
2   prediction = vae.predict(GDP[0,:].reshape(1,236))
3
4   #根据输入随机生成潜在态
5   latentState = encoder.predict(GDP[0,:].reshape(1,236))
6
7   #对潜在态进行扰动
8   latentState[0] = latentState[0] + np.random.normal(1)
9
10  #将干扰后的潜在态传递给解码器
11  decoder.predict(latentState)
```

最后,图 9-2 展示了基于美国 GDP 增长序列的 1 个潜在态实现,所生成的 25 个时间序列。该 5×5 网格图是对原始潜在态干扰生成的结果,其中,行是在第 1 潜在态添加[-1, 1]

区间平滑空间值的结果,而列是在第 2 潜在态添加[−1,1]区间等价空间值(与行等价)的结果。网格中央的序列显示为红色,添加的空间值为[0,0],因此,该序列为原始潜在态所生成的序列。

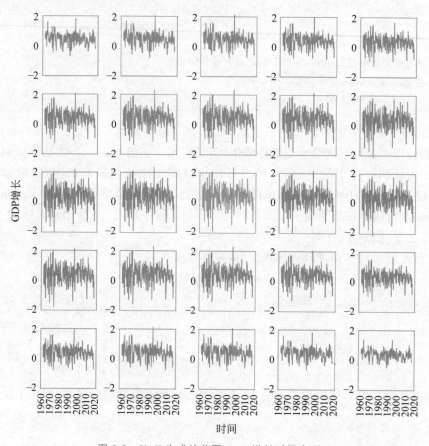

图 9-2　VAE 生成的美国 GDP 增长时间序列*

该程序示例较为简单,为了便于展示,潜在态仅拥有 2 个节点,但程序示例使用的 VAE 模型架构可用于处理各种各样的问题。例如,可以为编码器和解码器添加卷积层,改变输入和输出的形状,这样的 VAE 模型就可以用于生成图像。或者也可以为编码器和解码器添加 LSTM 神经元,构建可用于生成文本或音乐的 VAE 模型[①]。并且,基于 LSTM 的 VAE 模型结合本例使用的稠密网络,可以改善时间序列的生成效果。

---

①　使用生成式模型进行音乐生成的更详细教程,请参见 www.datacamp.com/community/tutorials/using-tensorflow-to-composemusic。

9.2　生成式对抗网络

变分自编码器模型和生成式对抗网络模型在生成式机器学习研究领域具有主流地位。读者可以看出，VAEs 通过对潜在态和编码特征的控制，实现了样本生成的粒度控制。对比之下，GANs 在生成让用户满意的分类样本方面则更为成功。目前最让用户满意的一些图像就是使用 GANs 生成的。

9.1 节讨论过，VAEs 由编码器和解码器两个模型组成，这两个模型由抽样层进行连接。类似地，GANs 也由生成器和判别器两个模型组成。其中，生成器获得随机输入向量，该输入向量可被看作自编码器的潜在态，然后生成器根据输入内容生成某一类别的实例，例如说一个切实的 GDP 增长时间序列（或者一幅图像、一个句子或一份乐谱）。

一旦 GAN 的生成器生成了某一类别的多个实例，它们就会被传递到判别器中，同样被传递到判别器中还有相同数量的真实样本。本节项目中使用的是真实 GDP 增长序列和生成的 GDP 增长序列组合。GAN 随后对判别器进行训练，以实现对这些真实 GDP 增长实例和生成的 GDP 增长实例的区分。

判别器完成分类任务后，用户就可使用融合了生成器模型和判别器模型的对抗网络，对生成器进行训练。和组成 VAE 的编码器和解码器一样，对抗网络的生成器模型和判别式模型也会共享权重。对抗网络将训练生成器来最大化判别器网络的损失。

本节将参照 Goodfellow 等对生成式对抗网络的讨论，尝试在零和博弈中最大化生成式对抗网络两个模型的收益，其中判别器接收 $v(g,d)$，而生成器接收 $-v(g,d)$。生成器选择样本 g，试图欺骗判别器；而判别器对这些实例的选择概率均为 d。公式 9-1 给出了生成一系列图像 g^* 的均衡条件。

公式9-1　使用 GAN 进行图像生成的均衡条件。

$$g^* = \arg \min_g \max_d v(g,d)$$

因此，在对 GAN 网络的对抗部分进行训练时，需要锁定判别器的权重。这将迫使网络改进生成过程，而不是弱化判别器的作用。GAN 网络训练过程的这些迭代步骤最终将产生公式 9-1 所表示的演进的均衡情形。

图 9-3 展示了一个 GAN 的生成器网络和判别器网络。其工作机制可简要表示为生成器生成数据中并不存在的全新实例。判别器融合这些生成的实例和一些真实的实例，然后执行分类任务。而对抗网络通过将生成器与判别器进行连接，从而实现对生成器的训练，在训练过程中需要锁定参数权重。整个网络的训练是迭代进行的。

和上节 VAEs 模型的程序示例一样，本节程序将继续使用 GDP 增长数据，程序片段 9-8 加载和准备了程序需要使用的数据。程序片段 9-8 的目标是基于随机抽取的输入向量，对 GAN 模型进行训练，生成可信的 GDP 增长时间序列。本节程序示例将参照

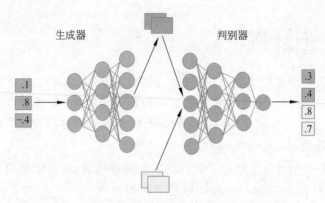

图 9-3　GAN 模型生成器和判别器的功能描绘

Krohn 的论文（Krohn 等,2020）所使用的 GAN 模型构建方法。

【程序片段 9-8】　为 GAN 模型准备 GDP 增长数据集

```
1    import numpy as np
2    import pandas as pd
3    import tensorflow as tf
4
5    #定义数据路径
6    data_path = '../data/chapter9/'
7
8    #加载和转置数据
9    GDP = pd.read_csv(data_path+'gdp_growth.csv',
10                    index_col = 'Date').T
11
12   #将 pandas 的 DataFrame 数据转换为 numpy 数组
13   GDP = np.array(GDP)
```

程序片段 9-9 对生成式模型进行了定义。程序再次参照简单 VAE 模型,抽取具有两个元素的向量作为生成器的输入。由于生成器的输入可被看作 VAE 模型的潜在向量,因此,也可以将生成器看成一个解码器。这意味着程序将从一个狭窄的瓶颈型层开始,执行上采样至输出层,生成一个 GDP 增长时间序列。

最简单的生成器由接收潜在向量的输入层,和对输入层执行上采样的输出层组成。由于本项目输出层由 GDP 增长数据组成,因此模型输出层将使用 linear()激活函数。同时,模型的隐藏层将使用 ReLU 激活函数,否则模型将无法捕捉非线性特征。

【程序片段 9-9】　定义 GAN 的生成器模型(接程序片段 9-8)

```
1    #设置潜在态向量的维度
```

```
2    nLatent = 2

3

4    #设置国家数量和 GDP 季度数据数量

5    nCountries, nQuarters = GDP.shape

6

7    #定义输入层

8    generatorInput = tf.keras.layers.Input(shape = (nLatent,))

9

10   #定义隐藏层

11   generatorHidden = tf.keras.layers.Dense(16,

12                   activation="relu")(generatorInput)

13

14   #定义生成器输出层

15   generatorOutput = tf.keras.layers.Dense(236,

16                   activation="linear")(generatorHidden)

17

18   #定义生成器模型

19   generator = tf.keras.Model(inputs = generatorInput,

20                   outputs = generatorOutput)
```

接下来程序片段 9-10 定义了判别器。判别器将真实的 GDP 增长序列和生成的 GDP 增长序列作为输入,每个序列都具有 nQuarters 长度。然后判别器将判断每个输入序列为真实 GDP 增长序列的概率。注意程序并没有编译 generator,但对 discriminator 进行了编译。这是因为程序将使用对抗网络来训练 generator。

【程序片段 9-10】　定义和编译 GAN 的判别器模型(接程序片段 9-9)

```
1    #定义输入层

2    discriminatorInput = tf.keras.layers.Input(shape =

3                         (nQuarters,))

4

5    #定义隐藏层

6    discriminatorHidden = tf.keras.layers.Dense(16,

7              activation="relu")(discriminatorInput)

8

9    #定义判别器输出层

10   discriminatorOutput = tf.keras.layers.Dense(1,

11             activation="sigmoid")(discriminatorHidden)

12

13   #定义判别器模型
```

```
14  discriminator = tf.keras.Model(inputs = discriminatorInput,
15                  outputs = discriminatorOutput)
16
17  #编译判别器
18  discriminator.compile(loss='binary_crossentropy',
19                  optimizer=tf.optimizers.Adam(0.0001))
```

现在程序已经定义了生成器模型和判别器模型,也对判别器模型进行了编译。接下来的步骤是定义和编译对抗模型,该对抗模型将用于训练生成器。对抗模型将与生成器共享权重,并将对判别器的权重进行锁定,也就是说,当程序训练对抗网络时,判别器的权重不会更新,但当程序训练判别器时,它的权重才会更新。

程序片段 9-11 定义了对抗网络,其输入为一个潜在向量,该向量与 generator 的输入向量具有同样的大小。接下来程序将生成器模型的输出定义为 timeSeries,该输出是生成的伪 GDP 增长时间序列。程序随后将 discriminator 的可训练性参数设置为 False,从而判别器在程序训练对抗网络时不会进行参数更新。最后,程序将整个网络的输出设置为判别器的输出,并定义和编译了函数模型 adversarial。程序片段 9-12 将对 discriminator 和 adversarial 进行训练。

【**程序片段 9-11**】 定义和编译 GAN 的对抗模型(接程序片段 9-10)

```
1   #定义对抗网络的输入层
2   adversarialInput = tf.keras.layers.Input(shape=(nLatent))
3
4   #将生成器输出定义为 timeSeries
5   timeSeries = generator(adversarialInput)
6
7   #将判别器设置为不可训练
8   discriminator.trainable = False
9
10  #计算判别器的预测输出
11  adversarialOutput = discriminator(timeSeries)
12
13  #定义对抗模型
14  adversarial = tf.keras.Model(adversarialInput,
15                  adversarialOutput)
16
17  #编译对抗网络
18  adversarial.compile(loss='binary_crossentropy',
19                  optimizer=tf.optimizers.Adam(0.0001))
```

【**程序片段 9-12**】　训练判别器和对抗网络(接程序片段 9-11)

```
1    #设置批量大小
2    batch, halfBatch = 12, 6
3
4    for j in range(1000):
5        #获取真实的训练数据
6        idx = np.random.randint(nCountries,
7                    size = halfBatch)
8        real_gdp_series = GDP[idx, :]
9
10       #生成伪训练数据
11       latentState = np.random.normal(size=[halfBatch,
12                        nLatent])
13       fake_gdp_series = generator.predict(latentState)
14
15       #融合输入数据
16       features = np.concatenate((real_gdp_series,
17                    fake_gdp_series))
18
19       #创建标签
20       labels = np.ones([batch,1])
21       labels[halfBatch:, :] = 0
22
23       #训练判别器
24       discriminator.train_on_batch(features, labels)
25
26       #生成对抗网络的潜在态
27       latentState = np.random.normal(size=[batch, nLatent])
28
29       #生成对抗网络的标签
30       labels = np.ones([batch, 1])
31
32       #训练对抗网络
33       adversarial.train_on_batch(latentState, labels)
```

程序首先对批量大小进行了定义,然后开始了由多个步骤组成的轮次训练。首先,程序生成了随机整数,并将它用于选择 GDP 矩阵的行,其中的每行数据都是一个 GDP 增长时间序列。这些数据组成了判别器训练数据集的真实样本。接下来,程序通过抽取潜在向量,并将它们传递给 generator,进而生成伪 GDP 增长时间序列。程序随后对这两种类型的序列进行融合,并为它们分配对应的标签(即 1 = 真实序列,0 = 伪序列),再将这些标签数据传给判别器执行单批量的训练。

程序接下来进行对抗网络的迭代训练。程序生成了一批潜在态,然后将它们传递给 generator,按照欺骗 discriminator 将伪序列分类为真实序列的目标,对 generator 进行训练。注意,程序是迭代训练这两个模型,没有使用常规的训练过程退出机制。因为程序要找出一个稳定的演化均衡条件,即这两个模型的任意一方都不能占有优势。

图 9-4 绘制了模型随时间变化的损失曲线。可以看出,在大约 500 轮次迭代训练之后,两个模型的效果就不再有明显的改善,表示这两个模型达到了一个稳定的演化均衡。

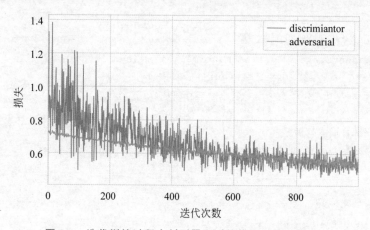

图 9-4 迭代训练过程中判别器和对抗模型的损失曲线

最后,图 9-5 绘制了一条由 GAN 生成的 GDP 增长序列。仅将含有白噪声的向量作为输入,然后根据判别器的表现信息,GAN 的对抗网络在对生成器进行 1000 次迭代训练

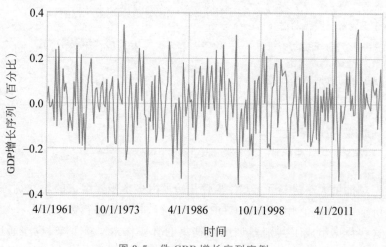

图 9-5 伪 GDP 增长序列实例

之后成功使生成器生成了效果相当好的伪 GDP 增长序列。当然,如果使用更多的潜在特征和更先进的模型架构(如 LSTM),程序还可以获得更好的效果。

9.3　经济与金融领域的应用

本章聚焦于如何生成"似是而非"的实例:通过使用生成式机器学习模型,生成模拟的 GDP 增长序列。这样的实践在蒙特卡洛模拟研究中是常见的,蒙特卡洛模拟用于测试计量经济学中估计量的小样本性质。如果没有生成的实际序列,无法充分捕捉序列之间的关联,那么就难以精确衡量估计量的性质。

实际上,GANs 在经济学研究中的最早应用就是为了准确地完成这一目标。针对数据集不够大,无法应用于蒙特卡洛模拟的情况,Athey 等研究了使用 Wasserstein GAN 模拟数据集相似数据的可能性。该研究使得计量经济学家可以避免该情形下的两个通常做法:①从小样本数据集中随机抽取数据对数据集进行填充,这使得数据集生成许多重复的内容;②生成的模拟序列通常无法精确地表达数据集序列之间的相关性。Athey 等(Athey 等,2019)通过使用 WGAN 生成的人工数据对估计量进行评估,展示了他们方法的价值,并使 GANs 模型在计量经济学中得到了更广泛的应用。

除了 Athey 等的研究,经济学的最近研究(Kaji 等,2018)还对 WGANs 是否能用于间接推理进行了研究。间接推理通常用于经济与金融领域的结构化模型评估中。Kaji 的研究尝试对一个模型进行评估,该模型的不同类型的工人数据集来自一个工资和位置列表。Kaji 等希望提取的参数是结构化的,但并不能从数据集中直接评估得到,这需要他们使用间接推理方法进行推理。Kaji 等在使用该方法的同时还使用了具有判别器的模拟模型,通过对该模型进行训练,直到生成的模拟数据和真实数据难以区分为止。

除了当前聚焦模型评估的应用,GANs 和 VAEs 还可用于现有的图像和文本生成应用中。虽然在生成式模型中,GANs 和 VAEs 提供了可视化模拟经济学数据的可能性,但图像数据在经济学中的使用仍较为有限。举一个图像数据在经济学中应用的例子:在城市经济学中,经济学家可以根据公共政策或其他因素的情况来推测公共基础设施的位置为何发生改变。

类似地,经济和金融领域不断增长的自然语言处理研究将利用文本生成来分析一些情况,例如,当经济形势和行业形势发生改变时,公司的新闻发布将如何应对。

9.4　本章小结

在本章之前,本书主要讨论判别式机器学习模型,这些模型用于执行分类任务或回归任务。也就是说,模型从训练集抽取特征,尝试区分不同的类,或对目标进行持续预测。

生成式机器学习模型与判别式机器学习模型不同,生成式机器学习模型会生成新的样本,而不是对已有的样本进行识别。

除了经济与金融领域的应用,生成式机器学习还用于创建生动的图像、音乐和文本,还可用于改善蒙特卡洛模拟(Athey 等,2019),以及为经济学的结构模型执行间接推理(Kaji 等,2018)。

本章主要讲述了两个生成式模型:变分自编码器(Variational Auto-Encoder,VAE)和生成式对抗网络(Generative Adversarial Network,GAN)。VAE 模型通过引入均值、方差和抽样层对自编码器进行了扩展。通过对潜在空间进行约束,使潜在态聚集于最初的状态,对数方差为 0,VAE 实现了自编码器效果的改善。

与自编码器和 VAEs 类似,GANs 也由多个模型组成:生成器模型、判别器模型和对抗模型。生成器模型用于创建全新的样本,判别器模型用于识别出这些样本,而对抗模型则用于训练生成器,使其生成的样本能够以假乱真,达到欺骗判别器的目的。而 GANs 的训练过程就是实现一个稳定的演化均衡。

最后,本章展示了如何将 VAEs 和 GANs 用于生成人工 GDP 增长数据,还讨论了这两类模型在当下经济领域的应用,并对它们在经济领域的未来应用进行了展望。

参考文献

第 10 章

理 论 模 型

相较其他的机器学习包,TensorFlow 需要用户花费较多的时间才能掌握。这是因为 TensorFlow 为用户提供了定义和处理任意图模型的能力,而不只是为用户提供了一个简单的、可解释的预定义好的模型集合。TensorFlow 的这个特性是为了促进深度学习模型的开发,然而,它对于希望处理理论模型的经济学家们而言也有较好的作用。

本章将对 TensorFlow 处理理论模型方面的作用进行简要的介绍。首先展示了如何使用 TensorFlow 定义和处理仲裁数学模型,然后应用这些工具处理新古典商业周期模型。该模型具有一个解析解,允许用户对 TensorFlow 的执行效果进行评价。然而,本章也将讨论在没有解析解的情况下如何评估模型的效果。

在展示了如何使用 TensorFlow 处理基本的数学模型后,本章最后还将对深度强化学习进行讨论,该学习模型是将强化学习和深度学习进行融合的结果。最近几年,深度强化学习在机器人开发和电子竞技等几个领域都取得了令人惊叹的成果,尤其电子竞技领域更是超越了人类的水平。本章也将探讨如何使用深度强化学习来处理经济学中一些较为棘手的理论模型。

10.1　处理理论模型

目前为止,本书基本都是使用特定的架构对模型进行定义,然后基于数据集对模型的参数进行训练。然而,在经济和金融领域,人们常常会遭遇一系列理论问题,而不是实证问题。这些问题要求用户处理一个函数方程或一个微分方程系统。这类问题常常来源于一个对家庭、公司或社会做优化处理的理论模型。

在这样的情况下,用于表达技巧、约束和偏好等的模型深层参数(不管这些参数是在模型内进行校验,还是在模型外进行评估的)就显得比解决方法的实现更为重要。而 TensorFlow 可以为这种情形的微分方程系统提供解决方案。

10.1.1 吃蛋糕问题

吃蛋糕问题常被作为动态规划方法的入门案例[①]。在吃蛋糕问题中,个体被分配了蛋糕,需要决定每个周期吃多少。通过对该问题处理方式的高度程式化,它可以为经济学的标准消费-储蓄问题提供一个强烈的类比。在消费-储蓄问题中,个体需要决定是否今天提前消费,或延迟消费并更多地将资金投入储蓄。

前面已经讨论过,模型的深层参数通常在处理程序内部校验,或在处理程序外部进行评估。在本例中,个体消费蛋糕具有一个效用函数和一个贴现因子。效用函数用于测量个体在消费特定大小蛋糕时的愉悦度。而贴现因子则表达个体现在消费了一块蛋糕后获得的价值,与他未来消费该分量蛋糕所获得价值的对比情况。本节将使用效用函数参数的常用值和贴现因子的常用值。

形式上,吃蛋糕问题可被描述为一个动态约束优化问题。公式 10-1 定义了个体在时间 t 吃一块蛋糕的瞬时效用。特别地,这里假定瞬时效用函数的个体吃蛋糕周期接收的是一个不变量:这也是为什么需要给 c 设置时间下标,而不是使用 $u(\cdot)$。公式 10-1 将蛋糕消费量的自然对数作为效用,这将确保个体吃的蛋糕越多,获得的效用也会越多,但蛋糕消费量有边际效用,随着蛋糕消费量的增加,其对 c 的效用会不断降低。这将使得吃蛋糕的个体自然将蛋糕的消费分配到各个时间段去,而不是今天一次性吃完整个蛋糕。

公式10-1 蛋糕消费的瞬时效用。

$$u(c_t) = \log_2(c_t)$$

蛋糕消费的边际效用可表达为 $u(c_t)$ 对于 c_t 的导数,如公式 10-2 所示。注意公式 10-1 和公式 10-2 都没有包含参数,这是使用对数效用函数处理这类问题的优点之一:它能产生简单无参的效用和边际效用计算表达式,满足了经济与金融领域常用效用函数的需求。

公式10-2 蛋糕消费的边际效用。

$$u'(c_t) = \frac{du(c_t)}{dc_t} = \frac{1}{c_t}$$

除此之外,公式 10-1 的二阶导数总是为负,如公式 10-3 所示。

公式10-3 蛋糕消费的边际效用(二阶导数)。

$$u''(c_t) = -\frac{1}{c_t^2}$$

为了简化问题,需要对蛋糕大小进行归一化处理,这意味着所有的蛋糕消费选择只能在 0 和 1 之间。图 10-1 绘制了效用函数在 c 取值范围 $(0, 1]$ 上的曲线,以及该函数的一

---

① 动态规划是一个能将多步优化问题转化为一系列单步执行问题的方法。在经济与金融领域,动态规划通常用于多周期动态优化问题的处理,它能将这类问题转化为一系列的单周期问题。

阶导数和二阶导数曲线。

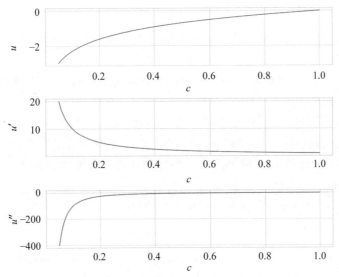

图 10-1　（0，1）区间上的蛋糕消费效用及其一阶导数、二阶导数曲线

　　读者可先从有限阶段问题开始思考，假设个体需要将蛋糕消费时间分为 T 个周期。原因可以是蛋糕只有 T 周期的保质期，或者个体只规划了 T 周期的吃蛋糕时间。在这个程式化的例子中，该推理不是特别重要，但在消费-储蓄问题中，该推理却显得尤为重要。

　　在周期 $t=0$ 时，在公式 10-5 的预算约束和公式 10-6 基于 s_{t+1} 的正数约束下，代理将按公式 10-4 最大化目标函数（为了方便形式化表述，后面将统一使用"代理"，而不是"个体"来表达）。也即，代理必须进行一系列的消费选择，$c_0,\cdots,c_{T-1}$，每次消费的蛋糕数量不能超出剩余蛋糕的量 s_t，并需要为下一周期留有正数量 s_{t+1} 的蛋糕。

　　公式 10-4 还使用了贝尔曼最优化原理（Bellman，1954）对 0 周期的蛋糕量 s_0 进行了重申，它等于最优化消费路径的效用贴现总和，使用未知函数 $V(\cdot)$ 表示。

　　公式10-4　代理在周期 $t=0$ 时的目标函数。

$$V(s_0;0) = \max_{c_0,\cdots,c_{T-1}} \sum_{t \in 0,\cdots,T-1} \beta^t \log_2(c_t)$$

　　公式10-5　预算约束。

$$c_t = s_t - s_{t+1}, \quad \forall t \in \{0,\cdots,T-1\}$$

　　公式10-6　正数约束。

$$s_{t+1} > 0, \quad \forall t \in \{0,\cdots,T-1\}$$

　　贝尔曼（Bellman，1954）表示，用户应该对任意周期的目标函数进行重新表示，如公式 10-7 所示（该公式后来被称为"贝尔曼方程"）。这里使用了预算约束对其进行补充。

公式10-7 吃蛋糕问题的贝尔曼方程。

$$V(s_t;t) = \max_{s_{t+1}} \log_2(s_t - s_{t+1}) + \beta V(s_{t+1};t+1)$$

对于当前周期,这里使用了 c_t 或 s_{t+1} 来隐含表示,而不是选择 $T-t+1$ 周期消费序列来表示。对该问题的处理随后就被简化为对 $V(\cdot)$ 提取出的函数方程处理。接下来,用户需要选择一个 s_{t+1},将瞬时效用和未来周期的效用贴现流固定,从而将其转化为一系列的单周期优化问题。

对于有限阶段问题,如本节讲述的吃蛋糕问题,可以对所有 s_T 的 $V(s_T;T)$ 进行确定。由于该决策问题会在 $T-1$ 周期结束,所有对 s_T 的选择都将产生 $V(s_T;T)=0$。因此,可以从处理公式 10-8 开始最优化 s_{T-1} 周期的消费。依据这种方式,用户可按时间往后递归,处理每个周期的 $V(\cdot)$,直到 $t=0$ 为止。

公式10-8 吃蛋糕问题的贝尔曼方程。

$$V(s_{T-1};T-1) = \max_{s_T} \log_2(s_{T-1} - s_T)$$

执行递归优化步骤有好几种可供用户选择的方式。常见的一种是使用一个离散表格来表达每个值的作用。为了继续利用 TensorFlow 的优势及保持本章内容的连贯性,这里将聚焦于参数化方法。确切来讲,本章将对策略函数进行参数化,对时间 t 到时间 $t+1$ 的状态进行映射,这两个状态分别对应吃蛋糕问题周期开始时的蛋糕量和传递到下一个时间周期的蛋糕量。

简单起见,这里将使用线性函数作为决策规则,其与时间周期的状态成正比关系,如公式 10-9 所示。

公式10-9 吃蛋糕策略规则的函数形式。

$$s_{t+1} = \theta_t s_t$$

接下来将使用 TensorFlow 实现该方法,使用周期 $T=2$ 的简单示例进行展示。也即,最初周期的蛋糕大小为 1,用户需要决定分配多少蛋糕到 $T-1$ 周期。

【程序片段 10-1】 为吃蛋糕问题定义常量和变量

```
1   import tensorflow as tf
2
3   #定义策略规则参数
4   theta = tf.Variable(0.1, tf.float32)
5
6   #定义贴现因子
7   beta = tf.constant(1.0, tf.float32)
8
9   #定义 t=0 时的状态
10  s0 = tf.constant(1.0, tf.float32)
```

程序片段 10-1 定义了模型需要使用的常量和变量参数。这些参数包括策略函数的斜率 theta,表示代理带入下一个周期的蛋糕量;贴现因子 beta,表示代理 t 时期对应 $t+1$ 时期拥有的蛋糕量;s0,表示周期 0 时的蛋糕量。注意,程序中的 theta 为可训练变量;beta 设置为 1.0,表示代理在 $t+1$ 时期并不进行贴现蛋糕消费;代理最初拥有整个蛋糕($s0=1$)。

接下来,程序片段 10-2 定义了策略规则函数,该函数获得 theta,beta,s0 这些参数值,并计算生成 s1。程序将 s1 定义为 theta * s0,然后使用 tf.clip_by_value()方法将 s1 的取值约束在[0.01, 0.99]内,使其满足正数约束。

【程序片段 10-2】　为吃蛋糕问题定义策略规则函数(接程序片段 10-1)

```
1    #定义策略规则
2    def policyRule(theta, s0 = s0, beta = beta):
3        s1 = tf.clip_by_value(theta * s0,
4                clip_value_min = 0.01, clip_value_max = 0.99)
5        return s1
```

程序片段 10-3 定义了损失函数,该损失函数将 theta,beta,s0 作为输入,计算生成损失。由于 1 为程序示例的终止周期,所以程序中 v1 值由 s1 值的选择决定。当 v1 确定后,程序就可对 v0 进行计算,其主要取决于 theta 值的选择。程序示例将对 theta 值进行选择,从而影响 s1 的值,进而实现 v0 值的最大化。然而,在程序实践中一般执行最小化计算,因此程序使用-v0 来计算损失。

【程序片段 10-3】　为吃蛋糕问题定义损失函数(接程序片段 10-2)

```
1    #定义损失函数
2    def loss(theta, s0 = s0, beta = beta):
3        s1 = policyRule(theta)
4        v1 = tf.math.log(s1)
5        v0 = tf.math.log(s0-s1) + beta * v1
6        return -v0
```

接下来,程序片段 10-4 实例化了一个优化器,并通过 500 次迭代过程进行了最小化处理。

【程序片段 10-4】　执行优化(接程序片段 10-3)

```
1    #实例化一个优化器
2    opt = tf.optimizers.Adam(0.1)
3
4    #执行优化
```

```
5    for j in range(500):
6        opt.minimize(lambda: loss(theta),
7            var_list = [theta])
```

图 10-2 显示，在 100 次迭代训练之后，theta 参数收敛于 0.5。theta=0.5 表示代理应该在周期 0 时消费一半的蛋糕，而在周期 1 时消费剩余一半的蛋糕，实际上这也是代理不贴现未来的理想处理方式。

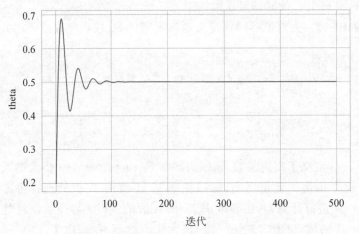

图 10-2　训练迭代过程中策略函数参数的演化

当然，beta 参数通常被认为应小于 1。图 10-3 绘制了对应不同 beta 值的 theta 最优值。在每一种情况之下，程序都对模型进行了重复处理。和期望的一样，这两个参数的关系是一根向上倾斜的曲线。也就是说，当代理更看重未来的消费价值时，他会倾向于把更多的蛋糕放到未来进行消费。

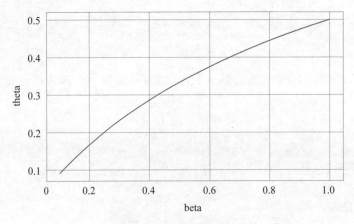

图 10-3　策略规则参数和贴现因子的关系曲线

吃蛋糕问题已被高度程式化,该两周期的示例还可以进行进一步的细化扩展,但它已经展示了使用 TensorFlow 构建和处理理论模型的基础范例。本章接下来的部分将分析讨论一个更为现实的问题,聚焦一个具有闭合解的案例。因为案例本身具有闭合解,因此相对更容易评估处理案例所使用方法的效果。

10.1.2　新古典商业周期模型

本节将对 Brock 和 Mirman 1972 年所引入的一个特殊形式的新古典商业周期模型进行分析讨论。在该模型中,社会规划者将最大化代表性家庭的消费效用贴现流。在每个周期 t 中,规划者选择下一周期的资金 k_{t+1},产生该下一周期的输出 y_{t+1}。在对数效用和全折旧的假设条件下,模型具有一个易处理的闭合解。

公式 10-10 表达的是该规划者问题初始周期的状态,其服从于公式 10-11 的预算约束。该问题的目标与吃蛋糕问题类似,但家庭的生存周期无限,因此这是一个消费效用贴现流的无限求和问题。该预算约束表示社会规划者需要将输出分配为每个周期的消费和资金。公式 10-12 为该问题的生产函数。

公式10-10　社会规划者问题。

$$\max_{c_0} \sum_{t=0}^{\infty} \beta^t \log(c_t)$$

公式10-11　经济方面的预算约束。

$$y_t = c_t + k_{t+1}$$

公式10-12　生产函数。

$$y_t = k_t^a$$

这里同样假定 $\beta<1, a\in(0,1)$,每个周期资金全折旧。这意味着用户需要使用转结自前一周期的资金来恢复结果输出,但不用恢复任一资金本身。

解决该问题的一个方法是找出满足公式 10-13 所示欧拉方程的策略函数。该欧拉方程要求周期 t 的消费边际效用等价于返回给周期 $t+1$ 的资金总体贴现乘以周期 $t+1$ 的消费边际效用。

公式10-13　欧拉方程。

$$\frac{1}{c_t} = \beta\alpha k_{t+1}^{a-1} \frac{1}{c_{t+1}}$$
$$\rightarrow c_{t+1} = \beta\alpha k_{t+1}^{a-1} c_t$$

该欧拉方程可直观解释为:如果规划者不能通过给周期 t 到周期 $t+1$ 或周期 $t+1$ 到周期 t 重新分配小量的消费,而获得更好的效用,那么这个解就是最优解。用户可通过定义资金和消费的策略函数找到一个与公式 10-11~公式 10-13 相匹配的解,虽然该策略函数对于消费来讲是多余的。

这里首先假定,该解可以用与输出成比例的策略函数表示。也即,规划者将选择一定比例的输出分配给资金和消费。公式 10-14 提供了资金的策略函数,公式 10-15 为消费的策略函数。

公式10-14 资金的策略函数。

$$k_{t+1} = \theta_k k_t^\alpha = \theta_k y_t$$

公式10-15 消费的策略函数。

$$c_t = (1-\theta_k)k_t^\alpha = (1-\theta_k)y_t$$

策略函数的解析表达式如公式 10-16 和公式 10-17 所示,后面将在 TensorFlow 中使用这两个公式对方法结果的精度进行评估。

公式10-16 资金的策略规则。

$$k_{t+1} = \theta_k k_t^\alpha = \theta_k y_t$$

公式10-17 消费的策略规则。

$$c_t = (1-a\beta)k_t^\alpha$$

现在已经完成了问题的定义,可在 TensorFlow 中实现解决方案了。程序片段 10-5 首先对参数和资金网格进行了定义,程序使用了标准值来定义生产函数参数 alpha 和贴现因子 beta。接下来程序定义了 thetaK,其表示将输出分配给下一周期的资金份额。最后,程序定义了开始周期的资金网格 k0,表示代表家庭在周期 t 开始时拥有的资金值向量。

【程序片段 10-5】 定义模型参数

```
1    import tensorflow as tf
2
3    #定义生产函数参数
4    alpha = tf.constant(0.33, tf.float32)
5
6    #定义贴现因子
7    beta = tf.constant(0.95, tf.float32)
8
9    #定义决策规则参数
10   thetaK = tf.Variable(0.1, tf.float32)
11
12   #定义初始资金网格
13   k0 = tf.linspace(0.001, 1.00, 10000)
```

程序片段 10-6 定义了模型的损失函数。程序首先计算了下一周期资金的策略规则,然后将该策略规则插入欧拉方程中。再使用欧拉方程左边的表达式减去右边的表达式,得到结果 error,该结果有时也被称为欧拉方程的残差。程序随后对残差求二次方,并计算其均值。

【程序片段 10-6】　定义损失函数(接程序片段 10-5)

```
1   #定义损失函数
2   def loss(thetaK, k0 = k0, beta = beta):
3       #定义 t+1 周期的资金
4       k1 = thetaK * k0**alpha
5
6       #定义欧拉方程残差
7       error = k1**alpha - beta * alpha * k0**alpha * k1**(alpha-1)
8
9       return tf.reduce_mean(tf.multiply(error,error))
```

程序最后使用程序片段 10-7 定义了一个优化器,以执行最小化处理。优化过程结束后,程序打印了 thetaK 和闭合解的参数表达式 beta * alpha。这两个值都为 0.3135002,意味着使用 TensorFlow 的程序实际找到了该模型的真实解。

【程序片段 10-7】　执行优化和对结果进行评价(接程序片段 10-6)

```
1   #实例化一个优化器
2   opt = tf.optimizers.Adam(0.1)
3
4   #执行最小化处理
5   for j in range(1000):
6       opt.minimize(lambda: loss(thetaK), var_list = [thetaK])
7
8   #打印 thetaK 值
9   print(thetaK)
10
11  #打印解析解,与 thetaK 进行对比
12  print(alpha * beta)
```

程序运行结果:

```
<tf.Variable 'Variable:0' shape=() dtype=float32, numpy=0.31350002>
tf.Tensor(0.31350002, shape=(), dtype=float32)
```

程序实现策略规则后,接下来可使用它们处理变化路径计算等问题。程序片段 10-8 展示了如何使用策略规则计算消费、资金和输出的变化,程序开始将资金存量值设为了 0.05。图 10-4 绘制了该变化路径图。

【程序片段 10-8】　计算变化路径(接程序片段 10-7)

```
1   #设置资金的初始值
```

```
 2    k0 = 0.05
 3
 4    #定义空列表
 5    y, k, c = [], [], []
 6
 7    #执行变化路径计算
 8    for j in range(10):
 9        #更新变量值
10        k1 = thetaK * k0**alpha
11        c0 = (1-thetaK) * k0**alpha
12
13        #更新列表
14        y.append(k0**alpha)
15        k.append(k1)
16        c.append(c0)
17
18        #更新状态
19        k0 = k1
```

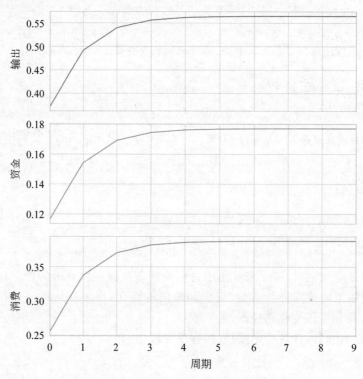

图 10-4   输出、资金和消费的变化路径

最后需要指出的是,本节有意使用了一个普通的示例,其解可被解析计算得出。实际上,人们常常遇到的不是这类具有解析解的问题。这样的情况下,用户通常可使用欧拉方程的残差来对解决方法的精度进行评估。

程序片段 10-9 展示了如何修改损失函数计算欧拉方程的残差。程序首先定义了一个状态网格,以用于计算残差。在某些情况下,用户可能希望对模型常用的边界进行扩展,以展示他们的模型可以比一般模型的效果好很多。在本例中,程序还是使用了处理模型的常用网格。

由于模型的策略规则与解析解匹配,因此程序结果并不出人意料,最大化的欧拉方程残差小到可以忽略不计。虽然在该问题的处理中,欧拉方程残差不是特别重要,但当需要分析模型运算结果有多大程度被近似误差影响时,欧拉方程的残差就会比较有用。

【程序片段 10-9】 计算欧拉方程残差(接程序片段 10-8)

```
1   #定义状态网格
2   k0 = tf.linspace(0.001, 1.00, 10000)
3
4   #定义函数以返回欧拉方程残差
5   def eer(k0, thetaK = thetaK, beta = beta):
6       #定义 t+1 周期的资金量
7       k1 = thetaK * k0**alpha
8
9       #定义欧拉方程残差
10      residuals = k1**alpha-beta * alpha * k0**alpha * k1**(alpha-1)
11
12      return residuals
13
14  #生成残差
15  resids = eer(k0)
16
17  #打印最大残差值
18  print(resids.numpy().max())
```

程序运行结果:

```
5.9604645e-08
```

10.2　深度强化学习

经济与金融领域的标准理论模型通常认为代理程序是合理的优化器。这意味着代理对未来具有无偏期望,通过执行优化可以实现用户的目标。实际上,一个合适的代理程序也许不能正确地预测每个周期的资金收益,但也不会系统地高估或低估资金收益。同样地,一个优化器也许不能每次都实现最好的事后结果,但如果给出足够的信息集,它可以给出最优的事先决策。更确切地说,给定效用函数和约束条件,优化器可以选出最优解,比使用启发式方法或经验规则效果要好。

Palmer 指出(Palmer,2015),用户有时也会拒绝使用合理的优化器框架。理由之一是,也许用户希望能聚焦代理程序生成策略规则的过程,而不是使用它们通过执行推理和优化选出一个策略规则。另一个原因是,打破推理和优化过程将大大改善许多模型的计算可追溯性。

根据 Sutton 和 Barto 的建议(Sutton 和 Barto,1998),如果用户不打算使用标准模型,一个替代方案就是使用强化学习。Athey 和 Imbens(Athey 和 Imbens),Palmer(Palmer,2015)等人也对强化学习在经济领域中的应用价值进行过分析讨论。另外,Hull 提到(Hull,2015),强化学习还可以用于复杂的动态编程问题处理中。

与经济学中标准优化器框架类似,强化学习问题中的代理也会执行优化,但它们是在系统状态信息有限的情况下执行的优化过程。这就需要对"探索"与"开发"进行均衡,亦即对系统进行更多的学习,或对用户理解的部分系统进行优化。

这一部分将聚焦近几年引入的强化学习变体"深度 Q 学习"(Deep Q-Learning),该学习模型融合了深度学习和强化学习的特点。引入该学习模型是为了缓解,阻碍用户处理具有高维状态空间的合理优化器问题的计算约束,而不是研究学习过程本身。也就是说,本节仍然将寻找合理优化器问题的解决方案,但将使用深度 Q 学习而不是计算经济学中的其他常规方法来实现这一目标。

与动态编程类似,Q 学习经常使用"查找表"方法。在动态编程中,需要构建一个表,用于存储程序每个状态的值。程序随后对该表进行迭代更新,直到实现收敛为止。并且该表本身也是值函数的一个解决方案。相比之下,在 Q 学习中,用户需要构建一个状态行为表。以前面介绍的新古典商业周期模型为例,状态就是指资金存量,而行为指消费水平。

公式 10-18 展示了使用时间差分学习模型时,Q 表(Q-table)的更新方式。亦即,公式使用迭代 i 的状态行为对 (s_t, a_t) 与学习率相加,再乘以选择最优行为获得的期望变化率,使用 $i+1$ 迭代的状态行为对 (s_t, a_t) 的值进行更新。

公式10-18 *Q* 表更新公式。

$$Q_{i+1}(s_t, a_t) \leftarrow Q_i(s_t, a_t) + \lambda \left[r_t + \beta \max_a Q(k_{t+1}, a) - Q_i(s_t, a_t) \right]$$

深度 Q 学习使用了被称为"深度 Q 网络"(Deep Q-network)的深度神经网络来替代查找表。该方法由 Mnih 等人引入(Mnih 等,2015),最初用于训练 Q 网络进行视频游戏,并获得了超越人类水平的表现。

这里将继续以新古典商业周期模型为例,来简要介绍深度 Q 学习为何可用于处理经济学的模型。TensorFlow 中有几种方式可以实现深度 Q 学习。常用的两个选项是使用 tf-agents 和 keras-rl2,其中,tf-agents 是一个纯粹的 TensorFlow 实现,而 keras-rl2 则需要使用 TensorFlow 的高阶 Keras API。由于本节只是进行简要地介绍深度 Q 学习,因此将使用 keras-rl2,它具有用户更为熟悉的语法结构,能够更简单地实现模型。

程序片段 10-10 安装了 keras-rl2 库,并加载了 tensorflow 和 numpy 库。随后程序加载了新安装 rl 库的 3 个子模块:DQNAgent 库,用于定义深度 Q 学习代理;EpsGreedyQPolicy 库,用于设置生成训练路径的策略决策过程;SequentialMemory 库,用于保持决策路径,输出用于训练深度 Q 网络的数据。最后,程序加载了 gym 库,后面将使用该库定义模型的环境。

【程序片段 10-10】　安装和加载执行深度 Q 学习的库

```
1    #安装 keras-rl2 库(注意该指令要放在命令提示符界面执行)
2    #如果没有安装 gym 库,也需要进行安装
3    !pip install keras-rl2
4
5    #加载 numpy 和 tensorflow 库
6    import numpy as np
7    import tensorflow as tf
8
9    #从 keras-rl2 中加载强化学习库
10   from rl.agents.dqn import DQNAgent
11   from rl.policy import EpsGreedyQPolicy
12   from rl.memory import SequentialMemory
13
14   #加载模块用于对比 RL 算法
15   import gym
```

程序片段 10-11 设置了资金节点数量,定义了环境变量 planner,planner 是 gym.Env 类的子类。该类使得程序可以对社会规划者的强化学习问题的细节进行设置。

构建 planner 类是为了进行以下初始化处理:定义一个离散的资金网格,定义行为和观测空间,初始化决策数量为 0,设置决策最大数量,设置资金的初始值的节点索引,设置生产函数参数(alpha)。本例中,行为和观测空间都是离散对象,具有 1000 个节点,使用 gym.spaces 定义。本例的观测空间是一个全状态空间,即包含所有的资金节点。行为空间同样也是如此。

【程序片段 10-11】 定义个性化强化学习环境(接程序片段 10-10)

```
1   #定义资金节点数量
2   n_capital = 1000
3
4   #定义环境
5   class planner(gym.Env):
6       def __init__(self):
7           self.k = np.linspace(0.01, 1.0, n_capital)
8           self.action_space = \
9               gym.spaces.Discrete(n_capital)
10          self.observation_space = \
11              gym.spaces.Discrete(n_capital)
12          self.decision_count = 0
13          self.decision_max = 100
14          self.observation = 500
15          self.alpha = 0.33
16
17      def step(self, action):
18          assert self.action_space.contains(action)
19          self.decision_count += 1
20          done = False
21          if(self.observation**self.alpha - action) > 0:
22              reward = \
23                  np.log(self.k[self.observation]**\
24                      self.alpha - self.k[action])
25          else:
26              reward = -1000
27          self.observation = action
28          if (self.decision_count >= self.decision_max) \
29              or reward == -1000:
30                  done = True
31          return self.observation, reward, done,\
32              {"decisions": self.decision_count}
33
34      def reset(self):
35          self.decision_count = 0
36          self.observation = 500
37          return self.observation
```

程序接下来定义了 planner 类的 step()方法,该方法将返回 4 个输出数据:observation,用来返回状态;reward,用来返回瞬时效用;done,用来表示训练会话是否需要进行重置;还返回了一个包含相关调试信息的字典对象。调用 step()方法将增加代理的 decision_count 属性值,该属性值用于记录代理在训练会话中已作出的决策数量。同时,step()方法也将 done 的初始值设为 False。然后用户就可评估代理是否做出了有效的决策,即是否选择了一个消费正数。如果代理做出了大于 decision_max 数量的决策,或者选择了一个非正数的消费值,那么 reset()方法将会被调用,该方法将重新初始化代理的状态和决策数量。

程序片段 10-12 实例化了一个 planner 环境,然后使用 TensorFlow 定义了一个神经网络。程序中使用了具有一个稠密层和一个 relu()激活函数的 Sequential 模型。注意该模型应拥有一个包含 n_capital 个节点的输出层,但除此之外,本程序还选择了一个最适合本节问题的模型架构。

【程序片段 10-12】　在 TensorFlow 中实例化环境和定义模型(接程序片段 10-11)

```
1   #实例化 planner 环境
2   env = planner()
3
4   #在 TensorFlow 中定义模型
5   model = tf.keras.models.Sequential()
6   model.add(tf.keras.layers.Flatten(input_shape=(1,) +\
7               env.observation_space.shape))
8   model.add(tf.keras.layers.Dense(32, activation="relu"))
9   model.add(tf.keras.layers.Dense(n_capital,
10              activation="linear"))
```

现在已定义了环境和网络,接下来程序片段 10-13 对模型的超参数进行了设置,并对模型进行了训练。程序首先使用 SequentialMemory 来维持 10000 条决策路径的“回放缓冲”,用于训练该模型。然后程序将模型设为使用 epsilon 贪婪策略,并将 epsilon 参数设为 0.30。在模型训练期间,该 epsilon 值意味着模型将最大化 70% 的时间效用,并将使用随机决策探索剩余的 30% 的时间效用。最后,程序设置了 DQNAgent 模型的超参数,对其进行了编译,并执行了模型训练。

【程序片段 10-13】　设置模型超参数和训练模型(接程序片段 10-12)

```
1   #设置回放缓冲
2   memory = SequentialMemory(limit=10000, window_length=1)
3
4   #定义做出训练时间决策的策略
5   policy = EpsGreedyQPolicy(0.30)
6
7   #定义深度 Q 学习网络(Deep Q-learning Network, DQN)
```

```
 8   dqn = DQNAgent(model=model, nb_actions=n_capital,
 9                     memory=memory, nb_steps_warmup=100,
10                     gamma=0.95, target_model_update=1e-2,
11                     policy=policy)
12
13   #编译和训练模型
14   dqn.compile(tf.keras.optimizers.Adam(0.005),
15                metrics=['mse'])
16   dqn.fit(env, nb_steps=10000)
```

对训练过程监控将获得两个观测。首先是每个会话在下一次迭代时增加的决策数量，表示代理不会像贪婪策略建议的那样大幅提取资金，它会学习避免未来周期使用负数。其次，损失下降，而平均回报开始上升，意味着代理正在趋于最优化进行决策。

如果用户希望对模型解决方案的质量进行更深入的分析，可对模型的欧拉方程残差进行研究，这在前一节已经讨论过。欧拉方程的残差将会显示该深度 Q 网络（Deep Q-Model）生成的结果是否已近似最优。

10.3 本章小结

TensorFlow 不仅为用户提供了训练深度学习模型的方法，还提供了一系列可用于处理任意数学模型的工具，其中也包括常用于经济和金融领域的模型。本章分析了如何使用 TensorFlow 来处理一个简单有趣的模型——吃蛋糕模型，以及处理计算研究中一个常见的基准模型——新古典商业周期模型。这两个模型如果使用经济学中的常规方法进行处理会较为烦琐，但通过这两个模型的处理，本章向经济学家展示了使用 TensorFlow 处理理论模型的简洁实用性。

本章还展示了为何深度强化学习可作为计算经济学标准方法的一个替代。尤其在 TensorFlow 中使用深度 Q 学习网络（Deep Q-learning Networks，DQN）可以帮助经济学家处理非线性环境中的高维模型，且不需要改变模型的假设条件，同时也不会产生大量的数值误差。

参考文献

术语/短语中英文对照及索引表

术语/短语英文首字母	术语/短语英文名称	术语/短语中文名称
	activation function	激活函数
	Adam optimizer	Adam 优化器
	add method	添加方法
	applications in economics and finance	经济与金融领域的应用
	arbitrary model	仲裁模型
	autoencoder loss function	自编码器损失函数
	Autoencoder model 相关术语及短语	**自编码器模型相关术语及短语**
	actual and OLS-predicted GDP growth	实际 GDP 增长及 OLS 预测的 GDP 增长
	architecture	架构
	dimensionality reduction regression setting	降维回归环境
	latent state	潜在态
A	generative machine learning	生成式机器学习
	noise reduction	降噪
	functions	函数
	latent state time series	潜在态时间序列
	loss function	损失函数
	minimizing	最小化
	neural network	神经网络
	predict method	预测方法
	reconstructed series for US GDP growth	美国 GDP 增长的重构序列
	train	训练
	Keras API	Keras API
	automatic differentiation	自动微分

续表

术语/短语英文首字母	术语/短语英文名称	术语/短语中文名称
A	autoregressive coefficient	自回归系数
	autoregressive model	自回归模型
B	**Bag-of-Words(BoW) model 相关术语及短语**	**词袋模型相关术语及短语**
	CountVectorizer()	CountVectorizer()类
	document-term matrix	文档词条矩阵
	fit_transform()	fit_transform()函数
	inverse document frequency	逆文档频率(idf)
	sklearn.feature_extraction	sklearn.feature_extraction 库
	submodules	子模块
	Term-Frequency Inverse Document Frequency (TF-IDF) metric	词频-逆文档频率(TF-IDF)矩阵
	batch matrix multiplication	批量矩阵乘法
	batch normalization	批量归一化
	batch size	批量大小
	Bayesian regression methods	贝叶斯回归方法
	Big Data	大数据
	Binary cross entropy loss	二分类交叉熵损失
	Binary cross-entropy loss function	二分类交叉熵损失函数
	Boosted Trees Classifier	提升树分类器
	Boosted trees regressor	提升树回归器
C	cake-eating problem	吃蛋糕问题
	central index key	中央索引键(CIK)
	chain rule	链式法则
	closed form expressions	闭合表达式/解析解
	confidence intervals	置信区间
	confusion matrix	混淆矩阵

续表

术语/短语英文首字母	术语/短语英文名称	术语/短语中文名称
C	constant tensors	常数张量
	Convolutional Neural Networks(CNNs)相关术语及短语	**卷积神经网络(CNN)相关术语及短语**
	convolutional layer	卷积层
	image data	图像数据
	training	训练
	model architecture	模型架构
	sequential model	序贯模型
	CounterVectorizer()	CounterVectorizer()类
	CountVectorizer()	CountVectorizer()类
	Custom loss function	自定义损失函数
	Custom reinforcement learning environment	自定义强化学习环境
D	Data collection	数据采集
	Data generation functions	数据生成函数
	Data preparation 相关术语及短语	**数据准备相关术语及短语**
	BeautifulSoup	BeautifulSoup 库
	characters to lowercase	将字符串转换为小写字符串
	convertion	转换
	convert to lowercase	转换为小写字符串
	cleaning process	清洗过程
	installing NLTK	安装 NLTK 库
	join paragraphs	段落合并
	non-word elements	非单词元素
	remove special characters	移除特殊字符
	remove stop words and rare words	移除停用词和罕用词
	replace words	单词替换

续表

术语/短语英文首字母	术语/短语英文名称	术语/短语中文名称
	6-K filing	6-K filing(6K 文件)
	stem/lemmatize	词干提取/词形还原
	text into sentences	将文本转换为语句
	urlopen submodule	urlopen 子模块
	Decision tree 相关术语及短语	**决策树相关术语及短语**
	feature engineering	特征工程
	Gini impurity	基尼不纯度
	HMDA mortgage application data	HMDA 抵押贷款申请数据
	information gain	信息增益
	maximum depth	最大深度
	HMDA data	HMDA 数据集
	nodes	节点
	recursive sample splitting	递归样本分割
D	training	训练
	Decoder function	解码器函数
	Deep Learning	深度学习
	Deep Neural Network，classifiers	深度神经网络,分类器
	Deep Neural Network(DNN)	深度神经网络(DNN)
	Deep Q-learning	深度 Q 学习
	Deep Reinforcement Learning	深度强化学习
	denoisers	降噪器
	Dense Neural Networks 相关术语及短语	**稠密神经网络相关术语及短语**
	forecast of inflation	通胀预测
	generated sequences	生成序列
	model architecture	模型架构
	np.array()/tf.constant() objects	np.array()/tf.constant()对象

续表

术语/短语英文首字母	术语/短语英文名称	术语/短语中文名称
	overlapping sequences	重叠序列
	sequence generator for inflation	通货膨胀序列生成器
	summary( ) method	summary( )方法
	time series	时间序列
	derivatives of polynomials	多项式导数
	Dictionary-based methods 相关术语及短语	**基于词典序方法相关术语及短语**
	DataFrame	DataFrame
	Loughran-McDonald measure	Loughran-McDonald 度量
	net positivity index	净正向指数
	positive word counts	积极情绪词统计
	read_excel submodule	read_excel 子模块
	stemmed LM dictionary	词干提取 LM 词典
D	text analysis in economics	经济领域的文本分析
	Differential calculus 相关术语及短语	**微分学相关术语及短语**
	automatic differentiation	自动微分
	common derivatives of polynomials	多项式公共导数
	computing derivatives	导数计算
	first and second derivatives	一阶和二阶导数
	multidimensional derivatives gradients	多维导数梯度
	Hessian	海塞
	Jacobian	雅可比
	transcendental functions	超越函数
	Dimensionality reduction in economics 相关术语及短语	**经济领域的降维相关术语及短语**
	noise reduction	降噪
	Principal Component Analysis(PCA)	主成分分析(PCA)

续表

术语/短语英文首字母	术语/短语英文名称	术语/短语中文名称
	Partial Least Squares	偏最小二乘
	sklearn and tensorflow	sklearn 库与 tensorflow 库
D	Dirichlet distribution	狄利克雷分布
	Discriminator model/ Generator models	判别器模型/生成器模型
	DNN Classifier	深度神经网络分类器
	document-feature matrix	文档特征矩阵
	document-term matrix	文档词条矩阵
	dot product of vectors	向量的点积
	dropout	暂退法
	Dynamic Embedded Topic Model(D-ETM)	动态嵌入式主题模型(D-ETM)
E	Economic Policy Uncertainty(EPU)	经济政策不确定性指数(EPU)
	Economics 相关术语及短语	**经济学领域相关术语及短语**
	active research and predictions	积极的研究与预测
	machine learning impact off-the-shelf routines	机器学习对现有程序的影响
	policy analysis	政策分析
	traditional econometric methods	传统的计量经济学方法
	economists	经济学家
	EDGAR search interface，company filings	EDGAR 搜索界面，公司文档
	Efficient Markets Hypothesis(EMH)	有效市场假说(EMH)
	elastic net regression	弹性网络回归
	element wise tensor multiplication	元素张量乘法
	empirical analysis	实证分析
	encoder function	编码器函数
	Epsilon-greedy policy	Epsilon 贪心策略
	Estimators API	Estimators API
	estimators approach	estimators 方法

续表

术语/短语英文首字母	术语/短语英文名称	术语/短语中文名称
E	Euler equation	欧拉方程
	Exponential Smoothed Autoregressive Models (ESTAR)	指数平滑自回归模型
F	Factor Analysis(FA)	因素分析(FA)
	Factor-Augmented Vector Autoregressions(FAVAR)	因子增广向量自回归模型
	feature extraction	特征提取
	First-Order Condition(FOC)	一阶求导(FOC)
	fit() method	fit()方法
	fit_generator() method	fit_generator()方法
	forward propagation	前向传播
	functional API	函数式 API
G	**Generative Adversarial Networks(GANs)相关术语及短语**	**生成对抗网络相关术语及短语**
	adversarial model	对抗模型
	discriminator model	判别器模型
	discriminator networks	判别网络
	equilibrium condition	平衡条件
	image generation	图像生成
	GDP growth data	GDP 增长数据
	generative model	生成式模型
	generator component	生成器组件
	Generative Machine Learning	生成式机器学习
	get_feature_names()	get_feature_names()方法
	Gini impurity	基尼不纯度
	Global minimum	全局最小值
	Google Colaboratory (Colab) notebook	谷歌 Colab notebook 程序
	gradient() method	gradient()方法

续表

术语/短语英文首字母	术语/短语英文名称		术语/短语中文名称
G	**Gradient Boosted Trees 相关术语及短语**		**梯度提升树相关术语及短语**
		classification trees	分类树
		model parameters	模型参数
		model residual	模型残差
		random forest	随机森林
		regression trees	回归树
		tree and prediction function	树与预测函数
	gradients		梯度
	GradientTape()		GradientTape()类
	Graphics Processing Units(GPUs)		图形处理器(GPUs)
H	Hessian matrix		海塞矩阵
	hidden layer		隐藏层
	Home Mortgage Disclosure Act(HMDA)		住房抵押公开法
I	**Image data 相关术语**		**图形数据相关术语**
		k-tensor of pixel intensities	像素亮度的 k 张量
		matplotlib.pyplot	matplotlib.pyplot 库
		numpy arrays	numpy arrays 对象
		RGB image	RGB 图像
		ships in satellite imagery	卫星图中的船舶图像
	Image datasets		图像数据集
	imshow() function		imshow()函数
	information entropy		信息熵
	information gain		信息增益
J	Jacobian		雅可比
K	**Keras 相关术语及短语**		**Keras 相关术语及短语**
		class weights	类的权重

续表

术语/短语英文首字母	术语/短语英文名称	术语/短语中文名称
K	compile and train model	编译与训练模型
	confusion matrix	混淆矩阵
	evaluate model	评价模型
	functional API	函数式 API
	LSTM model	LSTM 模型
	model summary/model print	模型概要/模型打印
	neural network	神经网络
	Sequential API	序贯 API
	k-fold cross-validation	k 折交叉验证
	k regressors	k 回归量
	Kullback-Leibler(KL) divergence	Kullback-Leibler(KL)散度
L	lassoLoss( )	lassoLoss( )函数
	LASSO Regression	LASSO 回归
	Latent Dirichlet Allocation(LDA) Model 相关术语及短语	**潜在狄利克雷分布模型相关术语及短语**
	assumptions	假设
	document corpus	文档语料库
	issues	问题
	limitations	局限性
	parameters	参数
	6-K filing text data	6-K 文本数据
	time series contexts	时间序列上下文
	Learning decay	学习衰减
	Learning method	学习方法
	Least Absolute Deviations(LAD) Regression 相关术语及短语	**最小绝对偏差(LAD)回归相关术语及短语**
	alphaHat and betaHat	alphaHat 和 betaHat 参数

续表

术语/短语英文首字母	术语/短语英文名称		术语/短语中文名称
		closed-form algebraic expression	闭合型代数表达式
		input data for linear regression	线性回归的输入数据
		loss function	损失函数
		minimize( ) method	minimize( )方法
		Monte Carlo experiment	蒙特卡洛实验
		optimization	优化
		parameter estimate counts	参数评估统计
		parameter training histories	参数训练历史
		parameter values	参数值
		stddev parameter	标准偏差参数
		tf.reduce_mean( )	tf.reduce_mean( )方法
		true values of model parameters	模型参数的真实值
		variables initialize	变量初始化
L	Least Absolute Errors(LAE)		最小绝对误差
	Least Absolute Shrinkage and Selection Parameter (LASSO) Model		(最小绝对收缩和选择参数模型)套索算法 (LASSO)模型
	Linear activation function		线性激活函数
	Linear Algebra 相关术语及短语		**线性代数相关术语及短语**
		batch matrix multiplication	批量矩阵乘法
		scalar addition and multiplication	标量加法和乘法
		tensor addition	张量加法
		tensor multiplication	张量乘法
		elementwise product	元素积
		matrix	矩阵
	linear function		线性函数
	linear slope		线性斜率

续表

术语/短语英文首字母	术语/短语英文名称	术语/短语中文名称
L	linear mode	线性模型
	linear regression model	线性回归模型
	Logistic regression	Logistic 回归
	Long short-term memory model	长短期记忆模型
	Loss functions	损失函数
	continuous dependent variables	连续因变量
	discrete dependent variables	离散因变量
	submodules of TensorFlow	TensorFlow 子模块
	tf.losses submodule	tf.losses 子模块
	Loughran-McDonald(LM) dictionary	Loughran-McDonald(LM) 词典
M	**Machine learning in economics 相关术语及短语**	**经济学领域的机器学习相关术语及短语**
	distributed training	分布式训练
	extensions	扩展
	flexibility	弹性
	high-quality documentation	高质量文档
	macroeconometric analysis	宏观经济分析
	production quality	产品级质量
	traditional problems	传统问题
	Macroeconometric analysis，ML	宏观经济分析
	Markov Chain Monte Carlo(MCMC)	马尔可夫链蒙特卡洛(MCMC)
	matrix addition	矩阵加法
	matrix multiplication	矩阵乘法
	Mean Absolute Error(MAE)	平均绝对误差
	Mean Absolute Error (MAE) Loss	平均绝对误差损失
	Mean Absolute Percentage Error(MAPE)	平均绝对百分比误差(MAPE)
	Mean Squared Error Loss	均方误差损失

续表

术语/短语英文首字母	术语/短语英文名称		术语/短语中文名称
	Mean Squared Logarithmic Error（MALE）		均方对数误差（MALE）
	model fine-tuning		模型调优
	model.predict_generator(generator)		model.predict_generator(generator)方法
	model selection		模型选择
	model tuning		模型调优
M	Monte Carlo simulation		蒙特卡洛模拟
	multidimensional derivatives		多维导数
	Multivariate forecasts 相关术语及短语		**多元预测相关术语及短语**
		gradient boosted trees	梯度提升树
		load and preview inflation forecast data	加载和预览通胀预测数据
		LSTM	LSTM
	Natural Language Processing（NLP）		自然语言处理（NLP）
	Natural Language Toolkit（NLTK）		自然语言工具包（NLTK）
	Neoclassical Business Cycle Model		新古典商业周期模型
	Neural Networks 相关术语及短语		**神经网络相关术语及短语**
		forward propagation	前向传播
		Keras	Keras
N		layers	层
		linear regression model	线性回归模型
		modification	修正
		reshape images	图形重塑
	noise reduction		降噪
	Non-linear Regression 相关术语及短语		**非线性回归相关术语及短语**
		autoregressive model	自回归模型
		exchange rates	汇率
		load data	加载数据

术语/短语英文首字母	术语/短语英文名称	术语/短语中文名称
N	loss function	损失函数
	minimization of loss function	损失函数最小化
	nominal exchange rate	名义汇率
	optimization	最优化
	random walk model	随机游走模型
	TAR model	TAR 模型
	USD-GBP exchange rate	美元-英镑汇率
	train TAR model	TAR 模型训练
	non-linear text regression	非线性文本回归
	np.array( ) format	np.array( )方法结构
	numerical differentiation	数值微分
	numpy( ) method	numpy( )方法
	numpy arrays	numpy arrays 数据类型
O	optimization algorithms	优化算法
	Optimizers 相关术语及短语	**优化器相关术语及短语**
	instantiate	实例化
	modern extensions	现代扩展
	SGD optimizer	SGD 优化器
	Ordinary Least Squares(OLS)	普通最小二乘法(OLS)
P	Partial Least Squares(PLS)	偏最小二乘法(PLS)
	Partially linear models 相关术语及短语	**部分线性模型相关术语及短语**
	alphaHat and betaHat	alphaHat 和 betaHat 变量
	arbitrary model	仲裁模型
	construction and training	构建及训练
	data generation	数据生成
	econometric	计量经济学的

续表

术语/短语英文首字母	术语/短语英文名称	术语/短语中文名称
	epoch of training	训练轮次
	initialize variables	初始化变量
	linear regression model	线性回归模型
	loss function	损失函数
	minimize method	最小化方法
	Monte Carlo experiment	蒙特卡洛实验
	non-linear function	非线性函数
	non-linear model	非线性模型
	parameter values	参数值
P	penalized linear regression	惩罚线性回归
	penalized regression	惩罚回归
	penalty function	惩罚函数
	Poisson distribution	泊松分布
	policy analysis	政策分析
	policy function	策略函数
	polynomials	多项式
	polynomials differentiation rules	多项式微分规则
	predict( ) method	predict( )方法
	prediction policy problems	预测策略问题
	Pretrained models 相关术语及短语	**预训练模型相关术语及短语**
	feature extraction	特征提取
	model fine-tuning	模型调优
	Principal Component Analysis（PCA）相关术语及短语	**主成分分析（PCA）相关术语及短语**
	actual and PCR-predicted GDP growth	实际 GDP 增长及 PCR 预测的 GDP 增长
	association strengths	关联强度

续表

术语/短语英文首字母	术语/短语英文名称	术语/短语中文名称
	pink nodes	粉色节点
	sequence generator for inflation	通货膨胀序列生成器
	sequential data	序列数据
	SimpleRNN layer	SimpleRNN 层
	summary() method	summary()方法
R	**Regression 相关术语及短语**	**回归相关术语及短语**
	linear logistic regression	Logistic 线性回归
	regression trees	回归树
	regular expression	正则表达式
	regularized regression	正则化回归
	reset() method	reset()方法
	Ridge regression	岭回归
S	Scalar addition and multiplication	标量加法与乘法
	Scalar-tensor addition	标量张量加法
	Scalar-tensor multiplication	标量张量乘法
	Second-Order Condition(SOC)	二阶条件(SOC)
	Sequential() model	Sequential()模型
	Sequential API	序贯 API
	Sequential models 相关术语及短语	**序贯模型相关术语及短语**
	dense neural networks	稠密神经网络
	intermediate hidden states	中间隐状态
	LSTM	LSTM
	RNNs	RNNs
	Sequential vs parallel training	串行训练和并行训练
	SIC classification codes	SIC 分类码
	Sigmoid function	Sigmoid 函数

续表

术语/短语英文首字母	术语/短语英文名称	术语/短语中文名称
S	sklearn	sklearn
	Smooth Transition Autoregressive Models(STAR)	平滑过渡自回归模型(STAR)
	Sparse categorical cross-entropy loss function	稀疏分类交叉熵损失函数
	Standard Industrial Classification (SIC) code	标准产业分类码
	Standard normal distribution	标准正态分布
	Stochastic Gradient Descent(SGD)相关术语及短语	**随机梯度下降(SGD)相关术语及短语**
	algorithm	算法
	optimizer	优化器
	summary( ) method	summary( )方法
	Support Vector Machine (SVM) models	支持向量机(SVM)模型
T	tensor addition	张量加法
	TensorFlow 相关术语及短语	**TensorFlow 相关术语及短语**
	automatic differentiation	自动微分
	computational graph for OLS	OLS 的计算图
	computing derivatives	导数计算
	constants and variables	常量与变量
	differential calculus	微分
	documentation	文档
	Estimators library	Estimators 库
	installation	安装
	linear algebra	线性代数
	loading data	加载数据
	logs	日志记录
	machine learning	机器学习
	OLS model with tf.estimator( )	通过 tf.estimator( )实现 OLS 模型
	OLS model with tf.keras( )	通过 tf.keras( )实现 OLS 模型

续表

术语/短语英文首字母	术语/短语英文名称	术语/短语中文名称
	OLS predictions with static graphs	使用静态图进行 OLS 预测
	OLS regression	OLS 回归
	open source library	开源库
	static computational graph	静态计算图
	statistical methods	统计方法
T	tensor multiplication	张量乘法
	Tensor Processing Units(TPUs)	张量处理单元(TPUs)
	tensors	张量
	TensorBoard visualization	TensorBoard 可视化
	term-document matrix	文档词条矩阵
	text analysis	文本分析
	text-based regression	基于文本的回归
	text classification	文本分类
	text data notation	文本数据符号
	Text regression 相关术语及短语	**文本回归相关术语及短语**
	predict( ) method	predict( )方法
	tf.Variable( )	tf.Variable( )类
	compile and train	编译和训练
	continuous dependent variable	连续因变量
	deep learning model	深度学习模型
	document-term matrix	文档词条矩阵
	Keras model	Keras 模型
	LAD regression	LAD 回归
	LASSO regression	LASSO 回归
	loss function	损失函数
	minimization problem	最小化问题

续表

术语/短语英文首字母	术语/短语英文名称	术语/短语中文名称
	penalized regression	惩罚回归
	perform optimization	执行优化
	predicted values	预测值
	regression model	回归模型
	train LASSO model	LASSO 模型训练
	tf.add()	tf.add()方法
	tf.constant()	tf.constant()方法
	tf.estimator.DNNClassifier()	tf.estimator.DNNClassifier()类
	tf.estimator.DNNRegressor()	tf.estimator.DNNRegressor()类
	TfidfVectorizer()	TfidfVectorizer()类
	tf.keras.Input() method	tf.keras.Input()方法
	tf.keras.layers.Concatenate() operation	tf.keras.layers.Concatenate()算子
T	tf.keras.layers.Dense()	tf.keras.layers.Dense()类
	tf.keras.Sequential()	tf.keras.Sequential()类
	tf.optimizers.SGD()	tf.optimizers.SGD()类
	tf.Session()	tf.Session()类
	tf.Variable()	tf.Variable()类
	theoretical models	理论模型
	Theoretical models 相关术语及短语	**理论模型相关术语及短语**
	cake-eating problem	吃蛋糕问题
	neoclassical business cycle model	新古典商业周期模型
	Threshold Autoregressive（TAR）models	门限自回归模型
	TimeseriesGenerator()	TimeseriesGenerator()类
	toarray() method	toarray()方法
	Topic modeling 相关术语及短语	**主题建模相关术语及短语**
	assign topic probabilities to sentences	给句子分配主题概率

续表

术语/短语英文首字母	术语/短语英文名称	术语/短语中文名称
T	assumptions	假设
	distribution	分布
	document corpus	文档语料库
	framework	框架
	Latent Dirichlet Allocation(LDA) model	潜在狄利克雷分布模型
	topic proportions by sentence	句子的主题比例
	transform() method	transform()方法
	vector of weights	权重向量
	Traditional econometric methods 相关术语及短语	**传统计量经济方法相关术语及短语**
	confidence intervals	置信区间
	empirical analysis	实证分析
	model selection	模型选择
	train_test_split	train_test_split 库
	transcendental functions	超越函数
	transform() method	transform()方法
	tree-based models	基于树的模型
U	Unsupervised method	非监督方法
	US Securities and Exchange Commission(SEC)	美国证券交易委员会(SEC)
V	Vanishing gradient problem	梯度消失问题
	Variational Autoencoders(VAEs)相关术语及短语	**变分自编码器(VAEs)相关术语及短语**
	architecture	架构
	decoder model	解码模型
	define function	函数定义
	encoder model	编码模型
	GDP growth data	GDP 增长数据
	generated time series	生成的时间序列

续表

术语/短语英文首字母	术语/短语英文名称	术语/短语中文名称
V	generative tasks	生成式任务
	implementation in TensorFlow	使用 TensorFlow 实现
	KL divergence	KL 散度
	latent states	潜在态
	latent states and time series	潜在态和时间序列
	limitations	局限性
	loss function	损失函数
	mean and lvar parameters	mean 和 lvar 参数
	model architecture	模型架构
	predict() method	predict()方法
	sampling function	抽样函数
	sampling task	抽样任务
	vector addition	向量加法
W,X, Y,Z	Wasserstein GANs	Wasserstein 生成对抗网络
	wordDist	wordDist 变量
	word embeddings	词嵌入
	word sequences	词序列